数学物理方程

（第2版）

陆平　肖亚峰　任建斌　编著

国防工业出版社

·北京·

内 容 简 介

本书是根据理工科数学物理方程教学大纲的要求及工科各专业发展的需求,在多年教学实践的基础上编写的。内容包括数学物理方程、特殊函数及非线性方程三部分;全书共分九章,第一章介绍典型方程的导出、基本概念和一些常见的偏微分方程,第二介绍一、二阶线性偏微分方程求通解的方法,第三、四、九章介绍数学物理方程定解问题的各种解法,第五、六章介绍特殊函数及应用,第七章介绍偏微分方程定解问题解的适定性(解的存在性、唯一性、稳定性)以及拉普拉斯方程边值问题的变分方法,第八章简单介绍非线性偏微分方程的解法。

全书可作为理工科各专业本科生学习教材及硕士研究生学习应用数学基础课程参考,也可供从事本类课程教学的中青年教师参考。

图书在版编目(CIP)数据

数学物理方程／陆平,肖亚峰,任建斌编著. —2
版. —北京:国防工业出版社,2017.4 重印
ISBN 978-7-118-10720-3

Ⅰ.①数… Ⅱ.①陆… ②肖… ③任… Ⅲ.①数学物
理方程 Ⅳ.①O175.24

中国版本图书馆 CIP 数据核字(2016)第 012558 号

※

*国防工业出版社*出版发行
(北京市海淀区紫竹院南路 23 号 邮政编码 100048)
三河市众誉天成印务有限公司
新华书店经售
*
开本 787×1092 1/16 印张 14 字数 320 千字
2017 年 4 月第 2 版第 3 次印刷 印数 5001—7500 册 定价 46.00 元

(本书如有印装错误,我社负责调换)

国防书店:(010)88540777   发行邮购:(010)88540776
发行传真:(010)88540755   发行业务:(010)88540717

前　言

随着科学技术的发展,数学的应用更为广泛。在许多科技领域中,微积分学及常微分方程已经不够用,数学物理方程理论已成为必须掌握的数学工具。按国家教委关于高等院校本科必修课现行教学计划的规定,数学物理类各专业均开设这门课程,各工科专业已开设或即将开设这门课程。这门课程是理工科类学习一些后继专业课程以及未来从事科技工作所必须的数学工具。

数学物理方程是理工科中一门应用性较强的基础课程,它对于训练数学思维、应用意识和分析实际问题、解决实际问题的能力有着极为重要的作用。我们都知道偏微分方程是一门公认的难度较大的课程,其内容深、理解难、课时紧、任务重。目前国内这方面教材几十年来在体系和内容几乎没有变化,使得学生学习和掌握数学物理方程非常吃力。为使学生在短时间内掌握数学物理方程的基本理论和方法,提高学习效率,增强学生独立思考能力,有必要编写一本具有学术性、知识性、实用性和启发性的教学用书。本书从活跃学生思维,启迪学生思想,掌握理论,学会分析和解决问题的方式方法,在多年教学丰富素材的基础上,针对现在的教学方式及教材的优缺点,收集了大量的优秀教材,在对学生特点进行深入了解后编写出这本教材。这本教材是偏微分方程理论方法与应用有机结合的一部教材,它既保持了现行教材理论性强的特点,又进一步强调了应用的广泛性以及对于典型方程各类问题解法的灵活多样和内在联系关系。本教材适用于高校理工科类教学之需,编排以方法为主线,由浅入深,循序渐进,突出重点,分散难点;力求详细和层次分明,理论体系完整,推理脉络清楚。本教材主要特点有:

(1) 加强教学基础理论训练,突出典型方程理论和各种问题的典型处理方法。

(2) 广泛介绍求解各种问题的方法、技巧和思想,如:行波法,分离变量法,简化的微分符号法,微分算子法,试探函数法等。

(3) 将偏微分方程的理论方法和它们在解决实际问题中的应用紧密结合,根据目前教学改革的特点加强数学应用意识的培训和数学建模过程的训练。

我们力图使本书反映数学理论的严密性、方法的多样性、应用的广泛性。由于作者水平有限,不妥之处恳请批评指正。

作者
2016 年 1 月

目　录

第一章 典型方程与方程的分类

1.1 典型方程

1.1.1 引言

数学物理方程一般是指物理学、力学和工程技术问题中导出的、反映物理量之间关系的偏微分方程及积分方程。这是由于许多物理规律需要用微分方程来表述,例如,质点或质点组的运动方程、集中参数元件的交流电路方程等,是含有未知一元函数导数的方程,称为常微分方程;又如连续介质和场的运动方程,是含有未知多元函数偏导数的方程,称为偏微分方程。物理、力学基本规律的数学模型,尤其是流体动力学、弹性力学、热力学、电磁学、量子力学等学科,它们所研究的许多现象基本规律建立出的数学模型很大一部分是偏微分方程。

数学物理方程研究的问题:将一个具体的物理、力学等自然科学问题化为数学问题——数学物理方程(也称为泛定方程)。列出相应的初始条件和边界条件,称为定解条件。方程与定解条件作为一个整体称为定解问题,研究解决这个问题就是数学物理方程研究解决的问题。

偏微分方程的出现已有很长的历史了, 大约在微积分出现后不久,就开始了相关的研究。与常微分方程情况一样,数学家们并不是自觉去创立偏微分方程这门学科,而是当人们掌握了构成某些现象的物理原理时,表述其物理基本规律时用的都是偏微分方程,于是偏微分方程这门学科就产生了。本书中我们主要讲述一些典型数学物理方程——弦振动方程、热传导方程、拉普拉斯方程等,简要介绍几个非线性方程的显式解的解法。补充说明一点的是从数学内容上来讲弦振动、热传导、拉普拉斯方程问题代表了三种不同类型的偏微分方程及其解法,了解了它们的性质,遵循其求解的方法,将会对研究相关数学物理方程,以及掌握相关问题的解法,都具有一定指导意义。

1.1.2 典型方程的导出

1. 弦的微小横振动方程(String Oscillation Equation)

推导弦振动方程,即为弦振动现象建立数学模型,首先需要了解它所服从的基本物理规律,同时应该作一些简化假设。弦是一个力学系统,是一个质点组(是连续的而非离散的质点组,进一步说它是一个一维的连续统),所以它的运动应符合牛顿运动定律,对它的简化假设如下:

设弦在未受扰动时平衡位置是 x 轴,而其上各点均以该点的横坐标表示。弦上各点的位移均假设发生在某个平面内垂直于 x 轴的方向上。因此弦上一点 x 在时刻 t,弦的形状是曲线 $u = u(x,t)$。现在假设:① 弦的扰动是小扰动。这并不是说 $u = u(x,t)$ 的数值

1

很小，而是设 u_x 很小，即 $u_x \ll 1$，从而 u_x^2 可以略去不计;② 弦是"柔软"的，弦是一个连续体，之所以能维持其形状是由于其各个部分互相之间有力的作用，这种力称为内力。如果要使弦的形状改变就必须抵抗其内力而做功。所谓"柔软"，是对其内力性质作的一种规定，即规定内力必须为切线方向的张力，所以如果想把它扭弯即在法向发生形变，并无内力抵抗，这样就称它为柔软的。为了导出弦的横振动方程，选择如图 1.1 所示的坐标系，弦的平衡位置为 x 轴，两端分别固定在 $x=0$ 及 $x=l$ 处。所谓横振动是指运动发生在同一平面内，且弦上各点沿着垂直于 x 轴的方向移动。所谓微小指的是弦振动的幅度及弦上任意点切线的倾角都很小，设 $u(x,t)$ 是弦上横坐标为 x 的点在时刻 t 的位移。

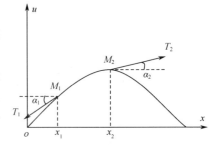

图 1.1　弦振动曲线

　　首先证明张力为常数，为此在弦上任取 $M_1 M_2$ 为一小段弧，它的长度假设为 Δs，并且 $\Delta s = \int_{x_1}^{x_2} \sqrt{1+u_x^2}\,\mathrm{d}x$，其中 $u_x = \dfrac{\partial u}{\partial x}$，由假设，弦只作微小振动，$u_x^2$ 与 1 相比可以忽略不计，从而 $\Delta s \approx x_2 - x_1$。这样，可以认为这段弦在振动过程中并未伸长，因此由胡克(Hooke)定律知道，弦上每一点所受张力在运动过程中均保持不变，即张力与时间 t 无关。分别把在点 M_1 和 M_2 的张力记做点 T_1 和 T_2，由前所述知它们的方向分别是沿着弦在点 M_1 和 M_2 处的切线方向。由假设弦只作横向振动，因此张力在 x 轴方向分量的代数和为零，即有 $T_2 \cos\alpha_2 - T_1 \cos\alpha_1 = 0$。这里的 α_1 和 α_2 是曲线 $u(x,t)$ 的切线与 x 轴所成的角。对于微小振动 $\alpha_1 \approx 0$ 和 $\alpha_2 \approx 0$，所以 $\cos\alpha_1 \approx 1$ 和 $\cos\alpha_2 \approx 1$，于是上式可写成点 $T_1 = T_2$，这就是说，张力也不随地点而异，综上所述知张力是常数，以 T_0(即 $T_1 = T_2 = T_0$)记之。

　　现在来导出弦的横振动方程。张力在 u 轴方向分量的代数和为

$$f_u = T_0 \sin\alpha_2 - T_0 \sin\alpha_1 = T_0 (\sin\alpha_2 - \sin\alpha_1)$$

对于微小振动，有

$$\sin\alpha_2 \approx \tan\alpha_2 = \left.\frac{\partial u}{\partial x}\right|_{x_2}, \quad \sin\alpha_1 \approx \tan\alpha_1 = \left.\frac{\partial u}{\partial x}\right|_{x_1}$$

应用微分中值定理，上式可化为

$$T_0 \left(\left.\frac{\partial u}{\partial x}\right|_{x_2} - \left.\frac{\partial u}{\partial x}\right|_{x_2} \right) = T_0 \left.\frac{\partial^2 u}{\partial x^2}\right|_{\xi} (x_2 - x_1) \quad (x_1 < \xi < x_2)$$

　　设弦的线性密度为 ρ，由于弦段 $[x_1, x_2]$ 很小，其上每点的加速度相差也不会太大，因此可用其中任一点 η 处的加速度 $\left.\dfrac{\partial^2 u}{\partial t^2}\right|_{\eta}$ 代替，于是该小段弦的质量与加速度的乘积为

$$\rho \left.\frac{\partial^2 u}{\partial t^2}\right|_{\eta} (x_2 - x_1) \quad (x_1 < \eta < x_2)$$

当弦不受外力作用时，应用牛顿(Newton)第二定律，得

$$\rho \left.\frac{\partial^2 u}{\partial t^2}\right|_{\eta} (x_2 - x_1) = T_0 \left.\frac{\partial^2 u}{\partial x^2}\right|_{\xi} (x_2 - x_1) \qquad (1.1.1)$$

消去 $x_2 - x_1$，并令 $x_2 \to x_1$，上式化为

$$\frac{\partial^2 u}{\partial t^2} = a^2 \frac{\partial^2 u}{\partial x^2} \qquad (1.1.2)$$

式中：$a^2 = \dfrac{T_0}{\rho}$，这个方程称为弦的自由横振动方程。

若还有外力作用到弦上，其方向垂直于 x 轴，设其力密度为 $F(x,t)$，由于弦段 (x_1,x_2) 很小，其上各点处的外力近似相等，因此作用在该段上的外力近似等于 $F(\zeta,t)(x_2 - x_1)(x_1 < \zeta < x_2)$，这样一来，方程 $(1.1.1)$ 的右端还应添上这一项，于是得平衡方程

$$\rho \frac{\partial^2 u}{\partial t^2}\bigg|_\eta (x_2 - x_1) = T_0 \frac{\partial^2 u}{\partial x^2}\bigg|_\xi (x_2 - x_1) + F(\zeta,t)(x_2 - x_1)$$

消去 $x_2 - x_1$，并令 $x_2 \to x_1$，则得弦的强迫横振动方程

$$\frac{\partial^2 u}{\partial t^2} = a^2 \frac{\partial^2 u}{\partial x^2} + f(x,t) \qquad (1.1.3)$$

式中：$f(x,t) = F(x,t)/\rho$。

弦振动方程中只含有两个自变量 x 和 t，其中 t 表示时间，x 表示位置，由于它们描述的是弦的振动或波动现象，因而称它为一维波动方程（Wave Equation），类似地可导出二维波动方程（例如膜的振动））和三维波动方程（例如电磁波、声波的传播），小结如下：

一维波动方程

$$\frac{\partial^2 u}{\partial t^2} = a^2 \frac{\partial^2 u}{\partial x^2} + f(x,t) \quad （强迫振动）$$

$$\frac{\partial^2 u}{\partial t^2} = a^2 \frac{\partial^2 u}{\partial x^2} \quad （自由振动）$$

二维波动方程

$$\frac{\partial^2 u}{\partial t^2} = a^2 \left(\frac{\partial^2 u}{\partial x^2} + \frac{\partial^2 u}{\partial y^2} \right) + f(x,y,t) \quad （强迫振动）$$

$$\frac{\partial^2 u}{\partial t^2} = a^2 \left(\frac{\partial^2 u}{\partial x^2} + \frac{\partial^2 u}{\partial y^2} \right) \quad （自由振动）$$

三维波动方程

$$\frac{\partial^2 u}{\partial t^2} = a^2 \left(\frac{\partial^2 u}{\partial x^2} + \frac{\partial^2 u}{\partial y^2} + \frac{\partial^2 u}{\partial z^2} \right) + f(x,y,z,t) \quad （强迫振动）$$

$$\frac{\partial^2 u}{\partial t^2} = a^2 \left(\frac{\partial^2 u}{\partial x^2} + \frac{\partial^2 u}{\partial y^2} + \frac{\partial^2 u}{\partial z^2} \right) \quad （自由振动）$$

其中三维波动方程的图形如图 1.2 所示。

均匀杆的纵振动问题，有一均匀杆，只要杆中任一小段有纵向位移或速度，必定导致邻段的压缩或伸长，这种伸缩传开去，就有纵波沿着杆传播了，以 $u(x,t)$ 表杆上各点的纵向位移，则杆的纵振动方程和弦的横振动方程一模一样，即 $\dfrac{\partial^2 u}{\partial t^2} = a^2 \dfrac{\partial^2 u}{\partial x^2}$。而其物理过程中的规律是完全不同的，用数学表达出来却是一样的，只是这里 $a^2 = \dfrac{E}{\rho}$，E 为杨式模量，ρ 为杆的密度。

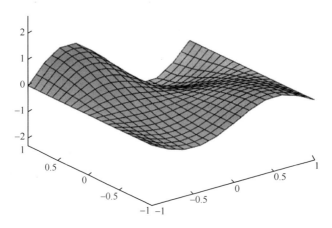

图 1.2　MATLAB 绘制的三维波动方程图形

2. 在固体中的热传导方程(Heat Conduction Equation)

首先研究一维的有热源的热传导,设一内含放射性物质的细杆,细杆中每一点都发出热量,但细杆的侧面是绝热的。因此只在沿轴方向有热传导(研究均匀物体中热的传导),设细杆内各点在时刻 t 的温度为 $u(x,t)$,取一小段细杆$[x,x+\Delta x]$,在时间$[t,t+\Delta t]$内,细杆的截面面积为 S,其密度为 ρ、比热容为 c、导热系数为 k,它们均是常数,如图 1.3 所示。

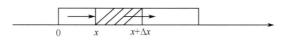

图 1.3　一维热传导示意图

一方面(在 Δt 时间内)由傅里叶热传导定律:

(1) 从 x 处流入的热量

$$\Delta Q_1 = -k \left.\frac{\partial u}{\partial x}\right|_x \cdot S \cdot \Delta t$$

(2) 从 $x+\Delta x$ 处流出的热量

$$\Delta Q_2 = -k \left.\frac{\partial u}{\partial x}\right|_{x+\Delta x} \cdot S \cdot \Delta t$$

(3) 细杆中自身产生的热量

$$\Delta Q_3 = F(\xi_1, T_1)(S \cdot \Delta x) \cdot \Delta t$$

式中:$\xi_1 \in [x, x+\Delta x]$,$T_1 \in [t, t+\Delta t]$,$F(x,t)$ 为热流密度。

可得细杆在$[x, x+\Delta x]$一小段的总热量增加为

$$\Delta Q = \Delta Q_1 - \Delta Q_2 + \Delta Q_3 = -k \left.\frac{\partial u}{\partial x}\right|_x \cdot S \cdot \Delta t + k \left.\frac{\partial u}{\partial x}\right|_{x=\Delta x} \cdot S \cdot \Delta t + F(\xi_1, T_1)(S \cdot \Delta x) \cdot \Delta t$$

$$= k \left.\frac{\partial^2 u}{\partial x^2}\right|_{\xi_2} \Delta x \cdot S \cdot \Delta t + F(\xi_1, T_1)(S \cdot \Delta x) \cdot \Delta t \quad (\text{微分中值定理})$$

式中:$\xi_2 \in [x, x+\Delta x]$。

另一方面,由比热定律,得

4

$$\Delta Q = c(u\mid_{t+\Delta t} - u\mid_t)(\rho \cdot S \cdot \Delta x) = c\rho\frac{\partial u}{\partial t}\Big|_{T_2}\Delta t \cdot S \cdot \Delta x)\ (\text{微分中值定理})$$

式中：$T_2 \in [t, t+\Delta t]$。

再由热量守恒，得

$$c\rho\frac{\partial u}{\partial t}\Big|_{T_2}\Delta t \cdot S \cdot \Delta x) = k\frac{\partial^2 u}{\partial x^2}\Big|_{\xi_2}\Delta x \cdot S \cdot \Delta t + F(\xi_1, T_1)(S \cdot \Delta x) \cdot \Delta t$$

令 $\Delta x \to 0$，$\Delta t \to 0$，得 $c\rho\frac{\partial u}{\partial t}\Big|_t = k\frac{\partial^2 u}{\partial x^2}\Big|_x + F(x,t)$。所以，所求有热源的一维热传导方程为

$$\frac{\partial u}{\partial t} = a^2\frac{\partial^2 u}{\partial x^2} + f(x,t) \tag{1.1.4}$$

式中：$a^2 = \dfrac{k}{c\rho}$，$f(x,t) = \dfrac{F(x,t)}{c\rho}$。

现在研究均匀物体中（三维）热的传导，设其密度为 ρ，比热容为 c，导热系数为 k，它们均是常数。如果记该物体中一点为 (x,y,z)，时刻 t 该点处的温度为 $u(x,y,z,t)$。取物体内包含 P 点的小长方体为上面说到的微元。下面讨论这个微元内的热平衡。

在时刻 t 到 $t+\mathrm{d}t$ 内，该微元内各点的温度变化，以 $P(x,y,z)$ 点为代表是

$$u(P, t+\mathrm{d}t) - u(P,t) = \frac{\partial u}{\partial t}\mathrm{d}t$$

使温度升高 $\dfrac{\partial u}{\partial t}\mathrm{d}t$，所需的热量是 $c\rho\dfrac{\partial u}{\partial t}\mathrm{d}t\mathrm{d}x\mathrm{d}y\mathrm{d}z$（该微元的质量为 $\rho\mathrm{d}x\mathrm{d}y\mathrm{d}z$）。这里消耗的热量应该由物体内部的热源与微元外向微元内的热传导来补充。现在只考虑传导现象，热传导服从一个经验定律——傅里叶实验定律：通过面积 $\mathrm{d}S$ 在 $\mathrm{d}t$ 时间内沿着法线 $\boldsymbol{n}$ 方向传导的热量是 $-k\dfrac{\partial u}{\partial n}\mathrm{d}S\mathrm{d}t$，这里出现的负号是因为热量由高温处流向低温处。故当 $\dfrac{\partial u}{\partial n} > 0$ 时，热量实际上是沿着 $-\boldsymbol{n}$ 向方向流去。由此在 $\mathrm{d}t$ 时间内通过微元左右两侧（面积 $\mathrm{d}S$ 均为 $\mathrm{d}y\mathrm{d}z$）流入（在左侧是沿 x 方向流入，在右侧是沿 $-x$ 方向流入）微元的热量是

$$k\mathrm{d}t\left[\frac{\partial u}{\partial x}(x+\mathrm{d}x,y,z,t) - \frac{\partial u}{\partial x}(x,y,z,t)\right]\mathrm{d}y\mathrm{d}z = k\frac{\partial^2 u}{\partial x^2}\mathrm{d}x\mathrm{d}y\mathrm{d}z\mathrm{d}t$$

沿前后两侧和上下两侧方向流入微元的热量，可以同样计算。最后，由热平衡可得

$$k\left(\frac{\partial^2 u}{\partial x^2} + \frac{\partial^2 u}{\partial y^2} + \frac{\partial^2 u}{\partial z^2}\right)\mathrm{d}x\mathrm{d}y\mathrm{d}z\mathrm{d}t = c\rho\frac{\partial u}{\partial t}\mathrm{d}x\mathrm{d}y\mathrm{d}z\mathrm{d}t$$

即

$$\frac{\partial u}{\partial t} = a^2\left(\frac{\partial^2 u}{\partial x^2} + \frac{\partial^2 u}{\partial y^2} + \frac{\partial^2 u}{\partial z^2}\right) \tag{1.1.5}$$

式中：$a^2 = \dfrac{k}{c\rho}$，$\Delta = \dfrac{\partial^2}{\partial x^2} + \dfrac{\partial^2}{\partial y^2} + \dfrac{\partial^2}{\partial z^2}$ 为拉普拉斯算子（这是一个很重要的算子），此方程称为热传导方程，即方程（1.1.5）可记作 $\dfrac{\partial u}{\partial t} = a^2\Delta u$。在以上过程中，基本的物理规律是热量

平衡——能量守恒。可以认为傅里叶实验定律是一种简化假设,因为它只是在一定情况下适用的近似的经验定律。当它不适用时,得到的数学模型可能大不相同。参数 c、k 与 u 无关也是重要的简化假设。当然参数 c、k 与 ρ 的均匀性也是一种简化,但是这并不重要,去掉这一假设并不会导致比方程(1.1.5)更为复杂的方程。

如果在物体内还有热源,则需要一个物体内部的热源函数来标志其强度。记这个函数为 $F(x,y,z,t)$ 它表示在 dt 时间内,在该微元中产生的热量是 $F(x,y,z,t)dxdydzdt$。F 由实验给出的,或者由其它物理规律导出,则热传导方程为

$$\frac{\partial u}{\partial t} = a^2\left(\frac{\partial^2 u}{\partial x^2} + \frac{\partial^2 u}{\partial y^2} + \frac{\partial^2 u}{\partial z^2}\right) + f(x,y,z,t) \tag{1.1.6}$$

式中:$a^2 = \dfrac{k}{c\rho}$,$f(x,y,z,t) = \dfrac{F(x,y,z,t)}{c\rho}$。

方程(1.1.5)称为齐次热传导方程,方程(1.1.6)称为非齐次热传导方程。

上述热传导方程中,描述空间坐标的独立变量 x,y 和 z,所以它们又称为三维热传导方程。总之有以下热传导方程(扩散方程)

一维热传导方程:

$$\frac{\partial u}{\partial t} = a^2\frac{\partial^2 u}{\partial x^2} + f(x,t) \quad \text{(有热源的)}$$

$$\frac{\partial u}{\partial t} = a^2\frac{\partial^2 u}{\partial x^2} \quad \text{(无热源的)}$$

二维热传导方程:

$$\frac{\partial u}{\partial t} - a^2\left(\frac{\partial^2 u}{\partial x^2} + \frac{\partial^2 u}{\partial y^2}\right) + f(x,y,t) \quad \text{(有热源的)}$$

$$\frac{\partial u}{\partial t} = a^2\left(\frac{\partial^2 u}{\partial x^2} + \frac{\partial^2 u}{\partial y^2}\right) \quad \text{(无热源的)}$$

三维热传导方程:

$$\frac{\partial u}{\partial t} = a^2\left(\frac{\partial^2 u}{\partial x^2} + \frac{\partial^2 u}{\partial y^2} + \frac{\partial^2 u}{\partial z^2}\right) + f(x,y,z,t) \quad \text{(有热源的)}$$

$$\frac{\partial u}{\partial t} = a^2\left(\frac{\partial^2 u}{\partial x^2} + \frac{\partial^2 u}{\partial y^2} + \frac{\partial^2 u}{\partial z^2}\right) \quad \text{(无热源的)}$$

其中三维热传导方程的图形如图1.4所示。

考察像气体的扩散、液体的渗透,半导体材料中杂质扩散等物理过程时,若用 u 表示所扩散物质的浓度,则浓度 u 所满足方程的形式与热传导方程完全一样。由于它所描述的是物质的扩散现象,所以这样的方程称为扩散方程。

3. 拉普拉斯(Laplace)方程和泊松(Poisson)方程

研究物理上的各种现象(例如:振动,热传导,扩散,等等)的稳定过程时,由于表征该过程的物理量 u 不随时间而变化,因此,$\dfrac{\partial u}{\partial t} = 0$。

现在考虑静电场中的电位 $u(x,y,z)$,并设场中有电荷分布,其密度为 $\rho(x,y,z)$,电场

6

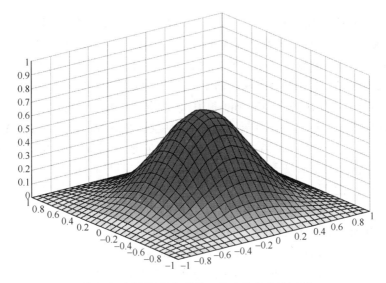

图 1.4　MATLAB 绘制的三维热传导方程图形

为 $E(x,y,z)$，由定义 $E = -\mathrm{grad}u$。高斯定律告诉我们 $\mathrm{div}E = \rho$。这里高斯定律采取这样简单的形式是因为采用了特定的单位制。将 $E = -\mathrm{grad}u$ 代入此式就得到 u 所适合的方程

$$-\mathrm{div}(\mathrm{grad}u) = -\Delta u = \rho$$

即

$$\frac{\partial^2 u}{\partial x^2} + \frac{\partial^2 u}{\partial y^2} + \frac{\partial^2 u}{\partial z^2} = -\rho(x,y,z) \tag{1.1.7}$$

方程(1.1.7)称为三维泊松(Poisson)方程。三维热传导方程的图形如图 1.5 所示。

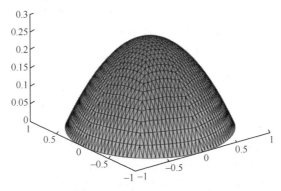

图 1.5　MATLAB 绘制的三维 Poisson 方程图形

特别是在自由电场(即 $\rho = 0$ 的情况)中,电位适合方程

$$\frac{\partial^2 u}{\partial x^2} + \frac{\partial^2 u}{\partial y^2} + \frac{\partial^2 u}{\partial z^2} = 0 \tag{1.1.8}$$

方程(1.1.8)称为三维拉普拉斯方程或调和方程。方程(1.1.8)通常表示成 $\Delta u = 0$ 或 $\nabla^2 u = 0$。凡具有二阶连续偏导数并满足方程(1.1.8)的连续函数称为调和函数。

这里是从一些物理定律推导出方程的。如果分析一下这些定律导出的过程,仍可看到采用了微元的分析和对一些实验事实的概括。例如,库伦(Coulumb)定律就是一个实验定律,而高斯定律是依据于它的。凡实验定律都包含了对实际情况的某些简化和理想化,或只是某种近似。这在性质上和前两个例子中的假设是一样的。

拉普拉斯方程不仅出现在静电场问题中,其它问题中也常出现。例如,设热传导方程(1.1.5)与时间无关——这种温度场称为定常温度场,则方程(1.1.5)成为 $\Delta u = 0$,所以,拉普拉斯方程也可以描写定常温度场。不但如此,它还可以描写引力场,引力势,等等。概括地说,它所描写的自然现象常是稳恒的、定常的,亦即与时间无关的。拉普拉斯方程和泊松方程不仅描述稳定状态下温度的分布规律,而且也能描述诸如稳定的浓度分布及静电场的电位分布等种种不同的物理现象。其它方程也如此:热传导方程可以描述扩散现象,弦振动方程可以描述传输线中的电流或电压(当参数适合一定条件时),还可以描述轴的扭转、振动等。这种情况正是数学物理方程作为描述自然现象的工具的力量所在。实际上,这三个方程各是一类方程的典型,各反映一类自然规律性。尤其是,这三类方程的数学性质各取决于一个二次型的性质。本书将依据这个二次型将方程分类,并逐类进行讨论。

1.2　定解条件与定解问题

1.2.1　定解条件(Ⅰ)——初始条件(Initial Conditions)

对于一个确定的物理过程,仅由表征该过程的物理量 u 所满足的方程还是不够的,还要附加一定的条件,这些条件应该恰恰足以说明系统的初始状态以及边界上的物理情况,所提出的具体条件多了不行,少了也不行。

先介绍初始条件。表征某过程"初始"时刻状态的条件称为初始条件。对于热传导问题来说,一个特定的传热过程,仅知道温度 u 所满足的方程是远不够的,还需要知道物体在"初始"时刻的温度分布和物体在边界上的温度状况(或热交换状况),这样才可以完全确定物体在以后时刻的温度。

初始条件的提法为

$$u(x,y,z,t)\big|_{t=0} = \varphi(x,y,z) \tag{1.2.1}$$

式中:$\varphi(x,y,z)$ 为已知函数,表示 $t=0$ 时物体内温度的分布。

对于弦振动问题来说,初始条件指的是弦在"初始"时刻的位移和速度。若以 $\varphi(x)$,$\psi(x)$ 分别表示弦的初位移和初速度,则初始条件可以表达为

$$u\big|_{t=0} = \varphi(x), \frac{\partial u}{\partial t}\bigg|_{t=0} = \psi(x) \tag{1.2.2}$$

1.2.2　定解条件(Ⅱ)——边界条件(Boundary Conditions)

1. 弦振动(String Oscillation)问题的边界条件

表征某过程的物理量在系统的边界上所满足的物理条件称为边界条件,常见而又比较简单的边界条件有三种基本类型。

对于弦振动问题而言,弦的一端(例如 $x=0$)的运动规律已知,若以 $\mu_1(t)$ 表示其运动规律,则边界条件可以表达为

$$u\big|_{x=0}=\mu_1(t) \tag{1.2.3}$$

若 $x=0$ 端被固定,则相应的边界条件为 $u\big|_{x=0}=0$。像式(1.2.3)这种类型的边界条件称为第一类边界条件(First Boundary Conditions)。

若弦的一端(例如,$x=0$)在垂直于 x 轴的直线上自由滑动,且不受到垂直方向的外力,这种边界称为自由边界,根据边界微元右端的张力沿垂直方向的分量是 $T_0\dfrac{\partial u}{\partial x}$,得出在自由边界时应成立 $T_0\dfrac{\partial u}{\partial x}\big|_{x=0}=0$。

若边界张力沿垂直方向的分量是 t 的一个已知函数,则相应的边界条件为

$$\frac{\partial u}{\partial x}\bigg|_{x=0}=\mu_2(t) \tag{1.2.4}$$

这种类型的边界条件称为第二类边界条件(Second Boundary Conditions)。

若将弦的一端(例如,$x=l$)固定在弹性支承上,并且弹性支承的伸缩符合胡克定律,如果支承的位置为 $u=0$,则在端点的值表示支承在该点的伸长。弦对支承拉力的垂直方向分量为 $-T_0\dfrac{\partial u}{\partial x}$,由胡克定律得:$-T_0\dfrac{\partial u}{\partial x}\big|_{x=l}=ku\big|_{x=l}$。因此在弹性支承的情况下,边界条件归结为 $\left(\dfrac{\partial u}{\partial x}+\alpha u\right)\big|_{x=l}=0$,式中 $\alpha=\dfrac{k}{T_0}$ 是已知正数,在数学中也可以考虑更普通的边界条件

$$\left(\frac{\partial u}{\partial x}+\alpha u\right)\bigg|_{x=l}=\mu_3(t) \tag{1.2.5}$$

式中:$\mu_3(t)$ 为 t 的已知函数,这种边界条件称为第三类边界条件(Third Boundary Conditions)。

边界条件与初始条件总称为定解条件。

边界条件方程(1.2.3)~方程(1.2.5)称为非齐次边界条件,若等式右端的已知函数 $\mu_i(t)(i=1,2,3)$ 恒为零,称为齐次边界条件。

2. 热传导问题的边界条件

对于热传导问题而言,设所考察的物体 G 的边界曲面为 S,已知物体表面温度为 $\mu_1(x,y,z,t)$,即

$$u(x,y,z,t)\big|_S=\mu_1(x,y,z,t) \tag{1.2.6}$$

式中:$\mu_1(x,y,z,t)$ 为定义在 $(x,y,z)\in S(t\geqslant 0)$ 上的已知函数。这种边界条件称为第一边界条件。

已知物体表面上各点的热流量 q,也就是说在物体表面上单位时间内流过单位面积的热量是已知的,由傅里叶定律可知 $q=-k\dfrac{\partial u}{\partial n}\big|_S$,由此可得

$$\frac{\partial u}{\partial n}\bigg|_S=\mu_2(x,y,z,t) \tag{1.2.7}$$

9

式中：$\mu_2(x,y,z,t) = -\dfrac{q}{k}$ 为定义 $(x,y,z) \in S(t \geqslant 0)$ 上的已知函数。

由此可见，这样边界条件实际上表示温度函数 u 在边界曲面 S 上的外法向导数是已知的。特别是，如果物体表面上各点的热流量为零，则得绝热性边界条件：$\dfrac{\partial u}{\partial n}\bigg|_S = 0$。这种类型的边界条件称为第二类边界条件。

考察将物体置于另一介质中的情形，能够测量到的只是和物体接触处的介质温度 u_1，由于 u_1 与物体表面上的温度 u 往往并不相同，这样在物体表面处与周围介质产生热交换。由热传导中牛顿（Newton）实验定律可知：物体从一介质流到另一介质的热量与两介质间的温度差成正比，即

$$dQ = h(u - u_1)dSdt \qquad (1.2.8)$$

式中：比例常数 h 为两介质间的热交换系数，它取正值。

在物体内部一无限贴近它的表面 S 的闭曲面 S_1，由于在物体表面热量不能积累，因此在曲面 S_1 上的热流量应等于 S 上的热流量。流过曲面 S_1 的热量为 $dQ = -k\dfrac{\partial u}{\partial n}dSdt$，流过物体表面 S 的热量为 $dQ = h(u - u_1)dSdt$，因此成立关系式为 $-k\dfrac{\partial u}{\partial n}dSdt = h(u - u_1)dSdt$，即 $k\dfrac{\partial u}{\partial n} + hu = hu_1$，由于 h 和 k 都是正数，因此这种边界条件可以写为

$$\left(\frac{\partial u}{\partial n} + \alpha u\right)\bigg|_S = \mu_3(x,y,z,t) \qquad (1.2.9)$$

式中：$\mu_3(x,y,z,t) = \dfrac{h}{k}u_1$ 为定义在 $(x,y,z) \in S(t \geqslant 0)$ 上的已知函数，$\alpha = \dfrac{h}{k}$ 为已知正数。

这种类型的边界条件称为第三类边界条件。当 $\mu_i(x,y,z,t) \neq 0 (i = 1,2,3)$ 时，相应的边界条件称为非齐次边界条件，否则称为齐次边界条件。

1.3 基本概念与定解问题

1.3.1 基本概念

含有自变量未知函数及其偏导数的方程称为偏微分方程（Partial Differential Equation）。例如，下面的一些方程都是偏微分方程

$$u_{tt} = a^2 u_{xx} \qquad (1.3.1)$$

$$u_{xx} + u_{yy} = 0 \qquad (1.3.2)$$

$$u_{xxy} + 2xu_{yy} + yu = xy \qquad (1.3.3)$$

$$(u_x)^2 + u_y = 8x^2 \qquad (1.3.4)$$

偏微分方程中所含有的未知函数最高阶偏导数的阶数，称为偏微分方程的阶。例如方程（1.3.1）和方程（1.3.2）为二阶偏微分方程，方程（1.3.3）和方程（1.3.4）分别为三阶偏微分方程与一阶偏微分方程。

如果一个偏微分方程中各项关于未知函数及其偏导数(包括高阶偏导数)都是一次的,则称这个方程为线性偏微分方程(Linear Partial Differential Equation)。例如,方程(1.3.1)~方程(1.3.3)都是线性偏微分方程,而方程(1.3.4)则是非线性偏微分方程。

如果一个函数具有某偏微分方程中所需要的各阶连续偏导数,将它代入该方程时能使方程成为恒等式,则称这个函数为该方程的解,或古典解。例如,函数 $u = \sin(x + at)$, $u = (x - at)^3$, $u = e^{2(x+at)}$, $u = f(x + at) + g(x - at)$ 等都是方程(1.3.1)的解,这里 f 和 g 是两个具有二阶连续导数的函数,而函数 $u = e^x \sin y$, $u = \ln \dfrac{1}{\sqrt{x^2 + y^2}}(x^2 + y^2 \neq 0)$ 等都是方程(1.3.2)的解。

一个偏微分方程中不包含未知函数 u 及其偏导数(包括高阶偏导数)的项称为自由项,这样的方程就称为非齐次偏微分方程(自由项不为零)。例如,方程(1.3.3)为非齐次方程,xy 为自由项,方程(1.3.4)中也含有自由项 $8x^2$。而方程(1.3.1)和方程(1.3.2)就称为齐次偏微分方程(自由项为零)。偏微分方程也称为泛定方程。

1.3.2 定解问题及其适定性

1. 柯西(Cauchy)问题

由泛定方程和定解条件构成的问题称为定解问题。由于定解条件的不同,定解问题又可分为:由泛定方程和初始条件构成的问题称为初值问题或柯西问题。

[**例 1.3.1**]　弦振动柯西问题:

$$\begin{cases} \dfrac{\partial^2 u}{\partial t^2} = a^2 \dfrac{\partial^2 u}{\partial x^2}, \quad (-\infty < x < +\infty, t > 0) \\ u(x,0) = \varphi(x), \dfrac{\partial u}{\partial t}\Big|_{t=0} = \psi(x) \end{cases}$$

[**例 1.3.2**]　三维热传导柯西问题

$$\begin{cases} \dfrac{\partial u}{\partial t} = a^2 \left(\dfrac{\partial^2 u}{\partial x^2} + \dfrac{\partial^2 u}{\partial y^2} + \dfrac{\partial^2 u}{\partial z^2} \right), \quad (x,y,z) \in R^3, t > 0 \\ u(x,y,z,0) = \varphi(x,y,z) \end{cases}$$

2. 边值问题

泛定方程和边界条件构成的问题称为边值问题。关于拉普拉斯方程的边值问题,通常最基本有以下三种。

(1) 第一边值问题。

在空间某一区域 Ω 的边界 $\partial \Omega$ 上给定了连续函数 f,要求这样一个函数 $u(x,y,z)$,它在闭域 $\Omega + \partial \Omega$(或记作 $\overline{\Omega}$)上连续,在 Ω 内调和,在边界 $\partial \Omega$ 上与给定的函数 f 重合,问题

$$\begin{cases} \dfrac{\partial^2 u}{\partial x^2} + \dfrac{\partial^2 u}{\partial y^2} + \dfrac{\partial^2 u}{\partial z^2} = 0 \\ u(x,y,z)\big|_{\partial \Omega} = f(x,y,z) \end{cases}$$

称为第一边值问题,也称为狄利克雷(Dirichlet)问题。

（2）第二边值问题。

在某光滑的闭曲面上给定了连续函数 f，要求这样一个函数 $u(x,y,z)$，它在 Ω 内调和，在 $\overline{\Omega}$ 上连续，在 $\partial\Omega$ 上任一点处法向导数 $\left.\dfrac{\partial u}{\partial n}\right|_{\partial\Omega}$ 存在，式中 n 是 $\partial\Omega$ 的外法线方向。

问题

$$\begin{cases} \dfrac{\partial^2 u}{\partial x^2} + \dfrac{\partial^2 u}{\partial y^2} + \dfrac{\partial^2 u}{\partial z^2} = 0 \\ \left.\dfrac{\partial u}{\partial n}\right|_{\partial\Omega} = f(x,y,z) \end{cases}$$

称为第二边值问题，也称为诺伊曼（Neumann）问题。

（3）第三边值问题。

问题

$$\begin{cases} \dfrac{\partial u}{\partial t} = a^2 \left(\dfrac{\partial^2 u}{\partial x^2} + \dfrac{\partial^2 u}{\partial y^2} + \dfrac{\partial^2 u}{\partial z^2} \right) \\ \left. \left(\dfrac{\partial u}{\partial n} + \alpha u \right) \right|_{\partial\Omega} = f(x,y,z,t) \quad (x,y,z) \in \partial\Omega \end{cases}$$

称为第三边值问题，也称为洛宾（Robin）问题。

3. 混合问题

由泛定方程、初始条件及边界条件构成的问题称为混合问题，如

[**例 1.3.3**] 一维热传导混合问题

$$\begin{cases} \dfrac{\partial u}{\partial t} = a^2 \dfrac{\partial^2 u}{\partial x^2}, \quad (-\infty < x < +\infty, t>0) \\ u(0,t) = u(l,t) = 0 \\ u(x,0) = \varphi(x) \end{cases}$$

4. 定解问题的适定性

一个定解问题提出之后，我们要问这个定解问题的解是否一定存在？这便是解的存在性问题。如果解存在，我们又要问这个定解问题的解是否只有一个？这便是解的唯一性问题。此处，我们还要考虑解的稳定性问题（或称解对定解条件或自由项的连续依赖性问题）。解的存在性和唯一性的重要性是明显的，至于稳定性的重要性有必要加于说明，什么叫"稳定"呢？粗略地说，就是当定解条件或自由项的值作细微改变时，如果解也作细微改变，就说解是稳定的。由于测量是不可能绝对准确的，因而所列的定解条件也只是近似的，就不难理解稳定的重要性。不稳定的解没有意义。

定解问题的存在性，唯一性，稳定性统称为定解问题的适定性。一个定解问题，如果存在唯一而又稳定的解，就称这个定解问题是适定的，否则就应该修改定解问题的提法，使其适定。解的稳定性是：定解条件及方程中的参数有微小变化时，解也只有微小的变动。否则定解条件中的微小误差，导致求出的解产生巨大的变化，这个解就不能很好地反映实际情况。适定性是：一个定解问题存在唯一稳定的解，则此问题是适定的。

1.4 经典线性偏微分方程*

由于二阶偏微分方程,具有广泛的实际意义和数学处理上的简单易理解。这里仅给出二阶线性偏微分方程的一些例子。

[**例1.4.1**] 波动方程

$$\frac{\partial^2 u}{\partial t^2} - a^2 \Delta u = 0 \quad \left(\text{或} \ \frac{\partial^2 u}{\partial t^2} - a^2 \nabla^2 u = 0 \right) \tag{1.4.1}$$

式中:$\Delta = \frac{\partial^2}{\partial x^2} + \frac{\partial^2}{\partial y^2} + \frac{\partial^2}{\partial z^2}$ 为拉普拉斯算子(或 $\nabla^2 = \frac{\partial^2}{\partial x^2} + \frac{\partial^2}{\partial y^2} + \frac{\partial^2}{\partial z^2}$;$\nabla$ 为哈密尔顿算子);a 为常数。这个方程描述了波的传播(或扰动)。它可以描述很多物理问题,例如,弦的振动,薄膜的振动,杆和梁的纵向弹性振动,水的浅表波动,声学以及电信号在电缆中的传输等问题。

[**例1.4.2**] 热扩散方程

$$\frac{\partial u}{\partial t} - \kappa \Delta u = 0 \tag{1.4.2}$$

式中:κ 为导热系数。方程(1.4.2)描述了某种量子的流动,例如,热或一团基本粒子的流动,在生物学中也被用作描述生长和扩散的过程,特别是肿瘤的生长。这个热扩散方程还可以描述在 Stocks 和 Rayleigh 问题中的非稳定附面层流动以及由旋涡面产生的旋涡扩散。

[**例1.4.3**] 拉普拉斯方程

$$\frac{\partial^2 u}{\partial x^2} + \frac{\partial^2 u}{\partial y^2} + \frac{\partial^2 u}{\partial z^2} = 0 \tag{1.4.3}$$

此方程用于描述无源静电场的电位,引力场,弹性薄膜的平衡位移,不可压缩流体的速度场,稳态热传导问题的温度分布和其它诸多物学现象。

[**例1.4.4**] 泊松方程

$$\frac{\partial^2 u}{\partial x^2} + \frac{\partial^2 u}{\partial y^2} + \frac{\partial^2 u}{\partial z^2} = f(x, y, z) \tag{1.4.4}$$

式中:$f(x, y, z)$ 为一个描述场源或场漏的给定函数。这是非齐次的拉普拉斯方程。泊松方程表示有源或有漏的情况下拉普拉斯方程描述的物学现象。

[**例1.4.5**] Helmholtz 方程

$$\frac{\partial^2 u}{\partial x^2} + \frac{\partial^2 u}{\partial y^2} + \frac{\partial^2 u}{\partial z^2} + \lambda u = 0 \tag{1.4.5}$$

式中:λ 为常数。此方程就是与时间独立的波动方程(1.4.1)加了一个参数 λ。在声学问题中,它的解代表了一种声音的辐射场。

[**例1.4.6**] 电报方程

$$\frac{\partial^2 u}{\partial t^2} + a \frac{\partial u}{\partial t} + bu = \frac{\partial^2 u}{\partial x^2} \tag{1.4.6}$$

式中：a 和 b 为常数。这个方程是研究电信号在电缆中传输的规律而得出的，电流和电压都满足此方程。同样，这个方程还适用于研究脉动血液在动脉中的压力波的传播。

[例 **1.4.7**]　Klein – Gordon(KG)方程

$$\Theta\psi + \left(\frac{mc^2}{\hbar}\right)\psi = 0 \left(\Theta = \frac{\partial^2}{\partial t^2} - c^2\ \nabla^2\right) \tag{1.4.7}$$

[例 **1.4.8**]　在量子力学中，与时间无关的薛定谔(Schrödinger)方程：

$$\left(\frac{\hbar^2}{2m}\right)\Delta\psi + (E - V)\psi = 0 \tag{1.4.8}$$

式中：$\hbar$ 为普朗克常数，m 为粒子的质量，它的波动函数为 $\psi(x,y,z,t)$，E 为常数，V 为源。如果 $V = 0$ 就退化成了 Helmholtz 方程 (1.4.5)。

[例 **1.4.9**]　梁的横振动方程

$$\frac{\partial^2 u}{\partial t^2} + b^2\frac{\partial^4 u}{\partial x^4} = 0 \tag{1.4.9}$$

式中：常数 $b^2 = EI/\rho$，这里 E 为弹性模数(杨氏模量)，I 为转动惯量，ρ 为密度。

若梁受横向外力 $F(x,t)$ 作用时梁的受力横振动方程

$$\frac{\partial^2 u}{\partial t^2} + b^2\frac{\partial^4 u}{\partial x^4} = \frac{F(x,t)}{\rho} \tag{1.4.10}$$

[例 **1.4.10**]　线性 Korteweg – de Vries(KDV)方程

$$\frac{\partial u}{\partial t} + \alpha\ \frac{\partial u}{\partial x} + \beta\frac{\partial^3 u}{\partial x^3} = 0 \tag{1.4.11}$$

[例 **1.4.11**]　线性 Boussinesq 方程

$$\frac{\partial^2 u}{\partial t^2} - \alpha^2\ \nabla^2 u - \beta^2\ \nabla^2\frac{\partial^2 u}{\partial t^2} = 0 \tag{1.4.12}$$

式中：α,β 为常数。此方程在弹性力学中用于描述杆的纵向波，长水波以及等离子波。

[例 **1.4.12**]　双谐波(Biharmonic Wave)方程

$$\frac{\partial^2 u}{\partial t^2} + c^2\ \nabla^4 u = 0 \tag{1.4.13}$$

式中：c 为常数，在弹性力学中，一个薄弹性盘受到了轻微振动满足此方程。当 u 与 t 无关时，则退化为双谐振动方程

$$\nabla^4 u = 0 \tag{1.4.14}$$

它描述了满足 Airy 应力函数 $u(x,y,z)$ 的弹性媒质中的应力分布的平衡问题。在流体力学中，在粘性液体中的流函数 $\psi(x,y,z)$ 也满足此方程。

[例 **1.4.13**]　在电场 E 中的电磁波动和极化磁场 P 满足如下方程

$$\varepsilon_0\left(\frac{\partial^2 E}{\partial t^2} - c_0^2\ \frac{\partial^2 E}{\partial x^2}\right) + \frac{\partial^2 P}{\partial t^2} = 0 \tag{1.4.15}$$

$$\left(\frac{\partial^2 P}{\partial t^2} + \omega_0^2 P\right) - \varepsilon_0\omega_p^2 + E = 0 \tag{1.4.16}$$

式中:ε_0 为空气的介电常数;ω_0 为振荡的自然频率;c_0 为光在真空中的传播速度;ω_p 为等离子频率。

1.5　经典非线性偏微分方程 [*]

[**例 1.5.1**]　最简单的一阶非线性波动方程

$$\frac{\partial u}{\partial t} + c(u)\frac{\partial u}{\partial x} = 0 \quad (x \in R, t > 0) \tag{1.5.1}$$

式中:$c(u)$ 为 u 的给定函数,可用于描述高速公路的车流量,空气动力学中的激波,水力学中的潮涌波等。

[**例 1.5.2**]　非线性 Klein – Gordon 方程

$$\frac{\partial^2 u}{\partial t^2} - c^2 \Delta^2 u + V'(u) = 0 \tag{1.5.2}$$

式中:c 为常数,$V'(u)$ 为 u 的给定非线性函数。该方程在很多物理问题中出现,如非线性散射和非线性介子理论。

[**例 1.5.3**]　Burgers 方程

$$\frac{\partial u}{\partial t} + u\frac{\partial u}{\partial x} = v\frac{\partial^2 u}{\partial x^2} (x \in R, t > 0) \tag{1.5.3}$$

式中:v 为运动粘性系数。这是流体力学中处理耗散波的最简单非线性方程。最早由 Bur – Gers 提出以描述一维涡流,也用于描述在粘性介质中的声波以及充满粘性流体的弹性管中的波等。

除上述一些非线性方程外,特别是在流体物理、固体物理、基本粒子物理、激光物理、等离子体物理、超导物理、凝聚态物理、生物物理等许多领域中出现的一些典型的非线性方程。

[**例 1.5.4**]　KdV(Korteweg – de Vries) 方程

$$u_t = u_{xxx} + \lambda u u_x \tag{1.5.4}$$

式中:$\lambda \neq 0$ 为常数。KdV 方程最初出现在浅水波的研究中。如今许多问题中,相继都引出 KdV 方程,如等离子体中的磁流体波,离子声波,弹性棒中的纵色散波都引出 KdV 方程,还有一大类近双曲型方程都化为 KdV 方程。

[**例 1.5.5**]　KP 方程

$$(u_t + u_{xxx} + \lambda_1 u u_x)_x - \lambda_2 u_{yy} = 0 \tag{1.5.5}$$

式中:λ_1, λ_2 为正常数。

[**例 1.5.6**]　MKdV 方程

$$u_t = u_{xxx} + \lambda u^2 u_x \tag{1.5.6}$$

式中:$\lambda \neq 0$ 为常数。

[**例 1.5.7**]　薛定谔(E. Schrödinger) 方程

$$u_t - \Delta u + f(|u|^2)u = 0 \tag{1.5.7}$$

式中:$f(\cdot)$为给定函数。

[例 1.5.8] 朗道(L. D. Landau)—利弗希茨(E. M. Lifshitz)方程

$$u_t = \lambda_1 u \frac{\partial^2 u}{\partial x^2} + \frac{\partial^2 u}{\partial y^2} + \frac{\partial^2 u}{\partial z^2} + f(x, t, u) \tag{1.5.8}$$

式中:$f(\cdot)$为给定函数

[例 1.5.9] 布森内斯克(M. J. Boussinesq)方程

$$u_{tt} - u_{xx} + \lambda_1 (u^2)_{xx} + \lambda_2 u_{xxxx} = 0 \tag{1.5.9}$$

式中:λ_1, λ_2 为正常数

[例 1.5.10] 萨哈罗夫(V. E. Zakharov)方程组

$$\begin{cases} u_{tt} - \Delta u = \Delta |\varepsilon|^2 \\ i\varepsilon_t + \Delta\varepsilon - u\varepsilon = 0 \end{cases} \tag{1.5.10}$$

1.6　两个自变量的二阶线性偏微分方程

1.6.1　一阶线性偏微分方程的解法

本节总是设未知函数为 $u = u(x, y)$,首先考察最简单的一阶方程

$$\frac{\partial u}{\partial x} = 0 \tag{1.6.1}$$

的解法。

两边直接积分,得 $u(x, y) = f(y)$,该解是此方程的通解。

同理可得,一阶方程:$\frac{\partial u}{\partial y} = 0$ 的解为 $u(x, y) = g(x)$,该解是此方程的通解。

通过积分法,我们可以知道一阶线性偏微分方程的通解为一个任意函数 $f(\cdot)$。

再考察方程

$$\frac{\partial u}{\partial x} - 3\frac{\partial u}{\partial y} = 0 \tag{1.6.2}$$

设该方程的解为 $u = f(\xi)(\xi = kx + y)$,代入方程(1.6.2)中,得

$$kf'(\xi) - 3f'(\xi) = 0$$

由于 $f'(\xi) \neq 0$,可得 $k - 3 = 0$,解得 $k = 3$。于是可得该方程的通解为 $u = f(\xi) = f(3x + y)$,式中 $f(\cdot)$ 为任意一阶可导函数。

上述方程(1.6.2)的求解方法称为行波法,这样就可以用该方法得出下列方程的通解。

[例 1.6.1] 求下述方程的通解

$$\frac{\partial u}{\partial x} - 3\frac{\partial u}{\partial y} - 2u = 0 \tag{1.6.3}$$

解:(行波法)设解为 $u = e^{mx} f(\xi)(\xi = kx + y)$,代入方程(1.6.3)中,得

$$kf'(\xi)e^{mx} + mf(\xi)e^{mx} - 3f'(\xi)e^{mx} - 2f(\xi)e^{mx} = 0$$

由于 $e^{mx} \neq 0$，上式化简为

$$(k-3)f'(\xi) + (m-2)f(\xi) = 0$$

令 $k-3=0, m-2=0$，得 $k=3, m=2$。于是，通解为 $u = e^{mx}f(\xi) = e^{2x}f(3x+y)$。

下面再来讨论二阶线性偏微分方程的通解。

1.6.2 二阶线性偏微分方程的解法

考察最简单的二阶方程

$$\frac{\partial^2 u}{\partial x \partial y} = 0 \tag{1.6.4}$$

两边直接积分，得 $u(x,y) = f(y) + g(y)$，式中 $f(\cdot)$ 和 $g(\cdot)$ 分别为任意函数，其实这解也是通解。

下面用行波解来求下列二阶方程的解

$$\frac{\partial^2 u}{\partial x^2} - \frac{\partial^2 u}{\partial y^2} = 0 \tag{1.6.5}$$

解(行波解)：设解为 $u = f(\xi)(\xi = kx + y)$，代入方程(1.6.5)中，得

$$k^2 f''(\xi) - f''(\xi) = 0, f''(\xi) \neq 0$$

令 $k^2 - 1 = 0$，得 $k_1 = 1, k_2 = -1$。于是行波解为 $u = f(\xi_1) + g(\xi_2) = f(x+y) + g(-x+y)$，式中 $f(\cdot)$ 和 $g(\cdot)$ 均为任意二阶可导函数。这到底是不是通解呢？一阶线性偏微分方程的通解为一个任意函数 $f(\cdot)$，那么二阶线性偏微分方程的通解是不是为两个任意函数 $f(\cdot)$ 和 $g(\cdot)$ 之和呢？

下面对方程(1.6.5)做自变量代换 $\begin{cases} \xi = x+y \\ \eta = x-y \end{cases}$，得 $\frac{\partial u}{\partial x} = \frac{\partial u}{\partial \xi} + \frac{\partial u}{\partial \eta}, \frac{\partial u}{\partial y} = \frac{\partial u}{\partial \xi} - \frac{\partial u}{\partial \eta}$。则 $\frac{\partial^2 u}{\partial x^2} = \frac{\partial^2 u}{\partial \xi^2} + 2\frac{\partial^2 u}{\partial \xi \partial \eta} + \frac{\partial^2 u}{\partial \eta^2}, \frac{\partial^2 u}{\partial y^2} = \frac{\partial^2 u}{\partial \xi^2} - 2\frac{\partial^2 u}{\partial \xi \partial \eta} + \frac{\partial^2 u}{\partial \eta^2}$。从而方程(1.6.5)化为 $4\frac{\partial^2 u}{\partial \xi \partial \eta} = 0$，即 $\frac{\partial^2 u}{\partial \xi \partial \eta} = 0$。两边直接积分，得 $u = f(\xi) + g(\eta)$（这是通解）。

于是通解为 $u = f(x+y) + g(x-y)$，因此行波解为通解。因此，二阶线性偏微分方程的通解是两个任意解 $f(\cdot)$ 和 $g(\cdot)$ 之和。

这里所做的变换 $\begin{cases} \xi = x+y \\ \eta = x-y \end{cases}$，通解中两个任意函数的自变量可分别由它们作变量表示出来，它叫做什么？是不是可以直接推导出来，答案是肯定的，这个代换称为特征线代换。下面给出详细的讨论。

一般含有一个未知函数的二阶线性偏微分方程可以写成

$$\sum_{i,j=1}^{n} A_{ij} u_{x_i x_j} + \sum_{i,j=1}^{n} B_i u_{x_i} + Fu = G \tag{1.6.6}$$

式中：假设 $A_{ij} = A_{ji}$，且 A_{ij}, B_i, F 和 G 都是定义在 $(x_1, x_2, \cdots x_n)$ 空间的某一区域内的实值函数。

在这里只研究两个自变量 x 和 y 的未知函数 u 的二阶线性方程。因此方程(1.6.6)可以写成

$$Au_{xx} + Bu_{xy} + Cu_{yy} + Du_x + Eu_y + Fu = G \qquad (1.6.7)$$

式中:系数都为 x 和 y 的函数,且 A,B,C 不同时为零。假设函数 u 及其系数都是二次连续可微的。

二阶方程的分类是建立在通过坐标变换能够把方程(1.6.7)在一点处化成标准形式或典型形式的基础上的。一个方程在点 (x_0,y_0) 称为双曲型、抛物型或椭圆型,是根据式子

$$B^2 - 4AC \mid_{(x_0,y_0)} \qquad (1.6.8)$$

为正、为零或为负而定的。如果方程在一个区域内的每点均为双曲型、抛物型或椭圆型,那么称方程在这区域内是双曲型、抛物型或椭圆型。就两个自变量的情况来说,在一给定的区域内把已知方程化成标准形式的变换总是能够找到的。但是,就多个自变量来说,这样的变换一般是不可能找到的。

我们要利用自变量的变换,把方程(1.6.7)化为标准形式。设新变量是

$$\begin{cases} \xi = \xi(x,y) \\ \eta = \eta(x,y) \end{cases} \qquad (1.6.9)$$

假设 ξ 和 η 都是二次连续可微的,且函数行列式

$$J = \begin{vmatrix} \xi_x & \xi_y \\ \eta_x & \eta_y \end{vmatrix} \qquad (1.6.10)$$

在所考虑的区域内恒不等于零,那么 x,y 可由变换式(1.6.9)唯一确定。设 x,y 都是 ξ 和 η 的二次连续可微函数,有 $\begin{cases} u_x = u_\xi \xi_x + u_\eta \eta_x \\ u_y = u_\xi \xi_y + u_\eta \eta_y \end{cases}$

$$\begin{cases} u_{xx} = u_{\xi\xi}\xi_x^2 + 2u_{\xi\eta}\xi_x\eta_x + u_{\eta\eta}\eta_x^2 + u_\xi\xi_{xx} + u_\eta\eta_{xx} \\ u_{xy} = u_{\xi\xi}\xi_x\xi_y + u_{\xi\eta}(\xi_x\eta_y + \xi_y\eta_x) + u_{\eta\eta}\eta_x\eta_y + u_\xi\xi_{xy} + u_\eta\eta_{xy} \\ u_{yy} = u_{\xi\xi}\xi_y^2 + 2u_{\xi\eta}\xi_y\eta_y + u_{\eta\eta}\eta_y^2 + u_\xi\xi_{yy} + u_\eta\eta_{yy} \end{cases} \qquad (1.6.11)$$

把上面这些偏导数的值代入方程(1.6.7),得到

$$A^* u_{\xi\xi} + B^* u_{\xi\eta} + C^* u_{\eta\eta} + D^* u_\xi + E^* u_\eta + F^* u = G^* \qquad (1.6.12)$$

式中

$$\begin{cases} A^* = A\xi_x^2 + B\xi_x\xi_y + C\xi_y^2 \\ B^* = 2A\xi_x\eta_x + B(\xi_x\eta_y + \xi_y\eta_x) + 2C\xi_y\eta_y \\ C^* = A\eta_x^2 + B\eta_x\eta_y + C\eta_y^2 \end{cases} \qquad (1.6.13)$$

经过一般变换方程(1.6.9)所产生的方程(1.6.12)和原方程(1.6.7)具有相同的形式。如果函数行列式不等于零,那么经过这样的变换后,方程所属的类型仍保持不变。这个结论可以从判别式的符号在变换后是不变的这一事实所看出,即为 $B^{*2} -$

$4A^*C^* = J^2(B^2 - 4AC)$，这个等式是容易验证的。这里应该注意的是方程在区域内的不同的点上，可以属于不同的类型。在本书中，假设所考虑的方程在给定的区域内属于同一类型。

1.6.3　标准形式

化方程(1.6.7)为标准形式的问题。

首先假设 A,B 和 C 都不是零，设 ξ 和 η 是新变量，使得方程(1.6.12)中的系数 A^* 和 C^* 都等于零。于是由方程(1.6.13)，得到 $A^* = A\xi_x^2 + B\xi_x\xi_y + C\xi_y^2 = 0$ 和 $C^* = A\eta_x^2 + B\eta_x\eta_y + C\eta_y^2 = 0$。这两个方程的形式是相同的，因此可以把它们写成下列形式

$$A\zeta_x^2 + B\zeta_x\zeta_y + C\zeta_y^2 = 0 \tag{1.6.14}$$

令曲线 $\zeta(x,y) = $ 常数，有 $\mathrm{d}\zeta = \zeta_x\mathrm{d}x + \zeta_y\mathrm{d}y$，即

$$\frac{\mathrm{d}y}{\mathrm{d}x} = -\frac{\zeta_x}{\zeta_y} \tag{1.6.15}$$

因此方程(1.6.14)可化为

$$A(y')^2 - By' + C = 0 \tag{1.6.16}$$

它的根为 $y' = \dfrac{B \pm \sqrt{B^2 - 4AC}}{2A}$。称方程(1.6.16)为方程(1.6.7)的特征方程，xy 平面上的两族线 $\dfrac{B + \sqrt{B^2 - 4AC}}{2A}x - y = C_1$ 和 $\dfrac{B - \sqrt{B^2 - 4AC}}{2A}x - y = C_2$ 称为特征线。特征线 ξ、η 的代换为 $\xi = \dfrac{B + \sqrt{B^2 - 4AC}}{2A}x - y,\eta = \dfrac{B - \sqrt{B^2 - 4AC}}{2A}x - y$。

1. 双曲型

如果 $B^2 - 4AC > 0$，那么方程(1.6.16)的积分曲线为两族不相同的实特征线。方程(1.6.7)化为

$$u_{\xi\eta} + d^*u_\xi + e^*u_\eta + f^*u = g^* \tag{1.6.17}$$

这种形式称为双曲型方程的第一标准形式。

现在如果再引入新自变量 $\alpha = \xi + \eta, \beta = \xi - \eta$，于是方程(1.6.7)化为

$$u_{\alpha\alpha} - u_{\beta\beta} + \bar{d}^*u_\alpha + \bar{e}^*u_\beta + \bar{f}^*u = \bar{g}^* \tag{1.6.18}$$

这种形式称为双曲型方程的第二标准形式。

2. 抛物型

如果 $B^2 - 4AC = 0$，那么方程(1.6.16)的积分曲线为两族相同的实特征线，于是仅存在一族实特征线。

如果 $A^* = 0$，则 $B^* = 0$，此时 $C^* \neq 0$，
可得到

$$u_{\eta\eta} + d^*u_\xi + e^*u_\eta + f^*u = g^* \tag{1.6.19}$$

上述形式称为抛物型方程的标准形式。

3. 椭圆型

对于椭圆型方程来说,有 $B^2 - 4AC < 0$。因而二次方程(1.6.16)无实根,有两个共轭复根,特征线为复值。这种情况下,对复值特征线代换

$$\begin{cases} \xi = \dfrac{B + \mathrm{i}\,\sqrt{4AC - B^2}}{2A}x - y \\[3mm] \eta = \dfrac{B - \mathrm{i}\,\sqrt{4AC - B^2}}{2A}x - y \end{cases}$$

引入新的实变量 $\alpha = \dfrac{1}{2}(\xi + \eta)$,$\beta = \dfrac{1}{2\mathrm{i}}(\xi - \eta)$,变换方程(1.6.7)为

$$u_{\alpha\alpha} + u_{\beta\beta} + D^{**}u_\alpha + E^{**}u_\beta + F^{**}u = G^{**} \qquad (1.6.20)$$

这种形式称为椭圆型方程的标准形式。

[例 1.6.2]　考察偏微分方程 $u_{xx} - 6u_{xy} + 5u_{yy} = 0$。

解:因为 $B^2 - 4AC = (-6)^2 - 4 \times 1 \times 5 = 16 > 0$,则方程为双曲型。可得特征方程 $(y')^2 + 6y' + 5 = 0$,特征线为 $x + y = C_1$,$5x + y = C_2$。

考虑特征线代换 $\begin{cases} \xi = x + y \\ \eta = 5x + y \end{cases}$

将原方程化为如下标准型

$$\frac{\partial^2 u}{\partial \xi \partial \eta} = 0$$

[例 1.6.3]　考察偏微分方程 $y^2 u_{xx} - x^2 u_{yy} = 0$。

解:因为 $B^2 - 4AC = 0^2 - 4y^2(-x^2) = 4x^2 y^2 > 0 (xy \neq 0)$,方程除了在坐标轴 $y = 0$ 和 $x = 0$ 上外,处处是双曲型的。

由特征方程 $y^2(y')^2 - x^2 = 0$,即 $(yy' - x)(yy' + x) = 0$,可得特征线 $y^2 - x^2 = C_1$ 和 $y^2 + x^2 = C_2$。

考虑变换 $\begin{cases} \xi = \dfrac{1}{2}(y^2 - x^2) \\[3mm] \eta = \dfrac{1}{2}(y^2 + x^2) \end{cases}$

将原方程化为如下标准型

$$\frac{\partial^2 u}{\partial \xi \partial \eta} = \frac{\eta}{2(\xi^2 - \eta^2)}\frac{\partial u}{\partial \xi} - \frac{\xi}{2(\xi^2 - \eta^2)}\frac{\partial u}{\partial \eta}$$

[例 1.6.4]　考察偏微分方程 $x^2 u_{xx} + 2xy u_{xy} + y^2 u_{yy} = 0$。

解:因为 $B^2 - 4AC = (2xy)^2 - 4x^2 y^2 = 0$,特征方程 $(xy' - y)^2 = 0$,特征线为 $\dfrac{y}{x} = C$。

考虑变换 $\begin{cases} \xi = \dfrac{y}{x} \\[3mm] \eta = y \end{cases}$,则将原方程化为如下标准型

$$u_{\eta\eta} = 0\,(\eta \neq 0)$$

[例 1. 6. 5]　考察偏微分方程 $u_{xx} + x^2 u_{yy} = 0$。

解:因为 $B^2 - 4AC = 0^2 - 4x^2 = -4x^2 < 0\,(x \neq 0)$,除坐标轴 $x = 0$ 外,是处椭圆型的,特征方程是 $(y' - ix)(y' + ix) = 0$,特征线为 $2y - ix^2 = C_1$ 和 $2y + ix^2 = C_2$。

考虑变换 $\begin{cases} \xi = 2y - ix^2 \\ \eta = 2y + ix^2 \end{cases}$,进行特征线代换 $\begin{cases} \alpha = \dfrac{1}{2}(\xi + \eta) = 2y \\ \beta = \dfrac{1}{2i}(\xi - \eta) = -x^2 \end{cases}$

将原方程化为如下标准型

$$u_{\alpha\alpha} + u_{\beta\beta} = -\frac{1}{2\beta} u_\beta$$

应当注意,给定的偏微分方程在不同的区域内,可以属于不同的类型。例如,特里谷米方程:$u_{xx} + x u_{yy} = 0$,因为 $B^2 - 4AC = 0^2 - 4x = -4x$,则方程在 $x > 0$ 内是椭圆型;在 $x < 0$ 内是双曲型。

就一个实常系数方程来说,因为判别式为 $B^2 - 4AC$ 是常数,方程在区域内的所有点上属于同一类型。

[例 1. 6. 6]　考察偏微分方程 $u_{xx} - 4u_{xy} + 4u_{yy} = e^y$。

解:因为 $B^2 - 4AC = 0$,特征方程为 $(y')^2 + 4y' + 4 = 0$,可知方程是抛物型的,特征线为 $2x + y = C$。

考虑代换 $\begin{cases} \xi = 2x + y \\ \eta = y \end{cases}$

将原方程化为如下标准型

$$u_{\eta\eta} = \frac{1}{4} e^\eta$$

[例 1. 6. 7]　考察偏微分方程 $u_{xx} + u_{xy} + u_{yy} + u_x = 0$

解:因为 $B^2 - 4AC = -3 < 0$,特征方程为 $(y')^2 - y' + 1 = 0$,可知方程是椭圆型的,特征线为 $y = \dfrac{1}{2}x \pm \dfrac{\sqrt{3}}{2}ix$。

考虑代换 $\begin{cases} \alpha = y - \dfrac{1}{2}x \\ \beta = -\dfrac{\sqrt{3}}{2}x \end{cases}$

将原方程化为如下标准型

$$u_{\alpha\alpha} + u_{\beta\beta} = \frac{2}{3} u_\alpha + \frac{2}{\sqrt{3}} u_\beta$$

[例 1. 6. 8]　考察偏微分方程 $4u_{xx} + 5u_{xy} + u_{yy} + u_x + u_y = 2$

解:因为 $B^2 - 4AC = 0$,特征方程是 $4(y')^2 - 5y' + 1 = 0$,特征线为 $x - y = C_1$ 和 $x - 4y = C_2$。作代换 $\begin{cases} \xi = x - y \\ \eta = x - 4y \end{cases}$,将原方程化为如下标准型 $-9u_{\xi\eta} - 3u_\eta = 2$,即 $\dfrac{\partial^2 u}{\partial \xi \partial \eta} + \dfrac{1}{3}\dfrac{\partial u}{\partial \eta} =$

$-\dfrac{2}{9}$。

对此标准形方程求通解是比较容易做到的,这也是将一般方程分类化标准形式的主要目的。

为之后的具体数学物理方程内容展开的讨论,在本章最后化简电报方程:

$$LC\frac{\partial^2 u}{\partial t^2} + (LG + RC)\frac{\partial u}{\partial t} + RGu = \frac{\partial^2 u}{\partial x^2}$$

作代换 $u(x, y) = \mathrm{e}^{lx+mt}v(x, y)$,得

$$u_x = \mathrm{e}^{lx+mt}(v_x + lv), \quad u_{xx} = \mathrm{e}^{lx+mt}(v_{xx} + 2lv_x + l^2 v)$$

$$u_t = \mathrm{e}^{lx+mt}(v_t + mv), \quad u_{tt} = \mathrm{e}^{lx+mt}(v_{tt} + 2mv_t + m^2 v)$$

代入原方程,并且两边约去 e^{lx+mt},得

$$LC(v_{tt} + 2mv_t + m^2 v) + (LG + RC)(v_t + mv) + RGv = (v_{xx} + 2lv_x + l^2 v)$$

$$(LCv_{tt} + 2mv_t + m^2 v) + (2mLC + LG + RC)v_t + [LCm^2 + m(LG + RC) + RG]v = v_{xx} + 2lv_x \text{ 令}$$

v_t, v_x 的系数为 0,即 $l = 0, m = -\dfrac{LG + RC}{2LC}$,则电报方程化为

$$LC\frac{\partial^2 v}{\partial t^2} - \frac{LG + RC}{4LC}v = \frac{\partial^2 v}{\partial x^2}$$

下一章中,详细给出一、二阶方程的解,特别是一般形式的二阶方程中的双曲型方程的通解。

习 题 一

1. 试证:一根被拉紧的柔软的细长弦,它的振动方程是

$$\frac{\partial^2 u}{\partial t^2} = a^2 \frac{\partial^2 u}{\partial x^2} - g$$

式中:g 为重力加速度。

2. 导出弦的阻尼波动方程

$$\frac{\partial^2 u}{\partial t^2} + k\frac{\partial u}{\partial t} = a^2 \frac{\partial^2 u}{\partial x^2}$$

式中:阻尼力与速度成正比,a 为常数。

考虑回复力与位移成正比的情形,证明这时所得到的偏微分方程是

$$\frac{\partial^2 u}{\partial t^2} + k\frac{\partial u}{\partial t} + bu = a^2 \frac{\partial^2 u}{\partial x^2}$$

式中:b 为常数。这个方程称为电报方程。

3. 考察一均匀梁的横振动,引用梁的欧拉理论,在一点的力矩 M 可写成

$$M = -EIu_{xx}\left(u_{xx} = \frac{\partial^2 u}{\partial x^2}\right)$$

式中:EI 为梁的弯曲刚度,E 为弹性模量,I 为梁的横截面的转动惯量。证明梁的横振动可用下列方程来描述

$$\frac{\partial^2 u}{\partial t^2} + c^2 \frac{\partial^4 u}{\partial x^4} = 0$$

式中:$c^2 = EI/\rho A$,ρ 为密度,A 为梁的横截面面积。

4. 导出一维热传导方程 $u_t = ku_{xx}$。假设热量因杆的物质的放射衰变(按指数规律)而有损失,证明上述方程将变为 $u_t = ku_{xx} + he^{-ax}$,式中:h 和 a 都是常数。

5. 导出流体力学中的连续性方程:$\rho_t + \text{div}(\rho u) = 0$,和欧拉运动方程:$\rho[u_t + (u \cdot \text{grad})u] + \text{grad}p = 0$。

6. 在 Q 点处的势的拉普拉斯方程的推导中,点 Q 是在物体外的。现在要确定当点 Q 在物体内时的势,并证明它满足泊松方程:$\nabla^2 u = -4\pi\rho$,式中:ρ 为物体的密度。

7. 波动方程 $U_{tt} = \nabla^2 U$ 做函数变换 $U = e^{ikt}u$ 与热传导方程 $U_t = \nabla^2 U$ 做函数变换 $U = e^{-k^2 t}u$ 后,证明变换后得到的两个方程的 $u(x,y,z)$ 都分别满足亥姆霍兹方程:$\nabla^2 u + k^2 u = 0$。

8. 下列各方程是线性的,还是非线性的? 如果是线性的,指出是齐次的,还是非齐次的,并确定它的阶数。

(1) $u_{xx} + xu_y = y$　　　　　　　(2) $uu_x - 2xyu_y = 0$

(3) $u_x^2 + uu_y = 1$　　　　　　　(4) $u_{xxxx} + 2u_{xxyy} + u_{yyyy} = 0$

(5) $u_{xx} + 2u_{xy} + u_{yy} = \sin x$　　(6) $u_{xxx} + u_{xyy} + \ln u = 0$

(7) $u_y^2 + u_x^2 + \cos u = e^y$　　　　(8) $u_{xxx} - yu_{xxy} + xu_{xy} + yu_y + 5u = 0$

9. 验证函数 $u = f(xy)$ 是方程 $xu_x - yu_y = 0$ 的解,式中:f 为任意连续可微函数。

10. 验证函数 $u = x^3 - 3xy^2$ 和 $u = \frac{1}{r}\left(r = \sqrt{x^2 + y^2 + z^2} > 0\right)$ 都是调和函数。

11. 证明拉普拉斯方程 $\Delta_2 u = u_{xx} + u_{yy} = 0$ 在极坐标(r,θ)下,为

$$\frac{\partial^2 u}{\partial r^2} + \frac{1}{r}\frac{\partial u}{\partial r} + \frac{1}{r^2}\frac{\partial^2 u}{\partial \theta^2} = 0$$

12. 验证函数 $u(x,y,t) = \frac{1}{\sqrt{t^2 - x^2 - y^2}}$ 当 $t^2 - x^2 - y^2 > 0$ 时,满足波动方程:$u_{tt} = u_{xx} + u_{yy}$。

13. 验证函数 $u = x^2 - y^2$ 和 $u = e^x \sin y$ 都是方程 $u_{xx} + u_{yy} = 0$ 的解。

14. 验证函数 $u = f(x)g(y)$ 满足方程:$uu_{xy} - u_x u_y = 0$,式中 f 和 g 都为任意二次可微函数。

15. 长为 l 的弦,在 $x = 0$ 的一端固定,另一端 $x = l$ 处自由,且在初始时刻 $t = 0$ 处于水平状态,初始速度为 $x(l - x)$,作微小横振动,试写出此定解问题。

16. 设有一长度为 l 的杆,它的表面是绝热的,包括两个端点,且初始温度分布为 $\varphi(x)$,试写出此定解问题。

17. 一长度为 π 的杆，$x=0$ 的一端温度保持零度，而在另一端 $x=\pi$ 处以正比于温度的速率流出热量。设初始温度为 $u(x,0)=x$，试写出此定解问题。

18. 设有一长度为 l 的均匀细杆，侧面绝热，在 $x=0$ 的一端温度为 $15℃$，而在另一端 $x=l$ 处杆热量自由发散到周围温度为 $10℃$ 的介质中去，已知初始温度分布为 $\varphi(x)$，试写出此定解问题。

19. 确定下列各方程为双曲型、抛物型或椭圆型的范围：

（1）$xu_{xx}+u_{yy}=x^2$　　　　　　（2）$u_{xx}+y^2u_{yy}=y$

（3）$u_{xx}+xyu_{yy}=0$　　　　　　（4）$x^2u_{xx}-2xyu_{xy}+y^2u_{yy}=e^x$

（5）$u_{xx}+u_{xy}-xu_{yy}=0$　　　　（6）$e^xu_{xx}+e^yu_{yy}=u$

（7）$\sin^2xu_{xx}+\sin2xu_{xy}+\cos^2xu_{yy}=x$

（8）$u_{xx}-yu_{xy}+xu_x+yu_y+u=0$

20. 求下列方程的特征方程与特征线：

（1）$u_{xx}+2u_{xy}-3u_{yy}+4u_x+5u_y+u=e^x$

（2）$2u_{xx}-4u_{xy}+2u_{yy}+3u=0$

（3）$u_{xx}+5u_{xy}+4u_{yy}+7u_y=\sin x$

（4）$u_{xx}+u_{yy}+2u_x+8u_y+u=0$

（5）$u_{xy}+2u_{yy}+9u_x+u_y=2$

（6）$6u_{xx}-u_{xy}+2u=y^2$

第二章　线性偏微分方程的解法

在大多数数学物理方程教材中,一阶线性偏微分方程及其解法通常被简单的处理,一是它不像热传导、波动方程意义明显,再一个它的解法可转化为常微分方程(组)来研究和解决,这一章中不仅研究一阶线性方程问题,同时还要给出有特点的解法。为了较全面讨论二阶线性偏微分方程的解法,首先给出一阶线性偏微分方程问题及其解法,从而更好地解决一般的二阶双曲型方程的通解。这里要特别指出的是简化的微分算子符号法是这一章,甚至是本书中可求解的一般线性常系数偏微分方程求通解最简单的方法。简化的微分算子符号法也是本书中积极推广的一种重要方法。

2.1　一阶线性偏微分方程的解法

2.1.1　一阶线性方程的求解

1. 平流方程(Advective Equation)

描述任意变量水平输送导致该变量的局部变化的微分方程称为平流方程。

设函数 $u = u(x,t)$ 是密度函数,则平流方程为

$$\frac{\partial u}{\partial t} + k\frac{\partial u}{\partial x} + \gamma u = 0$$

方程的解为 $u(x,t) = e^{-\gamma t}f(x - kt)$。

那么问题出来了,方程的解是怎样求出来的? 这个解是方程的通解吗? 这里函数 $f(\cdot)$ 是一个任意函数吗?

2. 一阶线性方程的求解

(1) 积分法

首先,回顾一下常微分方程的解法和通解的求解过程。考虑常微分方程 $\frac{\mathrm{d}u}{\mathrm{d}x} = 2ax$,直接积分得到通解为: $u(x) = ax^2 + C$;考虑常微分方程 $\frac{\mathrm{d}u}{\mathrm{d}x} - 2u = 0$,由分离变量法或公式法得通解为 $u(x) = Ce^{2x}$。

再来考察最简单的一阶偏微分方程 $\frac{\partial u}{\partial x} = 0$ 的解法,对方程两边关于自变量 x 积分,得解 $u(x,y) = C(y)$,这个解是通解,因为这是由积分得到的。同理,可以得到偏微分方程 $\frac{\partial u}{\partial y} = 0$ 的通解 $u(x,y) = C(x)$,偏微分方程 $\frac{\partial u}{\partial x} = 2xy$ 通解为 $u(x,y) = x^2y + C(y)$。通过积分法可以知道,一阶线性偏微分方程的通解为一个任意一阶可导函数 $C(\cdot)$。

（2）行波法

考察方程：$\frac{\partial u}{\partial x} - 3\frac{\partial u}{\partial y} = 0$，设解为 $u = f(\xi)(\xi = kx + y)$ 代入方程 $kf'(\xi) - 3f'(\xi) = 0$，由于 $f'(\xi) \neq 0$，可得 $k - 3 = 0$，则 $k = 3$。于是通解（行波解）为 $u = f(\xi) = f(3x + y)$，式中：$f(\cdot)$ 为任意一阶可导函数。

这种求解方法叫行波法，这样就可以用这种方法得出下列方程的通解。

考察方程 $\frac{\partial u}{\partial x} - 3\frac{\partial u}{\partial y} - 2u = 0$ 的通解。

解：（行波法）　设解 $u = e^{mx}f(\xi)(\xi = kx + y)$，

代入方程得

$$\left[kf'(\xi)e^{mx} + mf(\xi)e^{mx} \right] - 3f'(\xi)e^{mx} - 2f(\xi)e^{mx} = 0$$

整理可得

$$(k - 3)f'(\xi)e^{mx} + (m - 2)f(\xi)e^{mx} = 0$$

令 $k - 3 = 0, m - 2 = 0$，则可得 $k = 3, m = 2$。因此方程的通解（行波解）为 $u = e^{mx}f(\xi) = e^{2x}f(3x + y)$。

采用同样的方法，可以得出平流方程 $\frac{\partial u}{\partial t} + k\frac{\partial u}{\partial x} + \gamma u = 0$ 的通解（行波解）为

$$u(x,t) = e^{-\gamma t}f(x - kt)。$$

3. 简单的二阶方程的求解

为求下一节二阶线性偏微分方程的通解，先考察最简单的二阶方程 $\frac{\partial^2 u}{\partial x \partial y} = 0$。对该方程两边直接积分，求得其解为 $u(x,y) = f(y) + g(y)$，式中：$f(\cdot)$、$g(\cdot)$ 分别为任意二阶可导函数，因为这个解是通过积分得出的，它是通解。

而对二阶方程 $\frac{\partial^2 u}{\partial x^2} - \frac{\partial^2 u}{\partial y^2} = 0$ 解的给出就很难再用上述方法直接得出，为了能简单进行，可以用行波解来求解

（行波法）：设方程的解为

$$u = f(\xi)(\xi = kx + y)$$

代入方程中可得

$$k^2 f''(\xi) - f''(\xi) = 0$$

由于 $f''(\xi) \neq 0$，故 $k^2 - 1 = 0$，可得 $k_1 = 1, k_2 = -1$。因此该方程的行波解为 $u = f(\xi_1) + g(\xi_2) = f(x + y) + g(x - y)$，式中：$f(\cdot)$，$g(\cdot)$ 为任意二阶可导函数。这到底是不是通解呢？一阶线性偏微分方程的通解为一个任意函数 $f(\cdot)$，那么二阶线性偏微分方程的通解，是不是为两个任意函数 $f(\cdot)$、$g(\cdot)$ 之和呢？在此应该来参考一下在一阶和二阶常微分线性方程的解的结构。

一阶常微分线性方程 $y' - by = 0$ 通解为 $y = Ce^{bx}$（C 为一个任意常数）；二阶常微分线性方程 $y'' - b^2 y = 0$ 通解为 $y = C_1 e^{bx} + C_2 e^{-bx}$（$C_1$、$C_2$ 为两个任意常数）。一阶常微分方程的通解有一个任意常数，二阶常微分方程的通解有两个任意常数。

一阶偏微分方程 $\frac{\partial u}{\partial x} - 3\frac{\partial u}{\partial y} = 0$ 的通解为 $u = f(3x + y)$，$f(\cdot)$ 为任意一个函数，即一阶

偏微分方程通解由一个任意函数组成。那么二阶偏微分方程解就应该由两个任意函数来组成吗？答案是肯定的。下面考察二阶偏微分方程的通解。考虑二阶偏微分方程$\dfrac{\partial^2 u}{\partial x \partial y} = 2xy$，

积分两次可得通解：$u(x,y) = \dfrac{1}{2}x^2 y^2 + f(x) + g(y)$。考虑二阶偏微分方程$\dfrac{\partial^2 u}{\partial x^2} - \dfrac{\partial^2 u}{\partial y^2} = 0$，

做变换$\begin{cases} \xi = x + y \\ \eta = x - y \end{cases}$，可得

$$\frac{\partial^2 u}{\partial x^2} = \frac{\partial^2 u}{\partial \xi^2} + 2\frac{\partial^2 u}{\partial \xi \partial \eta} + \frac{\partial^2 u}{\partial \eta^2},\ \frac{\partial^2 u}{\partial y^2} = \frac{\partial^2 u}{\partial \xi^2} - 2\frac{\partial^2 u}{\partial \xi \partial \eta} + \frac{\partial^2 u}{\partial \eta^2}$$

那么方程就化为$4\dfrac{\partial^2 u}{\partial \xi \partial \eta} = 0$，即$\dfrac{\partial^2 u}{\partial \xi \partial \eta} = 0$，分别关于$\xi$和$\eta$积分，可得$u = f(\xi) + g(\eta)$。于是该方程的通解为$u = f(x+y) + g(x-y)$。

　　这说明行波解在上述双曲型方程中为通解。因此可以说二阶偏微分方程通解是两个任意函数之和，这项工作在下一节中继续进行讨论。

2.2　二阶线性偏微分方程的通解

　　一般来说，求给定的二阶偏微分方程的通解不是那么简单的事，当方程的标准形式是简单时，我们可以得出其通解。但是有时把一个一般方程标准化后，得出其通解也是有难度的，例如，标准化后为$u_{\xi\eta} - 3u_\eta = 0$，则方程的解为$u = f(\xi) + g(\eta)\mathrm{e}^{3\xi}$然而标准化后为$u_{\xi\eta} - 3u_\eta - 2u = 0$，它的通解就很难求出。这里仅仅就双曲型方程而言，至于抛物型、椭圆型二阶偏微分方程，它们的求通解其实是一件比较难的工作。

　　[例2.2.1]　求方程$3\dfrac{\partial^2 u}{\partial x^2} + 10\dfrac{\partial^2 u}{\partial x \partial y} + 3\dfrac{\partial^2 u}{\partial y^2} = 0$的通解。

　　解：（特征线法）　因为$B^2 - 4AC = 10^2 - 4 \times 3 \times 3 = 64 > 0$，方程为双曲型。
特征方程为

$$3(y')^2 - 10y' + 3 = 0$$

特征线为

$$\begin{cases} 3x - y = C_1 \\ x - 3y = C_2 \end{cases}$$

作如下变换

$$\begin{cases} \xi = 3x - y \\ \eta = x - 3y \end{cases}$$

则原方程化为标准形式

$$-64\frac{\partial^2 u}{\partial \xi \partial \eta} = 0$$

即$\dfrac{\partial^2 u}{\partial \xi \partial \eta} = 0$。因此可得它的通解为$u = f(\xi) + g(\eta)$，式中：$f(\cdot)$和$g(\cdot)$都为任意的二阶

可微函数。将原变量代回,得原方程通解为 $u(x,y) = f(3x - y) + g(x - 3y)$。

[例2.2.2] 确定方程 $4\dfrac{\partial^2 u}{\partial x^2} + 5\dfrac{\partial^2 u}{\partial x \partial y} + \dfrac{\partial^2 u}{\partial y^2} + \dfrac{\partial u}{\partial x} + \dfrac{\partial u}{\partial y} = 0$ 的通解。

解:(特征线法)特征方程为

$$4(y')^2 - 5y' + 1 = 0$$

特征线为 $\begin{cases} x - y = C_1 \\ x - 4y = C_2 \end{cases}$,作代换 $\begin{cases} \xi = x - y \\ \eta = x - 4y \end{cases}$

则可得上述方程的标准形式

$$-9u_{\xi\eta} - 3u_{\eta} = 0$$

做代换 $v = u_\eta$,则上式化为 $-9v_\xi - 3v = 0$。

通过分离变量容易求出它的解是 $v = u_\eta = g_1(\eta)\mathrm{e}^{-\frac{1}{3}\xi}$。

再对 η 积分,得 $u = f(\xi) + g(\eta)\mathrm{e}^{-\frac{1}{3}\xi}$,$g(\eta) = \displaystyle\int g_1(\eta)\mathrm{d}\eta$,式中 $f(\cdot)$ 和 $g(\cdot)$ 都为二阶可导的任意函数。所以原方程的通解是

$$
\begin{aligned}
u(x,y) &= f(x - y) + g(x - 4y)\mathrm{e}^{\frac{1}{3}(y-x)} \\
&= F(x - y) + G(x - 4y)\mathrm{e}^{-y}
\end{aligned}
$$

式中,$F(x - y) = f(x - y)$,$G(x - 4y) = g(x - 4y)\mathrm{e}^{\frac{1}{3}(4y-x)}$。

2.3 常系数方程通解的行波解

本节进行常系数方程通解的行波解法的研究讨论。

[例2.3.1] 求方程 $\dfrac{\partial u}{\partial x} + \dfrac{\partial u}{\partial y} = 0$ 的通解。

解:设方程有行波解 $u = f(x + ky)$,代入方程中得

$$f' + kf' = 0$$

由于 $f'(\cdot) \neq 0$,可得 $k + 1 = 0$,故 $k = -1$。

因此,该方程的通解为 $u(x,y) = f(x - y)$,式中 $f(\cdot)$ 为任意函数。

[例2.3.2] 试求下列一阶线性偏微分方程的通解。

(1) $\dfrac{\partial u}{\partial x} + 3\dfrac{\partial u}{\partial y} = 0$ (2) $\dfrac{\partial u}{\partial x} - 3\dfrac{\partial u}{\partial y} - 2u = 0$

解1:特征线法

(1) 该方程的特征方程为 $y' - 3 = 0$,特征线为 $3x - y = C$。设该方程的通解为 $u(x, y) = f(3x - y)$,式中 $f(\cdot)$ 为任意一阶可导函数。

(2) 该方程的特征方程为 $y' + 3 = 0$,特征线为 $3x + y = C$。

设该方程的解为 $u = \mathrm{e}^{mx}f(3x + y)$,代入方程中得

$$3f'(3x+y)\mathrm{e}^{mx} + mf(3x+y)\mathrm{e}^{mx} - 3f'(3x+y)\mathrm{e}^{mx} - 2f(3x+y)\mathrm{e}^{mx} = 0$$

整理后得

$$(m-2)f(3x+y)e^{mx} = 0$$

由于 $f(3x+y)e^{mx} \neq 0$，可得 $m=2$。

因此，该方程的通解为 $u = e^{2x}f(3x+y)$，式中：$f(\cdot)$ 为任意一阶可导函数。

解2：行波法

（1）设该方程的行波解为 $u = f(\xi)$ $(\xi = kx+y)$，代入方程中得

$$kf'(\xi) + 3f'(\xi) = 0$$

由于 $f'(\xi) \neq 0$，故 $k+3=0$，则 $k=-3$。

因此，该方程的通解为 $u = f(\xi) = f(-3x+y) = F(3x-y)$，式中：$F(\cdot)$ 为任意一阶可导函数。

（2）设该方程的行波解 $u = e^{mx}f(\xi)$ $(\xi = kx+y)$，代入方程中得

$$kf'(\xi)e^{mx} + mf(\xi)e^{mx} - 3f'(\xi)e^{mx} - 2f(\xi)e^{mx} = 0$$

化简后得

$$(k-3)f'(\xi)e^{mx} + (m-2)f(\xi)e^{mx} = 0$$

可得 $k=3$，$m=2$。

因此，该方程的通解为 $u = e^{mx}f(\xi) = e^{2x}f(3x+y)$，式中：$f(\cdot)$ 为任意一阶可导函数。

[例 2.3.3] 求方程 $4\dfrac{\partial^2 u}{\partial x^2} + 5\dfrac{\partial^2 u}{\partial x\partial y} + \dfrac{\partial^2 u}{\partial y^2} = 0$ 的通解。

解：设该方程的行波解为 $u = F(ax+by)$，代入方程中得

$$4a^2F'' + 5abF'' + b^2F'' = 0$$

因为 $F'' \neq 0$，故 $(a+b)(4a+b) = 0$，解得 $b=-a$ 或 $b=-4a$。若取 $a=1$，则 $b=-1$ 或 $b=-4$。

因此，该方程的通解为 $u(x,y) = f(x-y) + g(x-4y)$，式中：$f(\cdot)$，$g(\cdot)$ 为任意二阶可导函数。

[例 2.3.4] 求方程 $3\dfrac{\partial^2 u}{\partial x^2} + 10\dfrac{\partial^2 u}{\partial x\partial y} + 3\dfrac{\partial^2 u}{\partial y^2} - 3\dfrac{\partial u}{\partial x} - \dfrac{\partial u}{\partial y} = 0$ 的通解。

解：设该方程的行波解为 $u = F(ax+by)e^{mx}$，代入方程中得 $3(a^2F'' + 2amF' + m^2F)e^{mx}$ $+10(abF'' + mbF')e^{mx} + 3b^2F''e^{mx} - 3(aF' + mF)e^{mx} - bF'e^{mx} = 0$ 消去 e^{mx}，得

$$(3a^2 + 10ab + 3b^2)F'' + (6am + 10mb - 3a - b)F' + (3m^2 - 3m)F = 0$$

则 $\begin{cases} 3a^2 + 10ab + 3b^2 = 0 \\ 6am + 10mb - 3a - b = 0 \\ 3m^2 - 3m = 0 \end{cases}$，解得 $\begin{cases} m=1 \\ 3a+9b=0 \end{cases}$ 和 $\begin{cases} m=0 \\ 3a+b=0 \end{cases}$，即 $\begin{cases} m=1 \\ a=-3b \end{cases}$，若取 $b=-1$，

则 $a=3$；$\begin{cases} m=0 \\ 3a=-b \end{cases}$，若取 $b=-3$，则 $a=1$。

因此，该方程的通解为 $u(x,y) = f(3x-y)e^x + g(x-3y)$，式中：$f(\cdot)$，$g(\cdot)$ 为任意二阶可导函数。

[例 2. 3. 5] 求下列方程的通解。

（1）$\dfrac{\partial^2 u}{\partial x^2} - 3\dfrac{\partial^2 u}{\partial x\partial y} + 2\dfrac{\partial^2 u}{\partial y^2} = 0$　　（2）$\dfrac{\partial^2 u}{\partial x^2} + \dfrac{\partial^2 u}{\partial y^2} = 0$

解：（行波法）（1）设该方程的行波解为 $u = f(\xi)(\xi = kx + y)$，代入方程中得

$$k^2 f''(\xi) - 3kf''(\xi) + 2f''(\xi) = 0$$

由于 $f''(\xi) \neq 0$，得 $k^2 - 3k + 2 = 0$，解得 $k_1 = 1, k_2 = 2$。

因此，该方程的通解为 $u = f(\xi_1) + g(\xi_2) = f(x + y) + g(2x + y)$，式中：$f(\cdot), g(\cdot)$ 为任意二阶可导函数。

（2）该方程的行波解为 $u = f(\xi)(\xi = x + by)$，代入方程中得

$$b^2 f''(\xi) + b^2 f''(\xi) = 0$$

由于 $f''(\xi) \neq 0$，则 $b^2 + 1 = 0$，解得 $b_{1,2} = \pm\mathrm{i}$。

因此，该方程的通解为 $u = f(\xi_1) + g(\xi_2) = f(x + \mathrm{i}y) + g(x - \mathrm{i}y)$（复函数），式中：$f(\cdot), g(\cdot)$ 为任意二阶可导函数。

方程 $\dfrac{\partial^2 u}{\partial x^2} + \dfrac{\partial^2 u}{\partial y^2} = 0$ 是静电场方程，从它的解 $u = f(z) + g(\bar{z})$，式中 $z = x + \mathrm{i}y, \bar{z} = x - \mathrm{i}y$，我们就可知为什么复变函数是研究电学、电磁学等学科的最有力的数学工具。

2.4　常系数方程通解的微分算子法

给出常系数方程通解的微分算子法，由于它的讨论有一些数学推导（二元复合函数运算），在此我们重点讲解简化的微分算子法。用微分算子法无论是化方程的标准形式，还是求通解都会比一般方法简单。最简单的方法还是简化的微分符号法。

2.4.1　微分算子法

[例 2. 4. 1] 求方程：$\dfrac{\partial u}{\partial x} + \dfrac{\partial u}{\partial y} = 0$ 的通解。

解：方程记为 $(D_x + D_y)u = 0$，令 $D_\xi = D_x + D_y$，则 $x_\xi = 1, y_\xi = 1$。不妨设 $x_\eta = 0, y_\eta = 1$，这样 $J = \begin{vmatrix} x_\xi & x_\eta \\ y_\xi & y_\eta \end{vmatrix} = 1 \neq 0$（$x$ 和 y 及 ξ 和 η 分别与线性无关）。

取自变量代换为 $\begin{cases} x = \xi \\ y = \xi + \eta \end{cases}$，则 $\begin{cases} \xi = x \\ \eta = y - x \end{cases}$。

于是原方程化为 $D_\xi u = 0$，通过积分可得 $u = f(\eta)$。

因此，该方程的通解为 $u(x, y) = f(y - x)$，式中 $f(\cdot)$ 为任意函数。

2.4.2　简化的微分算子符号法

简化的微分算子符号法是这一章，甚至是本书中线性常系数偏微分可求解方程求通解最简单的方法。简化的微分算子符号法也是本书中积极推广的一种重要方法。

[例 2.4.2] 求方程 $\dfrac{\partial u}{\partial x} - 5\dfrac{\partial u}{\partial y} = 0$ 的通解。

解:方程记为 $(D_x - 5D_y)u = 0$,对应式为 $D_x \uparrow \dfrac{1}{x} \bowtie \dfrac{5}{y} \uparrow D_y$。

因此,该方程的通解为 $u(x,y) = f(5x+y)$,式中:$f(\cdot)$ 为任意一阶可导函数。

注:这里方程记号与对应式记号相差一个符号,这是因为我们在行波法求解中得代数方程 $k - 5 = 0$,于是 $k = 5$ 变号所至,从而得到了直接得出最终结果的简单方法。下面进一步推广这种方法,使它更加具有一般性。

[例 2.4.3] 求方程 $\dfrac{\partial u}{\partial x} - 3\dfrac{\partial u}{\partial y} - 2u = 0$ 的通解。

解:方程记为 $(D_x - 3D_y - 2)u = 0$,一个相应解为 e^{2x} 或 $\mathrm{e}^{-\frac{2}{3}y}$,对应式为 $D_x \uparrow \dfrac{1}{x} \bowtie \dfrac{3}{y} \uparrow D_y$。

因此,该方程的通解为 $u(x,y) = f(3x+y)\mathrm{e}^{2x}$ 或 $u(x,y) = f(3x+y)\mathrm{e}^{-\frac{2}{3}y}$ 式中 $f(\cdot)$ 为任意一阶可导函数。

同理,平流方程 $\dfrac{\partial u}{\partial t} + k\dfrac{\partial u}{\partial x} + \gamma u = 0$,$(D_t + kD_x + \gamma)u = 0$,一个相应解为 $\mathrm{e}^{-\gamma t}$ 或 $\mathrm{e}^{-\frac{\gamma}{k}x}$,对应式为 $D_t \uparrow \dfrac{1}{t} \bowtie \dfrac{k}{x} \uparrow D_x$。

因此,该方程的通解为 $u(x,t) = \mathrm{e}^{-\gamma t}f(x-kt)$ 或 $u(x,t) = \mathrm{e}^{-\frac{\gamma}{k}x}f(x-kt)$。

[例 2.4.4] 求方程 $\dfrac{\partial^2 u}{\partial x^2} - 3\dfrac{\partial^2 u}{\partial x \partial y} + 2\dfrac{\partial^2 u}{\partial y^2} = 0$ 的通解。

解:方程记为 $(D_x^2 - 3D_xD_y + 2D_y^2)u = 0$,可分解为 $(D_x - D_y)(D_x - 2D_y)u = 0$,

由 $(D_x - D_y)u = 0$,对应式为 $D_x \uparrow \dfrac{1}{x} \bowtie \dfrac{1}{y} \uparrow D_y$,则可得一个解为 $u_1 = f(x+y)$。

由 $(D_x - 2D_y)u = 0$,对应式为 $D_x \uparrow \dfrac{1}{x} \bowtie \dfrac{2}{y} \uparrow D_y$,则可得另一个解为 $u_2 = g(2x+y)$。

因此,该方程的通解为 $u = u_1 + u_2 = f(x+y) + g(2x+y)$,式中 $f(\cdot)$,$g(\cdot)$ 为任意二阶可导函数。

[例 2.4.5] 求下列方程的通解。

(1) $\dfrac{\partial^2 u}{\partial x^2} + 3\dfrac{\partial^2 u}{\partial x \partial y} + 2\dfrac{\partial^2 u}{\partial y^2} + \dfrac{\partial u}{\partial x} + \dfrac{\partial u}{\partial y} = 0$

(2) $4\dfrac{\partial^2 u}{\partial x^2} + 5\dfrac{\partial^2 u}{\partial x \partial y} + \dfrac{\partial^2 u}{\partial y^2} + \dfrac{\partial u}{\partial x} + \dfrac{\partial u}{\partial y} = 2$

(3) $4\dfrac{\partial^2 u}{\partial x^2} + 5\dfrac{\partial^2 u}{\partial x \partial y} + \dfrac{\partial^2 u}{\partial y^2} + 2\dfrac{\partial u}{\partial x} - \dfrac{\partial u}{\partial y} - 2u = 6$

解:(1) 方程记为 $(D_x^2 + 3D_xD_y + 2D_y^2 + D_x + D_y)u = 0$,可分解为 $(D_x + D_y)(D_x + 2D_y + 1)u = 0$。

由 $(D_x + D_y)u = 0$,对应式为 $D_x \uparrow \dfrac{1}{x} \bowtie \dfrac{1}{y} \uparrow D_y$,得 $u_1 = f(x-y)$。

由 $(D_x + 2D_y + 1)u = 0$，一个相应解为 e^{-x} 或 $e^{-\frac{1}{2}y}$，对应式为 $D_x \uparrow \frac{1}{x} \bowtie \frac{2}{y} \uparrow D_y$，得 $u_2 = g(2x - y)e^{-x}$ 或 $u_2 = g(2x - y)e^{-\frac{1}{2}y}$。

因此，该方程的通解为 $u(x,y) = f(x - y) + g(2x - y)e^{-x}$ 或 $u(x,y) = f(x - y) + g(2x - y)e^{-\frac{1}{2}y}$，式中 $f(\cdot), g(\cdot)$ 为任意二阶可导函数。

（2）方程记为 $(4D_x^2 + 5D_xD_y + D_y^2 + D_x + D_y)u = 2$，设特解为 $u^* = Ax$，代入方程中得 $A = 2, u^* = 2x$。［注：这个特解取最简单的一个即可。］

分解齐次方程得

$$(D_x + D_y)(4D_x + D_y + 1)u = 0$$

由 $(D_x + D_y)u = 0$，对应式为 $D_x \uparrow \frac{1}{x} \bowtie \frac{1}{y} \uparrow D_y$，得 $u_1 = f(x - y)$。

由 $(4D_x + D_y + 1)u = 0$，一个相应解为 $e^{-\frac{1}{4}x}$ 或 e^{-y}，对应式为 $D_x \frac{4}{x} \bowtie \frac{1}{y} D_y$，得 $u_2 = g(x - 4y)e^{-\frac{1}{4}x}$ 或 $u_2 = g(x - 4y)e^{-y}$。

因此，该方程的通解为 $u(x,y) = f(x - y) + g(x - 4y)e^{-y} + 2x$（较简单），或 $u(x,y) = f(x - y) + g(x - 4y)e^{-\frac{1}{4}x} + 2x$，式中 $f(\cdot), g(\cdot)$ 为任意二阶可导函数。

（3）方程记为 $(4D_x^2 + 5D_xD_y + D_y^2 + 2D_x - D_y - 2)u = 6$，一个特解 $u^* = -3$。分解齐次方程得

$$(D_x + D_y + 1)(4D_x + D_y - 2)u = 0$$

由 $(D_x + D_y + 1)u = 0$，一个相应解为 e^{-x} 或 e^{-y}，对应式为 $D_x \uparrow \frac{1}{x} \bowtie \frac{1}{y} \uparrow D_y$，得 $u_1 = f(x - y)e^{-x}$ 或 $u_1 = f(x - y)e^{-y}$。

由 $(4D_x + D_y - 2)u = 0$，一个相应解为 $e^{-\frac{1}{2}x}$ 或 e^{2y}，对应式为 $D_x \frac{4}{x} \bowtie \frac{1}{y} D_y$，得 $u_2 = g(x - 4y)e^{-\frac{1}{2}x}$ 或 $u_2 = g(x - 4y)e^{2y}$。

因此，该方程的通解为 $u(x,y) = f(x - y)e^{-x} + g(x - 4y)e^{2y} - 3$（这里只选择最简单的一个通解来记），式中 $f(\cdot), g(\cdot)$ 为任意二阶可导函数。

2.5　关于弦的自由横振动方程解的物理意义

自由横振动方程：$\frac{\partial^2 u}{\partial t^2} = a^2 \frac{\partial^2 u}{\partial x^2}$，方程记为 $(D_t^2 - a^2 D_x^2)u = 0$，分解为 $(D_t - aD_x)(D_t + aD_x)u = 0$，通解为 $u(x,t) = f(x + at) + g(x - at)$，式中 $f(\cdot), g(\cdot)$ 为任意二阶可导函数。

关于弦的自由横振动方程 $\frac{\partial^2 u}{\partial t^2} = a^2 \frac{\partial^2 u}{\partial x^2}$，式中 $a^2 = \frac{T_0}{\rho}$ 的解为 $u(x,t) = f(x - at) + g(x$

$+at)$。该解的物理意义,这里仅以一个右行波 $u(x,t)=f(x-at)$ 的示意图来进行其解的解释,如图 2.1 所示。

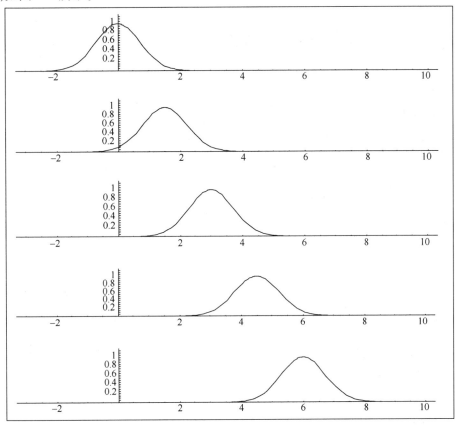

图 2.1　自由横振动的右行波 $u(x,t)=f(x-at)$ 示意图

2.6　微分算子法和一阶线性方程其它解法*(选学)

2.6.1　微分算子法

[**例 2.6.1**]　求方程 $\dfrac{\partial u}{\partial x}+3\dfrac{\partial u}{\partial y}=2$ 的通解。

解:方程记为 $(D_x+3D_y)u=2$,

令 $\begin{cases}D_x+3D_y=D_\xi\\D_x-3D_y=D_\eta\end{cases}$,由复合函数求导法则得 $\begin{cases}x_\xi=1\,y_\xi=3\\x_\eta=1\,y_\eta=-3\end{cases}$,于是 $\begin{cases}x=\xi+\eta\\y=3\xi-3\eta\end{cases}$,因

此 $\begin{cases}\xi=\dfrac{1}{2}x+\dfrac{1}{6}y\\[2mm]\eta=\dfrac{1}{2}x-\dfrac{1}{6}y\end{cases}$。

原方程化为 $D_\xi u=2$,积分得 $u=f(\eta)+2\xi$,即 $u=f\left(\dfrac{1}{2}x-\dfrac{1}{6}y\right)+2\left(\dfrac{1}{2}x+\dfrac{1}{6}y\right)$。

因此,该方程的通解为 $u(x,y) = F(3x-y) + x + \dfrac{1}{3}y$,式中 $F(\cdot)$ 为任意一阶可导函数。

[例 2.6.2] 求方程 $\dfrac{\partial u}{\partial x} + 3\dfrac{\partial u}{\partial y} - 2u = 0$ 的通解。

解:方程记为 $(D_x + 3D_y - 2)u = 0$,

令 $\begin{cases} D_x + 3D_y = D_\xi \\ D_x - 3D_y = D_\eta \end{cases}$,由复合函数求导法则得 $\begin{cases} x_\xi = 1\ y_\xi = 3 \\ x_\eta = 1\ y_\eta = -3 \end{cases}$,

于是 $\begin{cases} x = \xi + \eta \\ y = 3\xi - 3\eta \end{cases}$,因此 $\begin{cases} \xi = \dfrac{1}{2}x + \dfrac{1}{6}y \\ \eta = \dfrac{1}{2}x - \dfrac{1}{6}y \end{cases}$。

原方程化为 $(D_\xi - 2)u = 0$,解方程得 $u = f(\eta)\mathrm{e}^{2\xi}$,即 $u = f\left(\dfrac{1}{2}x - \dfrac{1}{6}y\right)\mathrm{e}^{2\left(\frac{1}{2}x + \frac{1}{6}y\right)}$。令 $F(3x - y) = f\left(\dfrac{1}{2}x - \dfrac{1}{6}y\right)\mathrm{e}^{-2\left(\frac{1}{2}x - \frac{1}{6}y\right)}$。

因此,该方程的通解为 $u(x,y) = F(3x - y)\mathrm{e}^{2x}$,式中 $F(\cdot)$ 为任意一阶可导函数.

[例 2.6.3] 求方程 $\dfrac{\partial^2 u}{\partial x^2} - 5\dfrac{\partial^2 u}{\partial x \partial y} + 4\dfrac{\partial^2 u}{\partial y^2} = 0$ 的通解。

解:方程记为 $(D_x^2 - 5D_x D_y + 4D_y^2)u = 0$,分解为 $(D_x - D_y)(D_x - 4D_y)u = 0$。

令 $\begin{cases} D_\xi = D_x - D_y \\ D_\eta = D_x - 4D_y \end{cases}$,则 $\begin{cases} x_\xi = 1, y_\xi = -1 \\ x_\eta = 1, y_\eta = -4 \end{cases}$,$J = -3 \neq 0$(线性无关)。

令 $\begin{cases} x = \xi + \eta \\ y = -\xi - 4\eta \end{cases}$,则 $\begin{cases} \xi = \dfrac{1}{3}(4x + y) \\ \eta = -\dfrac{1}{3}(x + y) \end{cases}$,可将方程化为 $D_\xi D_\eta u = 0$,得解为 $u = f(\xi) + g(\eta)$,

即 $u = f\left(\dfrac{1}{3}(4x + y)\right) + g\left(-\dfrac{1}{3}(x + y)\right)$。

因此,该方程的通解为 $u(x,y) = F(4x + y) + G(x + y)$,式中 $F(\cdot),G(\cdot)$ 为任意二阶可导函数。

[例 2.6.4] 求方程 $4\dfrac{\partial^2 u}{\partial x^2} + 5\dfrac{\partial^2 u}{\partial x \partial y} + \dfrac{\partial^2 u}{\partial y^2} + \dfrac{\partial u}{\partial x} + \dfrac{\partial u}{\partial y} = 2$ 的通解。

解:方程记为 $(4D_x^2 + 5D_x D_y + D_y^2 + D_x + D_y)u = 2$,分解为 $(D_x + D_y)(4D_x + D_y + 1)u = 2$。

令 $\begin{cases} D_\xi = D_x + D_y \\ D_\eta = 4D_x + D_y \end{cases}$,则 $\begin{cases} x_\xi = 1, y_\xi = 1 \\ x_\eta = 4, y_\eta = 1 \end{cases}$,$J = -3 \neq 0$(线性无关)。

于是 $\begin{cases} x = \xi + 4\eta \\ y = \xi + \eta \end{cases}$,因此 $\begin{cases} \xi = \dfrac{1}{3}(4y - x) \\ \eta = \dfrac{1}{3}(x - y) \end{cases}$。

原方程化为 $D_\xi(D_\eta + 1)u = 2$,一个特解是 $u^* = \dfrac{1}{1 + D_\eta}(2\xi) = 2\xi$,由方程 $D_\xi(D_\eta + 1)u = 0$,

得 $(D_\eta + 1)u = g_1(\eta)$，得解为 $u = \mathrm{e}^{-\eta}[f(\xi) + \int \mathrm{e}^\eta g_1(\eta)\mathrm{d}\eta] = g(\eta) + \mathrm{e}^{-\eta}f(\xi)$。

因此该方程的通解为 $u(x,y) = g\left(\dfrac{x-y}{3}\right) + \mathrm{e}^{\frac{y-x}{3}}f\left(\dfrac{4y-x}{3}\right) + \dfrac{2}{3}(4y-x)$，式中 $f(\cdot)$ 和 $g(\cdot)$ 都为任意函数。

2.6.2　一阶线性偏微分方程解及其解法

以下简单讨论一般形式的一阶线性偏微分方程解及其解法。

$$a\,\frac{\partial u}{\partial x} + b\,\frac{\partial u}{\partial y} + cu = f(x,y)$$

方程 1. $a \neq 0, b = 0$，则方程为：$a\,\dfrac{\partial u}{\partial x} + cu = f(x,y)$。

两边乘因子 $\mathrm{e}^{\frac{c}{a}x}$ 得，$a\mathrm{e}^{\frac{c}{a}x}\dfrac{\partial u}{\partial x} + c\mathrm{e}^{\frac{c}{a}x}u = \mathrm{e}^{\frac{c}{a}x}f(x,y)$，

化简得：$\dfrac{\partial}{\partial x}\left[a\mathrm{e}^{\frac{c}{a}x}u\right] = \mathrm{e}^{\frac{c}{a}x}f(x,y)$。

两边积分，得 $a\mathrm{e}^{\frac{c}{a}x}u = \int \mathrm{e}^{\frac{c}{a}x}f(x,y)\mathrm{d}x + C(y)$，

我们得到通解 $u(x,y) = \dfrac{1}{a}\mathrm{e}^{-\frac{c}{a}x}\left[\int \mathrm{e}^{\frac{c}{a}x}f(x,y)\mathrm{d}x + C(y)\right]$。

方程 2. $a = 0, b \neq 0$，则方程为：$b\,\dfrac{\partial u}{\partial y} + cu = f(x,y)$。

同理可得通解为 $u(x,y) = \dfrac{1}{b}\mathrm{e}^{-\frac{c}{b}y}\left[\int \mathrm{e}^{\frac{c}{b}y}f(x,y)\mathrm{d}y + C(x)\right]$。

在一阶线性偏微分方程中，人口预测与控制方程也是一类常见而又有特点的方程，它的应用也是相当广泛的。下面来建立模型、进一步讨论其解法以及给出通解。

人口预测与控制方程*（选学）（人口发展方程）：设人口密度 $p = p(r,t)$，它是在时刻 t，年龄在 r 的人口密度函数，或者说 $p(r,t)\mathrm{d}r$ 是时刻 t 年龄在 $[r, r+\mathrm{d}r]$ 内的人数，于是得出人口预测与控制方程（人口发展方程）

$$\frac{\partial p}{\partial t} + \frac{\partial p}{\partial r} = -\gamma(r,t)p$$

式中：$\gamma(r,t)$ 为死亡率，是在时刻 t，年龄 r 的已知二元函数。人口发展方程其实也是平流方程，这里只是末尾项 $-\gamma(r,t)p$ 的系数是变系数，因而它的解的求法比我们想像的要麻烦得多，下面再处理，我们先给出人口预测与控制方程的相关问题。

假设初始人口密度函数 $p(r,0) = \varphi(r)$，单位时间出生婴儿数（婴儿出生率）$p(0,t) = \psi(t)$。$\varphi(r)$ 可以由人口调查资料得到，是已知函数，$\psi(t)$ 对预测控制人口起着重要作用。

该定解问题可写作 $\begin{cases} \dfrac{\partial p}{\partial t} + \dfrac{\partial p}{\partial r} = -\gamma(r,t)p \\ p(r,0) = \varphi(r) \\ p(0,t) = \psi(t) \end{cases}$

这个连续型人口发展方程描述了人口的演变过程,从这个方程确定出人口密度函数 $p = p(r,t)$ 以后,可以得到各个年龄的人口数,即人口分布函数

$$F(r,t) = \int_0^r p(s,t)\,\mathrm{d}s$$

（1）人口总数：

$$N(t) = \int_0^{r_m} p(r,t)\,\mathrm{d}r$$

（2）平均年龄：

$$R(t) = \frac{1}{N(t)}\int_0^{r_m} rp(r,t)\,\mathrm{d}r$$

（3）平均寿命：

$$S(t) = \int_t^{+\infty} \mathrm{e}^{-\int_0^{\tau-t}\gamma(r,t)\,\mathrm{d}r}\,\mathrm{d}\tau$$

为了解决人口发展方程问题,先解决下列方程的求解

$$\frac{\partial\beta}{\partial x} + \frac{\partial\beta}{\partial t} = -\gamma(x,t)$$

（1）t 代换为主：$\begin{cases}\xi = t-x \\ \eta = t\end{cases}$ $(t>x)$ ，$\dfrac{\partial\beta}{\partial\eta} = -\gamma(\eta-\xi,\eta)$

得
$$\beta^* = -\int_{t-x}^t \gamma(\eta-t+x,\eta)\,\mathrm{d}\eta$$

t 代换为主：$\begin{cases}\xi = x-t \\ \eta = t\end{cases}$ $(x\geqslant t)$ $\dfrac{\partial\beta}{\partial\eta} = -\gamma(\xi+\eta,\eta)$

得
$$\beta^* = -\int_0^t \gamma(x-t+\eta,\eta)\,\mathrm{d}\eta$$

（2）x 代换为主：$\begin{cases}\xi = t-x \\ \eta = x\end{cases}$ $(t>x)$ $\dfrac{\partial\beta}{\partial\eta} = -\gamma(\eta,\xi+\eta)$

得
$$\beta^* = -\int_0^x \gamma(\eta,t-x+\eta)\,\mathrm{d}\eta$$

x 代换为主：$\begin{cases}\xi = x-t \\ \eta = x\end{cases}$ $(x\geqslant t)$ $\dfrac{\partial\beta}{\partial\eta} = -\gamma(\eta,\eta-\xi)$

得
$$\beta^* = -\int_{x-t}^x \gamma(\eta,\eta-x+t)\,\mathrm{d}\eta$$

于是人口发展方程 $\dfrac{\partial p}{\partial t} + \dfrac{\partial p}{\partial r} = -\gamma(r,t)p$ 的解为

（1）$t>r, p(r,t) = f(t-r)\exp\left\{-\int_{t-r}^t \gamma(\eta-t+r,\eta)\,\mathrm{d}\eta\right\}$；

$r\geqslant t, p(r,t) = f(r-t)\exp\left\{-\int_0^t \gamma(r-t+\eta,\eta)\,\mathrm{d}\eta\right\}$；

（2）$t>r, p(r,t) = f(t-r)\exp\left\{-\int_0^r \gamma(\eta,\eta+t-r)\,\mathrm{d}\eta\right\}$；

$r \geq t, p(r,t) = f(r-t)\exp\left\{ -\int_{r-t}^{r} \gamma(\eta, \eta - r + t) \mathrm{d}\eta \right\}$。

该模型及其通解对平流问题,特别是对许多经济的、金融的、管理的相关问题的分析、讨论与未来预测等都是非常有用和重要的;特别是各问题的解表示式,是所研究问题的处理解决中的核心计算公式。

习 题 二

1. 求出下列各方程的通解 $u(x,y)$：

（1）$u_x = 2$　　　　　　　　　　（2）$u_y = 3x$

（3）$u_x - 3u_y = 0$　　　　　　　（4）$u_x - 3u_y = 2x$

（5）$u_x - 2u = 0$　　　　　　　　（6）$u_x - 2u = 6\sin y$

（7）$u_y + 2u = 2$　　　　　　　　（8）$u_x + 2u = 6x$

（9）$u_x - 2u_y + 2u = 0$　　　　　（10）$u_x - u_y - 2u = 6$

（11）$u_x - u_y - 2u = 6y$　　　　　（12）$u_x - u_y + u = 2x + 3y$

2. 求下列方程的通解：

（1）$u_{xx} - 4u_{xy} + 3u_{yy} = 0$　　　（2）$a^2 u_{xx} - u_{yy} = 0$

（3）$9u_{xx} + 10u_{xy} + u_{yy} = 0$　　　（4）$u_{xx} - 3u_{xy} + 2u_{yy} = 3x - 1$

（5）$u_{xx} + 10u_{xy} + 9u_{yy} = y$　　　（6）$2u_{xx} - 3u_{xy} + u_{yy} = 1$

（7）$u_{xy} + u_x = 0$　　　　　　　（8）$u_{xx} + u_{xy} = 0$

（9）$u_{xx} + u_{yy} = 0$　　　　　　（10）$u_{xx} - u = 0$

（11）$u_{yy} + u = 0$　　　　　　　（12）$u_{xxx} - 3u_{xxy} + 2u_{xyy} = 0$

（13）$u_{xxxx} - 5u_{xxyy} + 4u_{yyyy} = 0$

3. 求下列方程的通解：

（1）$u_{xx} + 5u_{xy} + 4u_{yy} - u_x - u_y = 0$

（2）$4u_{xx} - 5u_{xy} + u_{yy} - 4u_x + u_y = 0$

（3）$u_{xx} - 3u_{xy} + 2u_{yy} - 3u_x + 3u_y = 6$

（4）$u_{xx} - 3u_{xy} + 2u_{yy} - 3u_x + 6u_y = 3x$

（5）$4u_{xx} + 5u_{xy} + u_{yy} + u_x + u_y = 6x$

4. 求下列方程的通解：

（1）$u_{xx} - 3u_{xy} + 2u_{yy} - 2u_x + 3u_y + u = 0$

（2）$3u_{xx} + 7u_{xy} + 2u_{yy} + 5u_y - 3u = 0$

（3）$u_{xx} + 10u_{xy} + 9u_{yy} + 2u_x - 6u_y - 3u = 0$

（4）$u_{xx} - 3u_{xy} + 2u_{yy} + 2u_x - 3u_y + u = 4x - 1$

（5）$u_{xx} - 3u_{xy} + 2u_{yy} + 2u_x - 3u_y + u = 3y - 1$

5.（1）求二维拉普拉斯方程 $\Delta_2 u = u_{xx} + u_{yy} = 0$ 的形如 $u = u(r), r^2 = x^2 + y^2 \neq 0$ 的解。

（2）求三维拉普拉斯方程 $\Delta_3 u = u_{xx} + u_{yy} + u_{zz} = 0$ 的形如 $u = u(r), r^2 = x^2 + y^2 + z^2 \neq 0$ 的解。

第三章 行波法与微分算子法

本章将介绍常见的波动与执传导方程初始问题的行波法和积分变换法两种方法。行波法只能用于求解无界区域的波动方程的定解问题,虽然有局限性,但对于波动方程问题这个方法仍然还是数学物理方程的基本解法。积分变换法不受方程的类型限制,主要用于无界区域,但对于有界区域也能使用。这里我们注重解决问题的思路,导出公式解。同时也介绍一下不常见的微分算子法和试探函数法两种方法。微分算子法是一种较抽象的方法,但是它具有一定的理论价值;试探函数法是一种比较简单的方法,简便易学易掌握。

3.1 行 波 法

3.1.1 弦振动方程的达朗贝尔解法

如果考察的弦线长度很长,而需要知道的又只是在较短时间且离开边界较远的一段范围内的振动情况,那么边界条件的影响就可以忽略,不妨把考察弦线的长度视为无限。在这种情况下,定解问题归结为

$$\begin{cases} \dfrac{\partial^2 u}{\partial t^2} = a^2 \dfrac{\partial^2 u}{\partial x^2} & (-\infty < x < \infty, t > 0) \quad (3.1.1) \\[3mm] u(x,0) = \varphi(x), \dfrac{\partial u}{\partial t}\bigg|_{t=0} = \psi(x) & (3.1.2) \end{cases}$$

式中:$\varphi(x)$,$\psi(x)$ 均为已知函数。这个定解问题也称为无界弦振动的柯西问题与方程(3.1.1) 相应的特征方程为 $(\mathrm{d}x)^2 = a^2(\mathrm{d}t)^2$,特征线为:$x + at = C_1, x - at = C_2$。
引入新变量 $\xi = x + at, \eta = x - at$,使方程(3.1.1)化为

$$\frac{\partial^2 u}{\partial \xi \partial \eta} = 0 \qquad (3.1.3)$$

把方程(3.1.3) 关于 ξ 及 η 积分后,得其通解为

$$u = f(\xi) + g(\eta) = f(x + at) + g(x - at) \qquad (3.1.4)$$

式中:f 与 g 为任意的二阶可微函数。

代入初始条件有

$$\begin{cases} f(x) + g(x) = \varphi(x) \\ af'(x) - ag'(x) = \psi(x) \end{cases} \qquad (3.1.5)$$

将方程(3.15)中的第二式积分得 $af(x) - ag(x) = \displaystyle\int_{x_0}^{x} \psi(\xi)\,\mathrm{d}\xi + c$, 因此

$$\begin{cases} f(x) = \dfrac{1}{2}\varphi(x) + \dfrac{1}{2a}\displaystyle\int_{x_0}^x \psi(\xi)\mathrm{d}\xi + \dfrac{c}{2a} \\[3mm] g(x) = \dfrac{1}{2}\varphi(x) - \dfrac{1}{2a}\displaystyle\int_{x_0}^x \psi(\xi)\mathrm{d}\xi - \dfrac{c}{2a} \end{cases} \tag{3.1.6}$$

将方程(3.1.6)代入方程(3.1.4)得无界弦振动的柯西问题,方程(3.1.1)和方程(3.1.2)的解表达式为

$$u(x,t) = \frac{1}{2}\big[\varphi(x+at) + \varphi(x-at)\big] + \frac{1}{2a}\int_{x-at}^{x+at}\psi(\xi)\mathrm{d}\xi \tag{3.1.7}$$

方程(3.1.7)称为无限长弦自由振动的达朗贝尔公式,或称为达朗贝尔解。这种求解方法称为达朗贝尔解法。

可以看出,如果柯西问题有解,则解一定可以由初始条件用方程(3.1.7)表示出来,因此解一定是唯一的。同时不难验证,当 $\varphi \in C^2$，$\psi \in C$ 时,方程(3.1.7)的确给出柯西问题的解。解关于初始条件的连续依赖性也可以从方程(3.1.7)看出,因此弦振动的柯西问题是适定的。

3.1.2 达朗贝尔解的物理意义

从方程(3.1.4)可见,自由弦振动方程的解,可以表示成形如 $u_1 = g(x-at)$ 和 $u_2 = f(x+at)$ 的两个函数之和,通过它们可以清楚地看出波动传播的性质。先考察方程

$$u_1 = g(x-at) \tag{3.1.8}$$

显然,它是方程(3.1.1)的解。给 t 以不同的值,就可以看出弦在各个时刻相应的振动状态,在 $t=0$ 时,$u_1(x,0) = g(x)$,它对应于初始时刻的振动状态(相当于弦在初始时刻各点的位移状态),如图 3.1 的实线所示。

经过时刻 t_0 后 $u_1(x,t_0) = g(x-at_0)$ 在 (x,u) 平面上,它相当于原来的图形 $u_1 = g(x)$ 向右平移了一段距离 at_0,如图 3.1 中虚线所示。随着时间的推移,这个图不断地向右移动,这说明当方程(3.1.1)的解表示成 $u_1 = g(x-at)$ 的形式时,振动的波形是以常速度 a 向右传播。因此,由函数 $g(x-at)$ 描述的振动规律,称为右传播波。同样,形如 $u_2 = f(x+at)$ 的解,称为左传播波,由它所描述的振动的波形是以常速度 a 向左传播。由此可见,方程(3.1.7)表示弦上的任意扰动总是以行波形式分别向两

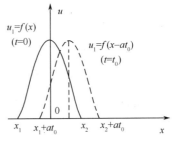

图 3.1 右行波示意图

个方向传播出去,其传播速度正好是方程(3.1.1)中出现的常数 a,基于上述原因,达朗贝尔解法又称为行波法。

3.1.3 依赖区间、决定区域和影响区域

初值问题方程(3.1.1)和方程(3.1.2)的解在一点 (x,t) 的数值与初始条件在 x 轴哪些点的值有关?从达朗贝尔方程(3.1.7)可以看到,解在 (x,t) 点的数值仅依赖于 x 轴的区间 $[x-at, x+at]$ 上的初始条件,而与其它点上的初始条件无关,这个区间 $[x-at, x+$

$at]$ 称为点 (x,t) 的依赖区间。它是过 (x,t) 点分别做斜率为 $\pm\dfrac{1}{a}$ 的直线与 x 轴所交截得的区间,如图 3.2 所示。

对于初始轴 $t=0$ 上的一个区间 $[x_1,x_2]$,过点 x_1 作斜率为 $\dfrac{1}{a}$ 的直线 $x=x_1+at$,过点 x_2 作斜率为 $-\dfrac{1}{a}$ 的直线 $x=x_2-at$,它们和区间 $[x_1,x_2]$ 一起构成一个三角形区域,如图 3.3 所示,此三角形区域中任一点 (x,t) 的依赖区间都落在区间 $[x_1,x_2]$ 的内部,因此,解在此三角形区域中的数值完全由区间 $[x_1,x_2]$ 上的初始条件决定,而与此区间外的初始条件无关。这个区域就称为区间 $[x_1,x_2]$ 的决定区域。给定区间 $[x_1,x_2]$ 上的初始条件,就可以在其决定区域中决定值问题的解。

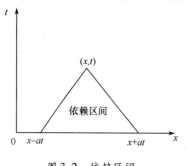

图 3.2　依赖区间

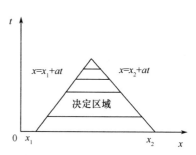

图 3.3　决定区域

现在来考虑这种一个问题:如果在初始时刻 $t=0$,扰动一有限区间 $[x_1,x_2]$ 上存在,则经过时间 t 后,它所影响到的范围是什么呢? 由于波动是以一定的速度 a 向两个方向传播的,因此,经过时间 t 后,它所传到的范围(受初始扰动的影响到的范围)就由不等式

$$x_1-at\leqslant x\leqslant x_2+at \tag{3.1.9}$$

所限定,而在此范围之处仍处于静态状态。在 (x,t) 平面上方程(3.1.9)所表示的区域称为区间 $[x_1,x_2]$ 的影响区域,图 3.4 所示。在这区域中,初值问题的解 $u(x,t)$ 的数值是受到区间 $[x_1,x_2]$ 上初始条件的影响,特别将区间 $[x_1,x_2]$ 收缩为一点 x_0,就可得一点 x_0 的影响区域为过此点的两条斜率各为 $\pm\dfrac{1}{a}$ 的直线 $x=x_0\pm at$ 所夹成的角形区域,如图 3.5 所示。

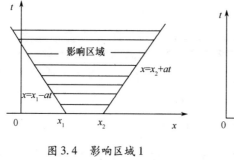

图 3.4　影响区域 1　　　　　　图 3.5　影响区域 2

在上面的讨论中,我们看到了在 (x,t) 平面上,直线 $x\pm at=c$(常数)对波动方程的研究起着重要的作用,它们称为波动方程(3.1.1)的特征线。

40

3.1.4 齐次化原理

现在考察非齐次方程问题

$$\begin{cases} u_{tt} = a^2 u_{xx} + f(x,t) \; (-\infty < x < \infty, t > 0) \\ u(x,0) = \varphi(x), \dfrac{\partial u}{\partial t}\bigg|_{t=0} = \psi(x) \end{cases} \tag{3.1.10}$$

由于方程是线性的,因此叠加原理成立,上述初值问题可分别化为下列两个问题

$$\begin{cases} u_{tt} = a^2 u_{xx} \\ u(x,0) = \varphi(x), \dfrac{\partial u}{\partial t}\bigg|_{t=0} = \psi(x) \end{cases} \tag{3.1.11}$$

和

$$\begin{cases} u_{tt} = a^2 u_{xx} + f(x,t) \\ u(x,0) = 0, \dfrac{\partial u}{\partial t}\bigg|_{t=0} = 0 \end{cases} \tag{3.1.12}$$

我们可以利用下面的齐次化原理,把非齐次方程的求解问题化为相应的齐次方程的情况来处理,从而可以直接利用前面有关齐次方程的结果。

齐次化原理: 若 $w(x,t;\tau)$ 是初值问题

$$\begin{cases} \dfrac{\partial^2 w}{\partial t^2} = a^2 \dfrac{\partial^2 w}{\partial x^2} \; (t > \tau) \\ w\big|_{t=\tau} = 0, \dfrac{\partial w}{\partial t}\bigg|_{t=\tau} = f(x,\tau) \end{cases} \tag{3.1.13}$$

的解(式中,τ 为常数),则

$$u(x,t) = \int_0^t w(x,t;\tau)\,\mathrm{d}\tau \tag{3.1.14}$$

就是初值问题方程(3.1.10)的解。

令 $t' = t - \tau$,并记 $\overline{w}(x,t';\tau) = w(x,t'+\tau;\tau)$,则问题方程(3.1.13)可化为如下形式:

$$\begin{cases} \dfrac{\partial^2 \overline{w}}{\partial t^2} = a^2 \dfrac{\partial^2 \overline{w}}{\partial x^2} \; (t' > 0) \\ \overline{w}\big|_{t'=0} = 0, \dfrac{\partial \overline{w}}{\partial t}\bigg|_{t'=0} = f(x,\tau) \end{cases} \tag{3.1.15}$$

由达朗贝尔公式知其解为 $\overline{w}(x,t';\tau) = \dfrac{1}{2a}\displaystyle\int_{x-at'}^{x+at'} f(\xi,\tau)\,\mathrm{d}\xi$。

换回原变量,则得

$$w(x,t;\tau) = \frac{1}{2a}\int_{x-a(t-\tau)}^{x+a(t-\tau)} f(\xi,\tau)\,\mathrm{d}\xi \tag{3.1.16}$$

再代入方程(3.1.14)就得初值问题方程(3.1.10)的解为

$$u(x,t) = \frac{1}{2a}\int_0^t \mathrm{d}\tau \int_{x-a(t-\tau)}^{x+a(t-\tau)} f(\xi,\tau)\,\mathrm{d}\xi \tag{3.1.17}$$

按照解的定义,由方程(3.1.17)确定的函数 $u(x,t)$ 确是问题方程(3.1.10)的解。事实上,当 f 具有一阶连续导数时,由方程(3.1.17)式可得

$$\frac{\partial u}{\partial t} = \frac{1}{2a} \int_{x-a(t-t)}^{x+a(t-t)} f(\xi,\tau) \mathrm{d}\xi + \frac{1}{2} \int_0^t [f(x+a(t-\tau),\tau) + f(x-a(t-\tau),\tau)] \mathrm{d}\tau$$

$$= \frac{1}{2} \int_0^t [f(x+a(t-\tau),\tau) + f(x-a(t-\tau),\tau)] \mathrm{d}\tau$$

$$\frac{\partial^2 u}{\partial t^2} = f(x,t) + \frac{a}{2} \int_0^t [f'(x+a(t-\tau),\tau) - f'(x-a(t-\tau),\tau)] \mathrm{d}\tau$$

$$\frac{\partial u}{\partial x} = \frac{1}{2a} \int_0^t [f(x+a(t-\tau),\tau) - f(x-a(t-\tau),\tau)] \mathrm{d}\tau$$

$$\frac{\partial^2 u}{\partial x^2} = \frac{1}{2a} \int_0^t [f'(x+a(t-\tau),\tau) - f'(x-a(t-\tau),\tau)] \mathrm{d}\tau$$

于是有 $\frac{\partial^2 u}{\partial t^2} = a^2 \frac{\partial^2 u}{\partial x^2} + f(x,t)$,即 $u(x,t)$ 满足上述方程. 再验证初始条件,由方程(3.1.17)及 $\frac{\partial u}{\partial t}$ 的表示式,可得 $u(x,0) = 0, \frac{\partial u}{\partial t}\Big|_{t=0} = 0$。

这就证明了,由方程(3.1.17)所表示的函数 $u(x,t)$ 的确是初值问题方程(3.1.10)的解,由叠加原理,可得定解问题方程(3.1.10)的解为

$$u(x,t) = \frac{1}{2} [\varphi(x+at) + \varphi(x-at)] + \frac{1}{2a} \int_{x-at}^{x+at} \psi(\xi) \mathrm{d}\xi +$$

$$\frac{1}{2a} \int_0^t \mathrm{d}\tau \int_{x-a(t-\tau)}^{x+a(t-\tau)} f(\zeta,\tau) \mathrm{d}\xi \tag{3.1.18}$$

[例 3.1.1] 求解下列初值问题

$$\begin{cases} u_{tt} = u_{xx} + 2x \ (-\infty < x < \infty, t > 0) \\ u(x,0) = \sin x, u_t(x,0) = x \end{cases}$$

解:由方程(3.1.18)得

$$u(x,t) = \frac{1}{2} [\sin(x+t) + \sin(x-t)] + \frac{1}{2} \int_{x-at}^{x+at} \xi \mathrm{d}\xi + \frac{1}{2a} \int_0^t \mathrm{d}\tau \int_{x-a(t-\tau)}^{x+a(t-\tau)} 2\xi \mathrm{d}\xi$$

$$= \sin x \cos t + xt + xt^2$$

3.2 高维波动方程的初值问题

上节讨论了一维波动方程的初值问题,得到了达朗贝尔公式。本节可以借助于上述表示式,形式地推导出三维波动方程的解。

3.2.1 三维波动方程的泊松公式

现在,考察三维波动方程的初值问题

$$\begin{cases} u_{tt} = a^2(u_{xx} + u_{yy} + u_{zz}) & (-\infty < x,y,z < \infty, t > 0) \qquad (3.2.1) \\ u(x,y,z,0) = \varphi(x,y,z) & \qquad (3.2.2) \\ u_t(x,y,z,0) = \psi(x,y,z) & \qquad (3.2.3) \end{cases}$$

式中：$\varphi(x,y,z)$ 与 $\psi(x,y,z)$ 为已知函数。

从定解问题的形式上看，三维与一维是相似的，因此，我们猜想解的形式和求解步骤也是相似的。这种平行推广的方法，在数学上是常用的。这种方法能否行得通，决定于所讨论的问题在一维和高维之间，有无本质上的差别。

现在把达朗贝尔方程(3.1.7)改写为

$$u(x,t) = \frac{\partial}{\partial t}\left[\frac{t}{2at}\int_{x-at}^{x+at}\varphi(\xi)\mathrm{d}\xi\right] + \frac{t}{2at}\int_{x-at}^{x+at}\psi(\xi)\mathrm{d}\xi \qquad (3.2.4)$$

在方程(3.2.4)中有三点是值得注意的

(1) $\dfrac{t}{2at}\displaystyle\int_{x-at}^{x+at}\omega(\xi)\mathrm{d}\xi$ 是函数 $\omega(\xi)$ 在区间 $[x-at,x+at]$ 上的算术平均值。积分值的大小与区间的中 x 及半径 at 有关。因此，这个平均值是两个变量 x,t 的函数，记作 $v(x,t)$。

(2) $\omega(x)$ 是一个任意函数，$u_1 = tv(x,t)$，$u_2 = \dfrac{\partial}{\partial t}[tv(x,t)]$ 恒满足方程 $u_{tt} = a^2 u_{xx}$。

(3) 若要 u_1 满足初始条件方程(3.1.2)中的第二个条件，则只需将被积函数 $\omega(x)$ 换成 $\psi(x)$；若要 u_2 满足初始条件方程(3.1.2)中的第一条件，则只需将 $\omega(x)$ 换成 $\varphi(x)$。两者都换了之后，$u_1 + u_2$ 就是定解问题方程(3.1.1)和方程(3.1.2)的解了。

将被积函数 $\omega(\cdot)$ 换成 $\varphi(\cdot)$，则得 $u_1 = \dfrac{\partial}{\partial t}[tv]$ 为方程(3.2.1)满足初始条件方程 (3.2.2)的解；再将 $\omega(\cdot)$ 换成 $\psi(\cdot)$，又得 $u_2 = tv(\cdot)$ 为方程(3.2.1)满足初始条件方程(3.2.3)的解，因此，$u_1 + u_2$ 应该是初值问题方程(3.2.1)～方程(3.2.3)的解，即

$$u(x,y,z,t) = \frac{\partial}{\partial t}\left[\frac{t}{4\pi a^2 t^2}\iint\limits_{S_{at}^M}\varphi(\xi,\eta,\zeta)\mathrm{d}S\right] + \frac{t}{4\pi a^2 t^2}\iint\limits_{S_{at}^M}\psi(\xi,\eta,\zeta)\mathrm{d}S \qquad (3.2.5)$$

这里要解释的是任意函数 $\omega(x,y,z)$ 的球面 S_{at}^M 平均值函数为

$$\overline{\Omega}(x,y,z,t) = \frac{t}{4\pi a^2 t^2}\iint\limits_{S_{at}^M}\omega(\xi,\eta,\zeta)\mathrm{d}S$$

式中：球面 S_{at}^M 为球心在 $M(x,y,z)$ 的球面，即

$$S_{at}^M: (\xi - x)^2 + (\eta - y)^2 + (\zeta - z)^2 = (at)^2$$

当初始函数足够光滑时，容易验证，由方程(3.31)所表示的函数 $u(x,y,z,t)$ 确实是问题方程(3.2.1)～方程(3.2.3)的解，方程(3.2.5)通常叫做泊松公式。以上所用的方法也称为平均值法。

由于积分区域 S_{at}^M 是以 M 为中心，at 为半径的球面，所以我们通常采用球坐标来计算上式中的积分。

[例3.2.1] 求解下列问题

$$\begin{cases} u_{tt} = a^2(u_{xx} + u_{yy} + u_{zz}) & (-\infty < x,y,z < \infty, t > 0) \\ u(x,y,z,0) = 3y - z, \quad u_t(x,y,z,0) = 2xyz \end{cases}$$

解

$$u(x,y,z,t) = \frac{\partial}{\partial t}\left[\frac{t}{4\pi a^2 t^2}\int_0^{2\pi}\int_0^{\pi}(3y + 3at\sin\theta\sin\varphi - z - at\cos\theta)(at)^2\sin\theta d\theta d\varphi\right] +$$

$$\frac{t}{4\pi a^2 t^2}\int_0^{2\pi}\int_0^{\pi}2(x + at\sin\theta\cos\varphi)(y + at\sin\theta\sin\varphi)(z + at\cos\theta)(at)^2\sin\theta d\theta d\varphi$$

$$= 3y - z + 2xyzt$$

3.2.2　降维法

对于二维波动方程初值问题

$$\begin{cases} u_{tt} = a^2(u_{xx} + u_{yy}) \quad (-\infty < x,y < \infty, t > 0) & (3.2.6) \\ u(x,y,0) = \varphi(x,y) & (3.2.7) \\ u_t(x,y,0) = \psi(x,y) & (3.2.8) \end{cases}$$

式中:$\varphi(x,y)$与$\psi(x,y)$为已知函数。可以用降维法求解。由于可以把二维波动方程的初值问题看作是三维波动方程的特殊情况,故可用三维波动方程的泊松公式来表示二维波动方程初值问题的解,并由此导出二维问题解的表示式的另外一种形式。这种由高维问题的解引出低维问题解的方法,称为降维法。

由方程(3.2.5)得二维波动方程初值问题方程(3.2.6)~方程(3.2.8)的解为

$$u(x,y,t) = \frac{\partial}{\partial t}\left[\frac{t}{4\pi a^2 t^2}\iint\limits_{S_{at}^M}\varphi(\xi,\eta)dS\right] + \frac{t}{4\pi a^2 t^2}\iint\limits_{S_{at}^M}\psi(\cdot)dS \qquad (3.2.9)$$

这里的积分是在三维空间(x,y,z)中的球面S_{at}^M上进行的。由于φ及ψ都是与z无关的函数,因此在球面上的积分可以化为它在平面$z = $ 常数上的投影(圆域)$\sum_{at}^M:(\xi - x)^2 + (\eta - y)^2 \leq (at)^2$上面的积分。由于球面上的面积元素$dS$和它的投影平面元素$d\sigma$之间成立着如下的关系

$$d\sigma = \cos\gamma dS$$

式中:γ为这两个面积元素法线方向间的夹角,可以表示为$\cos\gamma = \dfrac{\sqrt{(at)^2 - (\xi-x)^2 - (\eta-y)^2}}{at}$。注意到上下半球面上的积分都化成同一圆域上的积分,因此,应取圆域$\sum_{at}^M$上积分的2倍。于是由方程(3.2.9),可得初值问题方程(3.2.6)~方程(3.2.8)的解为

$$u(x,y,t) = \frac{1}{2\pi a}\frac{\partial}{\partial t}\left[\iint\limits_{\Sigma_{at}^M}\frac{\varphi(\xi,\eta)d\sigma}{\sqrt{(at)^2 - (\xi-x)^2 - (\eta-y)^2}}\right] +$$

$$\frac{1}{2\pi a}\iint\limits_{\Sigma_{at}^M}\frac{\psi(\xi,\eta)d\sigma}{\sqrt{(at)^2 - (\xi-x)^2 - (\eta-y)^2}} \qquad (3.2.10)$$

该式称为二维波动方程初值问题的泊松公式。由于积分区域$\sum_{at}^M$是以M为中心,at为半径的圆域,所以通常采用极坐标来计算上式中的积分。

[例 3.2.2] 求解下列问题

$$\begin{cases} u_{tt} = u_{xx} + u_{yy} & (-\infty < x, y < \infty, t > 0) \\ u(x,y,0) = 0, \quad u_t(x,y,0) = 2xy \end{cases}$$

解:由方程(3.2.10),得

$$u(x,y,t) = \frac{1}{2\pi} \int_0^t \int_0^{2\pi} \frac{2(x + \rho\cos\theta)(y + \rho\sin\theta)}{\sqrt{t^2 - \rho^2}} \rho \mathrm{d}\theta \mathrm{d}\rho$$

$$= \frac{1}{\pi} \int_0^t \frac{2\pi xy\rho \mathrm{d}\rho}{\sqrt{t^2 - \rho^2}} = 2xyt$$

3.3　微分算子法

微分算子法,在理论和方法上都是十分重要的内容,但是它的计算也是比较繁琐的。而试探函数法,是建立在微分算子法基础上的一种简单的方法,这也是本章中最简单的方法。因此首先介绍试探函数法,然后简单介绍一下微分算子法的相关内容。

3.3.1　热传导方程柯西问题的解法

如果记 $\Delta = \dfrac{\partial^2}{\partial x^2}$,相对于 t 来说,把 Δ 暂视为一个数符来处理,则一维热传导方程

$$\frac{\partial u}{\partial t} = a^2 \frac{\partial^2 u}{\partial x^2} \quad (-\infty < x < +\infty, t > 0) \tag{Ⅰ}$$

方程(Ⅰ)可化为 $\dfrac{\partial u}{u} = (a^2 \Delta)\partial t$,关于 t 的通解为

$$u(x,t) = \mathrm{e}^{a^2 t\Delta}[F(x)]$$

式中:$F(x)$ 为任意函数(要特别指出的是算子 $\mathrm{e}^{a^2 t\Delta}$ 与 $F(x)$ 是有顺序的,$\mathrm{e}^{a^2 t\Delta}$ 在前,$F(x)$ 在后,算子对函数进行作用)。又因为 $u(x,0) = \mathrm{e}^0[F(x)] = F(x) = \varphi(x)$,所以一维热传导柯西问题

$$\begin{cases} \dfrac{\partial u}{\partial t} = a^2 \dfrac{\partial^2 u}{\partial x^2} \\ u(x,0) = \varphi(x) \end{cases}, \quad (-\infty < x < +\infty, t > 0)$$

的公式解将会成为 $u(x,t) = \mathrm{e}^{a^2 t\Delta} \varphi(x)$。

定义1(微分形式)　设 $F[x]$ 为任意阶可微函数,则

$$\mathrm{e}^{m\Delta}[F(x)] = \sum_{k=0}^{\infty} \frac{m^k}{k!} \Delta^k [F(x)]$$

定义2(积分形式)　设 $F[x]$ 为 R 上可积函数,则

$$\mathrm{e}^{m\Delta}[F(x)] = \int_R G(x - y, m) F(y) \mathrm{d}y \quad (x, y \in R)$$

式中: $G(x,m) = (4m\pi)^{-\frac{1}{2}} \exp\left(-\frac{|x|}{4m}\right)$。

定理 1: 一维热传导方程柯西问题

$$\begin{cases} \dfrac{\partial u}{\partial t} = a^2 \dfrac{\partial^2 u}{\partial x^2}, & (-\infty < x < +\infty, t > 0) \\ u(x,0) = \varphi(x) \end{cases} \tag{3.3.1}$$

如果 $\varphi(x)$ 有任意阶导数, 则方程 (I) 有微分算子公式解为

$$u(x,t) = e^{a^2 t \Delta} \varphi(x) = \sum_{k=0}^{\infty} \frac{(a^2 t)^k}{k!} [\varphi(x)]^{(2k)} \tag{3.3.2}$$

证明: 左 $= \dfrac{\partial}{\partial t} \left\{ \sum_{k=0}^{\infty} \dfrac{(a^2 t)^k}{k!} [\varphi(x)]^{(2k)} \right\} = \sum_{k=1}^{\infty} \dfrac{k a^2 (a^2 t)^{k-1}}{k!} [\varphi(x)]^{(2k)}$

$= \sum_{k=1}^{\infty} \dfrac{a^2 (a^2 t)^{k-1}}{(k-1)!} [\varphi(x)]^{(2k)} = a^2 \sum_{k=0}^{\infty} \dfrac{(a^2 t)^k}{k!} [\varphi(x)]^{(2(k+1))}$

右 $= a^2 \dfrac{\partial^2}{\partial x^2} \left(\sum_{k=0}^{\infty} \dfrac{(a^2 t)^k}{k!} [\varphi(x)]^{(2k)} \right) = a^2 \sum_{k=0}^{\infty} \dfrac{(a^2 t)^k}{k!} [\varphi(x)]^{(2(k+1))} =$ 左

[例 3.3.1] 解 Cauchy 问题。

$$\begin{cases} \dfrac{\partial u}{\partial t} = a^2 \dfrac{\partial^2 u}{\partial x^2} \\ u(x,0) = x(2-x) \end{cases}$$

解: 由方程 (3.3.2), 得

$$u(x,t) = e^{a^2 t \Delta} \varphi(x) = \sum_{k=0}^{\infty} \frac{(a^2 t)^k}{k!} [\varphi(x)]^{(2k)}$$

$$= (2x - x^2) + \frac{a^2 t}{1!}(2x - x^2)'' + 0 = 2x - x^2 - 2a^2 t$$

考察三维热传导方程柯西问题

$$\begin{cases} \dfrac{\partial u}{\partial t} = a^2 \Delta u & ((x,y,z) \in R^3, t > 0) \\ u(x,y,z,0) = \varphi(x,y,z) \end{cases} \tag{3.3.3}$$

式中, 拉普拉斯算子 $\Delta = \dfrac{\partial^2}{\partial x^2} + \dfrac{\partial^2}{\partial y^2} + \dfrac{\partial^2}{\partial z^2}$。

如果 $\varphi(x,y,z)$ 有任意阶偏导数, 则方程 (3.3.3) 有微分算子公式解为

$$u(x,y,z,t) = \sum_{k=0}^{\infty} \frac{(a^2 t)^k}{k!} \Delta^k \varphi(x,y,z) \tag{3.3.4}$$

[例 3.3.2] 解柯西问题。

$$\begin{cases} \dfrac{\partial u}{\partial t} = a^2 \left(\dfrac{\partial^2 u}{\partial x^2} + \dfrac{\partial^2 u}{\partial y^2} + \dfrac{\partial^2 u}{\partial z^2} \right) \\ u(x,0) = x^2 + 3xy^2 - 5xyz^2 \end{cases}$$

解:由方程(3.3.4),得

$$u(x,y,z,t) = \sum_{k=0}^{\infty} \frac{(a^2t)^k}{k!} \Delta^k \varphi(x,y,z)$$

$$= (x^2 + 3xy^2 - 5yz^2) + \frac{a^2t}{1!}\Delta(x^2 + 3xy^2 - 5yz^2) + 0$$

$$= x^2 + 3xy^2 - 5yz^2 + 2a^2t(1 + 3x - 5y)$$

现在考虑非齐次方程。

定理2:非齐次方程

$$(\partial_t - a^2\Delta)u = f(x,t) \tag{3.3.5}$$

则方程(3.3.5)微分算子公式解为

$$u(x,t) = u_c + u_f = e^{a^2t\Delta}[G(x)] + \int_0^t e^{a^2(t-T)\Delta}f(x,T)\mathrm{d}T \tag{3.3.6}$$

证明:式中:$(\partial_t - a^2\Delta)u = 0$ 的通解 $u_c = u(x,t) = e^{a^2t\Delta}[G(x)]$,设方程(3.3.5)的特解为 $u_f = e^{a^2t\Delta}[g(x,t)]$ 代人方程(3.3.5),得

$$左 = (a^2\Delta e^{a^2t\Delta}[g(x,t)] + e^{a^2t\Delta}\partial_t[g(x,t)]) - a^2\Delta e^{a^2t\Delta}[g(x,t)]$$

$$= e^{a^2t\Delta}\partial_t[g(x,t)] = 右 = f(x,t)$$

所以,$g(x,t) = (\partial_t)^{-1}e^{-a^2t\Delta}f(x,t)$

方程(3.3.5)的特解为

$$u_f = e^{a^2t\Delta}[g(x,t)] = e^{a^2t\Delta}(\partial_t)^{-1}e^{-a^2t\Delta}f(x,t)$$

$$= e^{a^2t\Delta}\int_0^t e^{-a^2T\Delta}f(x,T)\mathrm{d}T = \int_0^t e^{a^2(t-T)\Delta}f(x,T)\mathrm{d}T$$

[例3.3.3] 解下列非齐次方程的柯西问题

$$\begin{cases} \dfrac{\partial u}{\partial t} = a^2(u_{xx} + u) + 3xt & (x \in R) \\ u(x,0) = 2\sin\pi x \end{cases}$$

解:通解为

$$u(x,t) = u_c + u_f = e^{a^2t(\Delta+1)}(2\sin\pi x) + \int_0^t e^{a^2(t-T)(\Delta+1)}(3xT)\mathrm{d}T$$

$$= e^{a^2t}e^{a^2t\Delta}(2\sin\pi x) + 3x\int_0^t e^{a^2(t-T)}T\mathrm{d}T$$

$$= 2e^{a^2t}\sin\pi x \cdot e^{a^2t(-\pi^2)} + 3x\int_0^t e^{a^2(t-T)}T\mathrm{d}T$$

$$= 2e^{-a^2(\pi^2-1)t}\sin\pi x + 3xe^{a^2t}\int_0^t Te^{-a^2T}\mathrm{d}T$$

$$= 2e^{-a^2(\pi^2-1)t}\sin\pi x - 3xe^{a^2t}\left[\frac{a^2t}{a^4}e^{-a^2t} + \frac{1}{a^4}e^{-a^2t} - \frac{1}{a^4}\right]$$

$$= 2e^{-a^2(\pi^2-1)t}\sin\pi x + \frac{3x}{a^4}(e^{a^2t} - a^2t - 1)$$

微分算子的运算性质

性质 1. $e^{m\Delta}[c] = c$，c 为常数。

性质 2. $e^{m\Delta}[F_1(x) + F_2(x)] = e^{m\Delta}[F_1(x)] + e^{m\Delta}[F_2(x)]$。

性质 3. $e^{m\Delta}[cF(x)] = ce^{m\Delta}[F(x)]$，$c$ 为常数。

微分算子 $e^{m\Delta_n}$ 对一些常见的函数运算有下面几个重要结论：

1. $e^{m\Delta}[e^{\beta x}] = e^{\beta x}e^{m\beta^2}$。

2. $e^{m\Delta}[e^{ix}] = e^{ix}e^{-m}$。

特别是，$e^{m\Delta}[\cos\beta x] = \cos\beta x e^{-m\beta^2}$，$e^{m\Delta}[\sin\beta x] = \sin\beta x e^{-m\beta^2}$。

3.3.2 波动方程柯西问题的解法

定理 3：波动方程的柯西问题

$$\begin{cases} \dfrac{\partial^2 u}{\partial t^2} = a^2 \dfrac{\partial^2 u}{\partial x^2} & t > 0, x \in R \\[3mm] u(x,0) = \varphi(x), \quad \dfrac{\partial u}{\partial t}\bigg|_{t=0} = \psi(x) \end{cases} \tag{3.3.7}$$

则问题方程(3.3.7)的微分算子公式解为

$$u(x,t) = \cosh at\sqrt{\Delta}[\varphi(x)] + \frac{1}{u}\left(\frac{\sinh at\sqrt{\Delta}}{\sqrt{\Delta}}\right)[\psi(x)] \tag{3.3.8}$$

式中 $\cosh at\sqrt{\Delta} = \dfrac{1}{2}[e^{at\sqrt{\Delta}} + e^{-at\sqrt{\Delta}}]$，$\dfrac{\sinh at\sqrt{\Delta}}{\sqrt{\Delta}} = \dfrac{1}{2\sqrt{\Delta}}[e^{at\sqrt{\Delta}} - e^{-at\sqrt{\Delta}}]$。

证：类似于上节柯西问题的讨论方式，设方程(3.3.7)的解为

$$u(x,t) = e^{at\sqrt{\Delta}}[F_1(x)] + e^{-at\sqrt{\Delta}}[F_2(x)]$$

满足初始条件，有

$$\begin{cases} F_1(x) + F_2(x) = \varphi(x) \\[2mm] a\sqrt{\Delta}[F_1(x) + F_2(x)] = \psi(x) \end{cases}, \qquad \begin{cases} F_1(x) = \dfrac{1}{2}\left[\varphi(x) + \dfrac{\psi(x)}{a\sqrt{\Delta}}\right] \\[3mm] F_2(x) = \dfrac{1}{2}\left[\varphi(x) - \dfrac{\psi(x)}{a\sqrt{\Delta}}\right] \end{cases}$$

所以，$u(x,t) = \cosh at\sqrt{\Delta}[\varphi(x)] + \dfrac{1}{a}\left(\dfrac{\sinh at\sqrt{\Delta}}{\sqrt{\Delta}}\right)[\psi(x)]$。

定理 4：非齐次弦振动方程的柯西问题

$$\begin{cases} \dfrac{\partial^2 u}{\partial t^2} = a^2 \dfrac{\partial^2 u}{\partial x^2} + f(x,t) & (t > 0, x \in R) \\[3mm] u(x,0) = \varphi(x), \dfrac{\partial u}{\partial t}\bigg|_{t=0} = \psi(x) \end{cases} \tag{3.3.9}$$

则问题方程(3.3.9)的微分算子公式解为

$$u(x,t) = \cosh at \sqrt{\Delta}\varphi(x) + \frac{1}{a}\frac{\sinh at \sqrt{\Delta}}{\sqrt{\Delta}}\psi(x) +$$

$$\frac{1}{a}\int_0^t \frac{\sinh at(t-T)\sqrt{\Delta}}{\sqrt{\Delta}}f(x,T)\mathrm{d}T \tag{3.3.10}$$

（证明略）

注:1. 定理4（微分形式）设 $F[x]$ 为任意阶可微函数,则

$$\cosh at \sqrt{\Delta}[F(x)] = \sum_{k=0}^{\infty}\frac{(at)^{2k}}{(2k)!}\Delta^k[F(x)]$$

$$\frac{\sinh at \sqrt{\Delta}}{\sqrt{\Delta}}[F(x)] = \sum_{k=0}^{\infty}\frac{(at)^{2k+1}}{(2k+1)!}\Delta^k[F(x)]$$

2. 微分算子 $\cosh m\sqrt{\Delta}$ 及 $\dfrac{\sinh m\sqrt{\Delta}}{\sqrt{\Delta}}$ 对一些常见函数运算有下面几个重要结论:

1）（1）$\cosh m\sqrt{\Delta}[c]=c$　　　　（2）$\dfrac{\sinh m\sqrt{\Delta}}{\sqrt{\Delta}}[c]=mc\dfrac{\delta y}{\delta x}$

2）（1）$\cosh m\sqrt{\Delta}[\mathrm{e}^{\beta x}]=\mathrm{e}^{\beta x}\cosh m\beta$　　（2）$\dfrac{\sinh m\sqrt{\Delta}}{\sqrt{\Delta}}[\mathrm{e}^{\beta x}]=\mathrm{e}^{\beta x}\dfrac{\sinh m\beta}{\beta}$

3）（1）$\cosh m\sqrt{\Delta}[\mathrm{e}^{ix}]=\mathrm{e}^{ix}\cos m$　　（2）$\dfrac{\sinh m\sqrt{\Delta}}{\sqrt{\Delta}}[\mathrm{e}^{ix}]=\mathrm{e}^{ix}\sin m$

特别是 $\cosh m\sqrt{\Delta}[\sin x]=\sin x\cos m,\cosh m\sqrt{\Delta}[\cos x]=\cos x\cos m$

$$\frac{\sinh m\sqrt{\Delta}}{\sqrt{\Delta}}[\sin x]=\sin x\sin m,\ \frac{\sinh m\sqrt{\Delta}}{\sqrt{\Delta}}[\cos x]=\cos x\sin m$$

［例3.3.4］　解下列非齐次方程柯西问题

$$\begin{cases}\dfrac{\partial^2 u}{\partial t^2}=a^2\dfrac{\partial^2 u}{\partial x^2}+3xt^2 & (t>0,x\in R)\\[2mm]u(x,0)=\sin\pi x,\dfrac{\partial u}{\partial t}\bigg|_{t=0}=6x\end{cases}$$

解：$u(x,t) = \cosh at \sqrt{\Delta}(\sin\pi x) + \dfrac{1}{a}\dfrac{\sinh at \sqrt{\Delta}}{\sqrt{\Delta}}(6x) +$

$$\frac{1}{a}\int_0^t \frac{\sinh a(t-T)\sqrt{\Delta}}{\sqrt{\Delta}}(3xT^2)\mathrm{d}T$$

$$= \cos(a\pi t)\sin\pi x + \frac{1}{a}(6xat) + \frac{1}{a}\int_0^t a(t-T)(3xT^2)\mathrm{d}T$$

$$= \cos(a\pi t)\sin\pi x + 6xt + \frac{1}{4}xt^4$$

3.3.3 试探函数法

试探函数法,可以直接根据初值函数(多项式函数、三角函数、指数函数等)设解,然后利用简单的代数运算解决初值问题的求解。

情况1:初值函数为多项式函数

[例3.3.5] 求解下列问题

$$\begin{cases} u_{tt} = a^2(u_{xx} + u_{yy}) \\ u(x,y,2,0) = x^3 + 2xy^2, u_t(x,y,0) = 3xy \end{cases}$$

解:设 $u_1 = x^3 + 2xy^2 + g(\cdot)t^2, u_2 = 3xyt$

式中一个解是由初始位移函数生成的,一个解是由初始速度函数生成的。

将 u_1 代入方程,左 $= 2g(\cdot)$,右 $= a^2[6x + 4x + \Delta g(\cdot)t^2]$

令 $\begin{cases} \Delta g(\cdot) = 0 \\ 2g(\cdot) = 10a^2x \end{cases}$,有解 $g(\cdot) = 5a^2x$。

显然,$u_2 = 3xyt$ 是方程的解。所以原问题的解为

$$u(x,y,z,t) = x^3 + 2xy^2 + 5xa^2t^2 + 3xyt$$

[例3.3.6] 求解下列问题

$$\begin{cases} u_t = a^2(u_{xx} + u_{yy} + u_{zz}) \\ u(x,y,z,0) = x^3 + xy^2 - z^3 \end{cases}$$

解:设 $u_1 = x^3 + xy^2 - z^3 + g(\cdot)t$,代入方程,左 $= g(\cdot)$,右 $= a^2[6x + 2x - 6z + \Delta g(\cdot)t]$。

令 $\begin{cases} \Delta g(\cdot) = 0 \\ g(\cdot) = a^2(8x - 6z) \end{cases}$,有解 $g(\cdot) = (8x - 6z)a^2$。

所以解为 $u(x,y,z,t) = x^3 + xy^2 - z^3 + (8x - 6z)a^2t$。

[例3.3.7] 求解下列问题

$$\begin{cases} \dfrac{\partial u}{\partial t} = a^2\left(\dfrac{\partial^2 u}{\partial x^2} + \dfrac{\partial^2 u}{\partial y^2} + \dfrac{\partial^2 u}{\partial z^2}\right) + 6z \\ u(x,y,z,0) = x(x^2 - 2y^2z) \end{cases}$$

解:设 $u = x^3 - 2xy^2z + At$,代入方程,左 $= A$,右 $= a^2(6x - 4xz + \Delta At) + 6z$。令 $\begin{cases} \Delta A = 0 \\ A = a^2(6x - 4xz) + 6z \end{cases}$ 本式成立。

所以解为 $u = x^3 - 2xy^2z + a^2(6x - 4xz)t + 6zt$。

[例3.3.8] 求解下列问题

$$\begin{cases} \dfrac{\partial^2 u}{\partial t^2} = a^2\left(\dfrac{\partial^2 u}{\partial x^2} + \dfrac{\partial^2 u}{\partial y^2} + \dfrac{\partial^2 u}{\partial z^2}\right) \\ u(x,y,z,0) = x^3y + z^2, \dfrac{\partial u}{\partial t}\bigg|_{t=0} = (6y + z)z^2 \end{cases}$$

解:设 $u = x^3y + z^2 + At^2 + (6yz^2 + z^3)t + Bt^3$,代入方程,左 $= 2A + 6B$,右 $= a^2[(6xy + 2 + \Delta At^2) + (12y + 6z)t + \Delta Bt^3)]$。

令 $\begin{cases} \Delta A = 0 \\ 2A = a^2(6xy + 2) \end{cases}$,本式成立;令 $\begin{cases} \Delta B = 0 \\ 6B = a^2(12y + 6z) \end{cases}$,本式成立。

所以解为 $u = x^3y + z^2 + (3xy + 1)a^2t^2 + (6yz^2 + z^3)t + (2y + 1)a^2t^3$。

[例 3.3.9] 求解下列问题

$$\begin{cases} \dfrac{\partial^2 u}{\partial r^2} + \dfrac{1}{r}\dfrac{\partial u}{\partial r} + \dfrac{1}{r^2}\dfrac{\partial^2 u}{\partial \theta^2} = 0 \\ u\big|_{r=R} = 3R\sin\theta + 2R\cos3\theta \end{cases}$$

解:设 $u = Ar\sin\theta + Br^3\cos3\theta$,代入方程,

$$AR\sin\theta + BR^3\cos3\theta = 3R\sin\theta + 2R\cos3\theta$$

$$AR = 3R, BR^3 = 2R, A = 3, B = \frac{2}{R^2}。$$

所以,解为 $u(r,\theta) = 3r\sin\theta + \dfrac{2r^3}{R^2}\cos3\theta$。

注:1. Laplace 方程:$\dfrac{\partial^2 u}{\partial x^2} + \dfrac{\partial^2 u}{\partial y^2} = 0$(直角坐标)为解析函数 $f(z) = f(x + iy) = u(x,y) + iv(x,y)$ 的实部和虚部 $u(x,y),v(x,y)$。如 $z^3 = (x + iy)^3 = (x^3 - 3xy^2) + i(3x^2y - y^3)$ 的实部和虚部分别为 $x^3 - 3xy^2$ 和 $3x^2y - y^3$,它们都分别是 Laplace 方程 $\dfrac{\partial^2 u}{\partial x^2} + \dfrac{\partial^2 u}{\partial y^2} = 0$ 的一个解。

2. Laplace 方程:$\dfrac{\partial^2 u}{\partial r^2} + \dfrac{1}{r}\dfrac{\partial u}{\partial r} + \dfrac{1}{r^2}\dfrac{\partial^2 u}{\partial \theta^2} = 0$(极坐标)为解析函数 $f(z) = f(re^{i\theta}) = f(r\cos\theta + ir\sin\theta)$ 的实部和虚部,特别是多项式时的解析函数 $f(re^{i\theta})$,如 $z^n = (r\cos\theta + ir\sin\theta)^n = (r^n\cos n\theta) + i(r^n\sin n\theta)$ 的实部和虚部分别为 $r^n\cos n\theta$ 和 $r^n\sin n\theta$ 都是极坐标系下的一个解,解的一般形式为

$$A_0 + A_1 r\cos\theta + B_1 r\sin\theta + \cdots + A_n r^n\cos n\theta + B_n r^n\sin n\theta。$$

情况 2:初值函数为三角函数

[例 3.3.10] 求解下列问题

$$\begin{cases} u_{tt} = a^2 u_{xx} \\ u(x,0) = 2\sin3x, u_t(x,0) = 5\cos2x \end{cases}$$

解:设 $u_1 = A\cos3at\sin3x, u_2 = B\sin2at\cos2x$。

式中一个解是由初始位移函数生成的,一个解是由初始速度函数生成的。u_1 是方程的解,当 $t = 0$ 时,可得 $A = 2$。u_2 是方程的解,将条件代入方程

$$u_t(x,t)\big|_{t=0} = 2aB\cos2at\cos2x\big|_{t=0} = 2aB\cos2x = 5\cos2x$$

得 $B = \dfrac{5}{2a}$,所以原问题的解为

$$u(x,t) = 2\cos 3at\sin 3x + \frac{5}{2a}\sin 2at\cos 2x$$

[例3.3.11] 求解下列问题

$$\begin{cases} u_t = a^2 u_{xx} \\ u(x,0) = 2\sin 3\pi x \end{cases}$$

解:设 $u = 2e^{kt}\sin 3\pi x$,代入方程 $2ke^{kt}\sin 3\pi x = a^2 \times 2e^{kt}[-(3\pi)^2]\sin 3\pi x$,得 $k = -(3a\pi)^2$。原问题的解为 $u(x,t) = 2e^{-(3a\pi)^2 t}\sin 3\pi x$。

3.4 积 分 变 换

3.4.1 积分变换法举例

本节将通过几个例题来说明,怎样用傅里叶变换和拉普拉斯变换求解数学物理方程的一些定解问题。这些问题的解决,使我们从中学到用一种固定的步骤来求解相当广泛一类方程定解,并提高了解题能力。积分变换法的优点在于把原方程化为较简单的形式,便于求解,因而是一种行之有效的方法。在应用上,对于初值问题通常采用傅里叶变换(针对空间变量),而对于带有边界条件的定解问题,则采用拉普拉斯变换(针对空间变量)。

[例3.4.1] 求解下列问题的解:

$$\begin{cases} u_t = a^2 u_{xx} (t>0, -\infty < x < \infty) & (3.4.1) \\ u(x,0) = \varphi(x) & (3.4.2) \end{cases}$$

解:由上所述对于 x 应采用傅里叶变换。我们都能把方程(3.4.1)化为一个常微分方程。对 x 进行傅里叶变换,记

$$F[u(x,t)] = U(\lambda,t), F[\varphi(x)] = \Phi(\lambda)$$

方程(3.4.1)两边关于 x 取傅里叶变换,得

$$\frac{dU(\lambda,t)}{dt} = -a^2\lambda^2 U(\lambda,t) \tag{3.4.3}$$

它满足初始条件

$$U(\lambda,0) = \Phi(\lambda) \tag{3.4.4}$$

常微分方程的解 $U(\lambda,t) = C(\lambda)e^{-a^2\lambda^2 t}$。

代入初值方程(3.4.4),得解为

$$U(\lambda,t) = \Phi(\lambda)e^{-a^2\lambda^2 t} \tag{3.4.5}$$

对 $U(\lambda,\tau)$ 取傅里叶逆变换。由傅里叶变换表,得

$$F^{-1}[e^{-a^2\lambda^2 t}] = \frac{1}{2a\sqrt{\pi t}}e^{-\frac{x^2}{4a^2 t}}$$

对方程(3.4.5)两端取傅里叶逆变换,由卷积定理得

$$u(x,t) = F^{-1}[U(\lambda,t)] = F^{-1}[\Phi(\lambda)e^{-a^2\lambda^2 t}]$$

52

$$= F^{-1}[\Phi(\lambda)] * F^{-1}[e^{-a^2\lambda^2 t}] = \varphi(x) * \frac{1}{2a\sqrt{\pi t}} e^{-\frac{x^2}{4a^2 t}}$$

$$= \frac{1}{2a\sqrt{\pi t}} \int_{-\infty}^{\infty} \varphi(\xi) e^{-\frac{(x-\xi)^2}{4a^2 t}} d\xi$$

这样就得原定解问题的解。

[例 3.4.2] 试用傅里叶变换求解下列问题:

$$\begin{cases} u_{tt} = a^2 u_{xx}, (t>0, -\infty < x < \infty) & (3.4.6) \\ u(x,0) = \varphi(x), u_t(x,0) = \psi(x) & (3.4.7) \end{cases}$$

解:假设 $\lim\limits_{|x|\to\infty} u(x,t) = \lim\limits_{|x|\to\infty} u_x(x,t) = 0$,对 x 进行傅里叶变换,记

$$F[u(x,t)] = U(\lambda,t), F[\varphi(x)] = \Phi(\lambda), F[\psi(x)] = \Psi(\lambda)。$$

则得

$$\begin{cases} \dfrac{d^2 U(\lambda,t)}{dt^2} = -a^2\lambda^2 U(\lambda,t) & (3.4.8) \\ U(\lambda,0) = \Phi(\lambda), U_t(\lambda,0) = \Psi(\lambda) & (3.4.9) \end{cases}$$

问题方程(3.4.8)和方程(3.4.9)为带参数 λ 的常微分方程的初值问题,它的解为

$$U(\lambda,t) = \Phi(\lambda)\cos a\lambda t + \frac{\Psi(\lambda)}{a\lambda}\sin a\lambda t$$

对上式取傅里叶逆变换,得问题方程(3.4.8)和方程(3.4.9)的解为

$$u(x,t) = F^{-1}[U(\lambda,t)] = F^{-1}\left[\Phi(\lambda)\cos(a\lambda t) + \frac{\Psi(\lambda)}{a\lambda}\sin(a\lambda t)\right] \quad (3.4.10)$$

由于

$$F^{-1}[\cos a\lambda t] = \frac{1}{2}[\delta(x+at) + \delta(x-at)]$$

$$F^{-1}[\sin(a\lambda t)] = \frac{1}{2}[\delta(x+at) - \delta(x-at)]$$

因此,由卷积性质可得

$$F^{-1}[\Phi(\lambda)\cos(a\lambda t)] = \varphi(x) * \frac{1}{2}[\delta(x+at) + \delta(x-at)]$$

$$= \frac{1}{2}[\varphi(x+at) + \varphi(x-at)]$$

$$F^{-1}\left[\frac{\Psi(\lambda)}{a\lambda}\sin(a\lambda t)\right] = \frac{1}{2a}\int_{x-at}^{x+at}\psi(\xi)d\xi$$

将以上两式代入方程(3.4.10),得问题的解为

$$u(x,t) = \frac{1}{2}[\varphi(x+at) + \varphi(x-at)] + \frac{1}{2a}\int_{x-at}^{x+at}\psi(\xi)d\xi$$

[例 3.4.3] 求下列问题:

$$\begin{cases} u_{xx} + u_{xy} = 0 (y>0) \\ u\big|_{y=0} = g(x) \\ \lim\limits_{x^2+y^2\to\infty} u(x,y) = 0 \end{cases} \quad (3.4.11)$$

解:将方程(3.4.11)各式两端关于 x 分别作傅里叶变换,记

$$F[u(x,y)] = U(\lambda,y), F[g(x)] = G(\lambda)$$

则问题方程(3.4.11)化为

$$\begin{cases} \dfrac{\mathrm{d}^2 U}{\mathrm{d}y^2} - \lambda^2 U = 0 \\ U(\lambda,0) = G(\lambda) \\ \lim_{y \to \infty} U(\lambda,y) = 0 \end{cases} \qquad (3.4.12)$$

解:问题方程(3.4.12)得 $U(\lambda,y) = G(\lambda)\mathrm{e}^{-|\lambda|y}$。

对该式取傅里叶逆变换,由于 $F^{-1}[\mathrm{e}^{-|\lambda|y}] = \dfrac{1}{\pi}\dfrac{y}{x^2 + y^2}$,得解为

$$u(x,y) = \frac{y}{\pi}\int_{-\infty}^{\infty} \frac{g(\xi)}{(x - \xi)^2 + y^2}\mathrm{d}\xi$$

[例 3.4.4] 解混合问题:

$$\begin{cases} u_t = a^2 u_{xx} \quad (x > 0, t > 0) \\ u\big|_{t=0} = 0, u\big|_{x=0} = f(t) \\ |u(x,t)| < M \end{cases} \qquad (3.4.13)$$

解:由于 x 与 t 的变化范围都是 $(0, +\infty)$,初一看,好像对 x,对 t 都可以进行拉普拉斯变换,但由于方程中含有 u_{xx},而在 $x = 0$ 处只给出 $u(0,t)$ 的值,而 $u_x(0,t)$ 的值是不知道的,故不能对 x 进行拉普拉斯变换。对 t 进行拉普拉斯变换是可以的,因为方程中只有对 t 的一阶导数,且 $u(x,t)$ 在 $t = 0$ 时的值已给出。对 t 作拉普拉斯变换,记 $L[u(x,t)] = U(x,p), L[f(t)] = F(p)$。

则问题方程(3.4.13)化为

$$\begin{cases} a^2 U'' - pU = 0 \\ U(0,p) = F(p) \\ |U(x,p)| < \overline{M} \end{cases}$$

式中:$\overline{M}$ 为一个充分大的正数。方程的解为 $U(x,p) = c_1 \mathrm{e}^{-\frac{\sqrt{p}}{a}x} + c_2 \mathrm{e}^{\frac{\sqrt{p}}{a}x}$。

由条件知,$c_2 = 0, c_1 = F(p)$。于是 $U(x,p) = F(p)\mathrm{e}^{-\frac{\sqrt{p}}{a}x}$。

对上式作拉普拉斯逆变换,得

$$u(x,t) = L^{-1}[U(x,p)] = L^{-1}[F(p)\mathrm{e}^{-\frac{\sqrt{p}}{a}x}]$$

$$= f(t) * \frac{x}{2a\sqrt{\pi}t^{\frac{3}{2}}}\mathrm{e}^{-\frac{x^2}{4a^2 t}} = \frac{x}{2a\sqrt{\pi}}\int_0^t f(\tau)\frac{\mathrm{e}^{-\frac{x^2}{4a^2(t-\tau)}}}{(t-\tau)^{\frac{3}{2}}}\mathrm{d}\tau$$

[**例 3.4.5**] 求解半无界弦的自由振动问题

$$\begin{cases} u_{tt} = u_{xx} & (x>0, t>0) \\ u(x,o)=0, u_t(x,o)=0 \\ u(0,t)=f(t), \lim\limits_{x\to\infty} u(x,t)=0 \end{cases} \tag{3.4.14}$$

式中:$f(t)$ 为已知函数(满足拉普拉斯变换条件),且 $f(0)=0$。

解:对所给问题关于 t 作拉普拉斯变换,记

$$L[u(x,t)]=U(x,s), \quad L[f(t)]=F(s)$$

则原问题化为

$$\begin{cases} a^2 \dfrac{\mathrm{d}^2 U}{\mathrm{d}x^2} - s^2 U = 0 \\ U(0,s)=F(s), \lim\limits_{x\to\infty} U(x,s)=0 \end{cases} \tag{3.4.15}$$

问题方程(3.4.15)中方程的通解为 $U(x,s)=c_1 \mathrm{e}^{-\frac{s}{a}x}+c_2 \mathrm{e}^{\frac{s}{a}x}$。

由条件,得 $c_1=F(s), c_2=0$,从而得 $U(x,s)=F(s)\mathrm{e}^{-\frac{s}{a}x}$。

对上式作拉普拉斯逆变换,得

$$u(x,t)=L^{-1}[U(x,s)]=L^{-1}[F(s)\mathrm{e}^{-\frac{s}{a}x}]=\begin{cases} 0 & \left(t<\dfrac{x}{a}\right) \\ f\left(t-\dfrac{x}{a}\right) & \left(t>\dfrac{x}{a}\right) \end{cases}$$

[**例 3.4.6**] 解混合问题

$$\begin{cases} u_t = a^2 u_{xx} & (t>0, -\infty < x < \infty) \\ u(0,t)=u(1,t)=0 \\ u(x,0)=4\sin\pi x \end{cases} \tag{3.4.16}$$

解:对 t 作拉普拉斯变换,记

$L[u(x,t)]=U(x,s)$,则原问题可化为

$$\begin{cases} a^2 \dfrac{\mathrm{d}^2 U}{\mathrm{d}x^2} - sU = -4\sin\pi x \\ U(0,s)=U(1,s)=0 \end{cases}$$

此问题的解为:$U(x,s)=\dfrac{4\sin\pi x}{s+a^2\pi^2}$

取拉普拉斯逆变换,则问题方程(3.4.16)的解为

$$u(x,t)=L^{-1}\left[\frac{4\sin\pi x}{s+a^2\pi^2}\right]=\mathrm{Res}\left[\frac{4\mathrm{e}^{st}\sin\pi x}{s+a^2\pi^2}, -a^2\pi^2\right]$$

$$=4\mathrm{e}^{-a^2\pi^2 t}\sin\pi x$$

这个解与分离变量法所求得的解是完全一样的,但其运算过程比分离变量法更简便。

通过本章的学习,读者要掌握无界弦自由振动问题的达朗贝尔解法,了解达朗贝尔解

的物理意义(对特征线,依赖区间等概念不做要求),了解用积分变换法解定解问题的一般步骤。

<h1 style="text-align:center">习 题 三</h1>

1. 求解下列定解问题

（1）$\begin{cases} u_t = x^2 \\ u(x,0) = x^2 \end{cases}$ 　　　　　（2）$\begin{cases} u_t = au_x \\ u(x,0) = x^2 \end{cases}$

（3）$\begin{cases} u_x - 4u_y = 0 \\ u(x,0) = 8e^{-4x} \end{cases}$ 　　　　　（4）$\begin{cases} u_x + 2u_y = 0 \\ u(0,y) = 8e^{-2y} \end{cases}$

（5）$\begin{cases} u_x - 2u_y - u = 0 \\ u(x,0) = 3e^{-5x} + 2e^{-3x} \end{cases}$ 　　　　　（6）$\begin{cases} u_x + 3u_y = 0 \\ u(0,y) = 4\sin y \end{cases}$

2. （1）证明 $u(x,y) = xf(2x+y)$ 是方程 $xu_x - 2xu_y = u$ 的通解。

（2）求满足为 $u(1,y) = y^2$ 的特解。

3. 求解下列定解问题

（1）$\begin{cases} \dfrac{\partial^2 u}{\partial x \partial y} = 6x, \quad (x, y > 0) \\ u(x,0) = 1, \quad u(0,y) = 1 + y^2 \end{cases}$ 　　　　（2）$\begin{cases} \dfrac{\partial^2 u}{\partial x \partial y} = 6(x^2 - y) \\ u(x,0) = x, \quad u(1,y) = \cos y \end{cases}$

4. 用达朗贝尔公式解下列问题

（1）$\begin{cases} \dfrac{\partial^2 u}{\partial t^2} = a^2 \dfrac{\partial^2 u}{\partial x^2}, \quad (-\infty < x < +\infty, t > 0) \\ u(x,0) = x^2, \quad \dfrac{\partial u}{\partial t}\bigg|_{t=0} = \sin 2x \end{cases}$

（2）$\begin{cases} \dfrac{\partial^2 u}{\partial t^2} = 9 \dfrac{\partial^2 u}{\partial x^2}, \quad (-\infty < x < +\infty, t > 0) \\ u(x,0) = \sin 2x, \dfrac{\partial u}{\partial t}\bigg|_{t=0} = 6x^2 - 1 \end{cases}$

（3）$\begin{cases} \dfrac{\partial^2 u}{\partial t^2} = a^2 \dfrac{\partial^2 u}{\partial x^2}, \quad (-\infty < x < +\infty, t > 0) \\ u(x,0) = \cos 2x, \quad \dfrac{\partial u}{\partial t}\bigg|_{t=0} = 3\sin x \end{cases}$

（4）$\begin{cases} \dfrac{\partial^2 u}{\partial t^2} = a^2 \dfrac{\partial^2 u}{\partial x^2}, (-\infty < x < +\infty, t > 0) \\ u(x,0) = \sin x, \dfrac{\partial u}{\partial t}\bigg|_{t=0} = 3x \end{cases}$

5. 求解下列初值问题：

(1) $\begin{cases} u_{xx} - 3u_{xy} + 2u_{yy} = 0, (-\infty < x < +\infty, y > 0) \\ u(x,0) = e^{2x}, \dfrac{\partial u}{\partial y}\bigg|_{y=0} = e^{2x} \end{cases}$

(2) $\begin{cases} u_{xx} + 2u_{xy} - 3u_{yy} = 0, (-\infty < x < +\infty, y > 0) \\ u(x,0) = 3\sin 2x + 2\cos 3x, \dfrac{\partial u}{\partial y}\bigg|_{y=0} = 2\sin 3x + 6\cos 2x \end{cases}$

(3) $\begin{cases} u_{xx} + 2u_{xy} - 3u_{yy} = 0, (-\infty < x < +\infty, y > 0) \\ u(x,0) = 4x^2, \dfrac{\partial u}{\partial y}\bigg|_{y=0} = 4\sin 3x \end{cases}$

6*. 求解下列广义柯西问题：

$$\begin{cases} u_{xx} + 2\cos x u_{xy} - \sin^2 x u_{yy} - \sin x u_y = 0, (-\infty < x < +\infty, y > 0) \\ u(x,\sin x) = \varphi(x), \dfrac{\partial u}{\partial y}\bigg|_{y=\sin x} = \psi(x) \end{cases}$$

7. 求解三维波动方程的初值问题：

$$\begin{cases} u_{tt} = a^2(u_{xx} + u_{yy} + u_{zz}), (-\infty < x,y,z < +\infty, t > 0) \\ u\big|_{t=0} = x^3 + y^2 z, u_t\big|_{t=0} = 0 \end{cases}$$

8. 求解平面波动方程的初值问题

$$\begin{cases} u_{tt} = a^2(u_{xx} + u_{yy}), (-\infty < x,y < +\infty, t > 0) \\ u\big|_{t=0} = x^2(x+y), u_t\big|_{t=0} = 0 \end{cases}$$

9. 求解非齐次方程初值问题

(1) $\begin{cases} \dfrac{\partial^2 u}{\partial t^2} = a^2 \dfrac{\partial^2 u}{\partial x^2} + 3x, (-\infty < x < +\infty, t > 0) \\ u(x,0) = \cos x, \dfrac{\partial u}{\partial t}\bigg|_{t=0} = 0 \end{cases}$

(2) $\begin{cases} u_{tt} = u_{xx} + t\sin x, (-\infty < x < +\infty, t > 0) \\ u(x,0) = \cos x, u_t\big|_{t=0} = \sin x \end{cases}$

(3) $\begin{cases} u_{tt} = a^2 u_{xx} + 2xt, (-\infty < x < +\infty, t > 0) \\ u(x,0) = \sin x, u_t\big|_{t=0} = x \end{cases}$

10. 求解三维非齐次方程初值问题

$$\begin{cases} u_{tt} = u_{xx} + u_{yy} + u_{zz} + 2(y-t), (-\infty < x,y,z < +\infty, t > 0) \\ u\big|_{t=0} = x + z, u_t\big|_{t=0} = x^2 + yz \end{cases}$$

11*. 求解双曲型方程的古尔沙问题

(1) $\begin{cases} u_{tt} = u_{xx} \\ u\big|_{t+x=0} = \varphi(x), \varphi(0) = \psi(0) \\ u\big|_{t-x=0} = \psi(x) \end{cases}$
　(2) $\begin{cases} u_{xy} - u = 0 \\ u(x,0) = e^x, u(0,y) = e^y \end{cases}$

12*. 试证方程 $\frac{\partial}{\partial x}\left[\left(1-\frac{x}{h}\right)^2 \frac{\partial u}{\partial x}\right] = \frac{1}{a^2}\left(1-\frac{x}{h}\right)^2 \frac{\partial^2 u}{\partial t^2}$ 的通解可写成 $u(x,t) = \frac{f(x-at) + g(x+at)}{h-x}$，式中：$f$ 和 g 为任意二次连续微函数。

13. 用适当的方法解下列柯西问题：

（1）$\begin{cases} u_t = a^2 u_{xx} \\ u(x,0) = x + x^2 \end{cases}$

（2）$\begin{cases} u_t = a^2(u_{xx} + u_{yy} + u_{zz}) \\ u(x,y,z,0) = x(x^2 - yz^2) \end{cases}$

（3）$\begin{cases} u_t = a^2(u_{xx} + u_{yy}) + 6y \\ u(x,y,0) = x^3 - 2xy^2 \end{cases}$

（4）$\begin{cases} u_t = u_{xx} + u_{yy} + u_{zz} + 2xt \\ u(x,y,z,0) = x^2 - yz \end{cases}$

14. 用适当的方法解下列柯西问题：

（1）$\begin{cases} \dfrac{\partial^2 u}{\partial t^2} = a^2\left(\dfrac{\partial^2 u}{\partial x^2} + \dfrac{\partial^2 u}{\partial y^2}\right) \\ u\big|_{t=0} = x^2(x+3y) + y^2, \ \dfrac{\partial u}{\partial t}\Big|_{t=0} = 3xy \end{cases}$

（2）$\begin{cases} \dfrac{\partial^2 u}{\partial t^2} = a^2\left(\dfrac{\partial^2 u}{\partial x^2} + \dfrac{\partial^2 u}{\partial y^2} + \dfrac{\partial^2 u}{\partial z^2}\right) \\ u(x,y,z,0) = x^3 - 2yz^2, \ \dfrac{\partial u}{\partial t}\Big|_{t=0} = 6y^2 z \end{cases}$

（3）$\begin{cases} \dfrac{\partial^2 u}{\partial t^2} = a^2\left(\dfrac{\partial^2 u}{\partial x^2} + \dfrac{\partial^2 u}{\partial y^2} + \dfrac{\partial^2 u}{\partial z^2}\right) + 6y \\ u(x,y,z,0) = 3x - 2xy^2 z, \ \dfrac{\partial u}{\partial t}\Big|_{t=0} = 3yz \end{cases}$

15. 用试探函数法解下列问题：

（1）$\begin{cases} \dfrac{\partial^2 u}{\partial r^2} + \dfrac{1}{r}\dfrac{\partial u}{\partial r} + \dfrac{1}{r^2}\dfrac{\partial^2 u}{\partial \theta^2} = 0 \qquad (r < R) \\ \dfrac{\partial u}{\partial r}\Big|_{r=R} = R\cos\theta + 2R\sin\theta \end{cases}$

（2）$\begin{cases} \dfrac{\partial^2 u}{\partial r^2} + \dfrac{1}{r}\dfrac{\partial u}{\partial r} + \dfrac{1}{r^2}\dfrac{\partial^2 u}{\partial \theta^2} = 0 \qquad (r < R) \\ u\big|_{r=R} = R^2 \cos 2\theta \end{cases}$

（3）$\begin{cases} \dfrac{\partial^2 u}{\partial r^2} + \dfrac{1}{r}\dfrac{\partial u}{\partial r} + \dfrac{1}{r^2}\dfrac{\partial^2 u}{\partial \theta^2} = -8 \qquad (r < R) \\ u\big|_{r=R} = R^2 \end{cases}$

（4）$\begin{cases} \dfrac{\partial^2 u}{\partial x^2} + \dfrac{\partial^2 u}{\partial y^2} + \dfrac{\partial^2 u}{\partial z^2} = -6 \\ u\big|_{x^2 + y^2 + z^2 = a^2} = a^2 \end{cases}$

第四章　分离变量法

4.1　一阶问题的分离变量法

分离变量法是求解数学物理方程定解问题的极为重要的方法.本章将在延续行波解法的基础上由一阶问题的分离变量法,迅速过渡到二阶典型方程的混合问题上,以具体问题为例来揭示这种方法的基本要点与解题步骤.所举例子以能够说明要点与步骤为度,因此只列举少数几种类型定解问题的解法.但是,读者决不能只局限于所举的例子,应做适量的练习,将这种方法广泛应用于各种类型的定解,以求牢固地掌握分离变量法.

[例 4.1.1]　求下列问题的解:

$$\begin{cases} \dfrac{\partial u}{\partial x} = 4\,\dfrac{\partial u}{\partial y} & (4.1.1) \\[3mm] u(0,y) = 8\mathrm{e}^{-3y} & (4.1.2) \end{cases}$$

解:设问题有形式解 $u(x,y) = X(x)Y(y)$(此处 $X(x)$ 只是变量 x 的函数,$Y(y)$ 只是变量 y 的函数),代入方程(4.1.1),得

$$X'Y = 4XY', \quad \frac{X'}{4X} = \frac{Y'}{Y} = \lambda, \quad X(x) = k_1\mathrm{e}^{4\lambda x}, \quad Y(y) = k_2\mathrm{e}^{\lambda y}$$

形式解为 $u(x,y) = X(x)Y(y) = c\mathrm{e}^{\lambda(4x+y)}$,由条件方程(4.1.2)$u(0,y) = X(0)Y(y) = c\mathrm{e}^{\lambda y} = 8\mathrm{e}^{-3y}$,得 $c = 8, \lambda = -3$.所以原问题的解为 $u(x,y) = 8\mathrm{e}^{-3(4x+y)}$.

4.2　有界弦的自由振动

考察两端固定的弦的自由振动问题

$$\begin{cases} \dfrac{\partial^2 u}{\partial t^2} = a^2\,\dfrac{\partial^2 u}{\partial x^2} & (4.2.1) \\[3mm] u(0,t) = u(l,t) = 0 & (4.2.2) \\[3mm] u(x,0) = \varphi(x), \quad \dfrac{\partial u}{\partial t}\bigg|_{t=0} = \psi(x) & (4.2.3) \end{cases}$$

式中:$\varphi(x), \psi(x)$ 均为已知函数.为了说明分离变量法,我们将详细讨论上述问题的解法.

这个定解问题的特点是:方程(4.2.1)是线性齐次的,因此各个特解的和也是这个方程的解.如果我们能够找到方程(4.2.1)足够个数的特解,则可以利用它们的线性组合去求定解问题的解.

为了求定解问题方程(4.2.1)~方程(4.2.3),首先对物理模型进行考察.从物理

上知道,乐器发出的声音可以分解成各种不同频率的单音,每种单音振动时形成正弦曲线,其振幅依赖于时间 t,也就是说每个单音总可以表示成 $u(x,t) = c(t)\sin\lambda x$ 的形式,这种形式的特点是 $u(x,t)$ 是只含变量 x 的函数与只含变量 t 的函数之乘积,即它具有变量分离的形式.

试求方程(4.1.1)的非平凡(即不恒等于零)的解,使它满足齐次边界条件方程(4.2.2),而且可以表示成下列乘积

$$u(x,t) = X(x)T(t) \tag{4.2.4}$$

式中: $X(x)$ 为变量 x 的函数, $T(t)$ 为变量 t 的函数. 把假定的解(4.2.4)代入方程(4.2.1)得到 $XT'' = a^2 X''T$,除以 $a^2 XT$,即得

$$\frac{T''}{a^2 T} = \frac{X''}{X} \tag{4.2.5}$$

为使函数方程(4.2.4)成为方程(4.2.1)的解,方程(4.2.5)应该对于所有自变量值 $0 < x < l$, $t > 0$ 永远满足. 方程(4.2.5)左边只是变量 t 的函数,而右边只是 x 的函数,固定某一 x 的值而变化 t 的值(或反之),我们就知道方程(4.2.5)的左右两边当它的自变量变化时保持常数值,记此常数为 $-\lambda$,就得到两个常微分方程

$$T''(t) + \lambda a^2 T(t) = 0 \tag{4.2.6}$$

$$X''(x) + \lambda X(x) = 0 \tag{4.2.7}$$

式中: λ 前取负号是为了后面计算上的方便,这里并没有对 λ 本身的符号作任何假定. 我们可以通过求解这两个常微分方程来决定 $T(t)$ 及 $X(x)$,从而得到方程(4.2.1)的特解方程(4.2.4),为了使此解是满足齐次边界条件方程(4.2.2)的非平凡解,则函数 $X(x)$ 应满足附加条件

$$X(0) = 0, \quad X(l) = 0 \tag{4.2.8}$$

否则,将有 $T(t) \equiv 0$,从而 $u(x,t) \equiv 0$,这种解显然不是我们所求的.

如此,为了求函数 $X(x)$,就需要解下列常微分方程的边值问题

$$\begin{cases} X''(x) + \lambda X(x) = 0 \\ X(0) = X(l) = 0 \end{cases} \tag{4.2.9}$$

若对于 λ 的某些值,问题方程(4.2.9)的非平凡解存在,则称这种 λ 值为固有值(或特征值);同时,称相应的非平凡解 $X(x)$ 为固有函数(或特征函数). 这样的问题,通常称为施图姆—刘维尔(Sturm-Liouville)问题.

下面对 λ 分三种情况进行讨论:

(1) 当 $\lambda < 0$ 时,问题方程(4.2.9)没有非平凡解. 事实上,由常微分方程知,此时方程的通解为 $X(x) = Ae^{\sqrt{-\lambda}x} + Be^{-\sqrt{-\lambda}x}$. 由问题方程(4.2.9)中的边界条件得

$$\begin{cases} A + B = 0 \\ Ae^{\sqrt{-\lambda}l} + Be^{-\sqrt{-\lambda}l} = 0 \end{cases}$$

可解得 $A = B = 0$,所以 $\lambda < 0$ 时 $X(x) \equiv 0$.

(2) 当 $\lambda = 0$ 时,问题方程(4.2.9)也没有非平凡解. 实际上,在这种情形下方程的通

解为 $X(x) = Ax + B$，由边界条件易得 $A = B = 0$，因而只有恒等于零的解.

（3）当 $\lambda > 0$ 时，方程的通解形式为 $X(x) = A\cos\sqrt{\lambda}x + B\sin\sqrt{\lambda}x$，由边界条件得

$$\begin{cases} X(0) = A = 0 \\ X(l) = B\sin\sqrt{\lambda}l = 0 \end{cases}$$

假设 $X(x)$ 不恒等于零，且 $B \neq 0$，因此 $\sin\sqrt{\lambda}l = 0$，于是得

$$\lambda = \lambda_n = \left(\frac{n\pi}{l}\right)^2 \quad (n = 1,2,3,\cdots) \tag{4.2.10}$$

这样就找到了一族非零解

$$X_n(x) = B_n\sin\frac{n\pi x}{l} \quad (n = 1,2,3,\cdots) \tag{4.2.11}$$

称函数方程(4.2.11)为问题方程(4.2.9)的固有函数，而 $\lambda_n = \left(\frac{n\pi}{l}\right)^2$ 为固有值.

将固有值 $\lambda_n = \left(\frac{n\pi}{l}\right)^2$ 代入方程(4.2.6)中，可得其通解

$$T_n(x) = C_n\cos\frac{n\pi at}{l} + D_n\sin\frac{n\pi at}{l} \quad (n = 1,2,3,\cdots) \tag{4.2.12}$$

这样，就得到方程(4.2.1)的满足齐次边界条件方程(4.2.2)的下列变量分离的解

$$u_n(x,t) = X_n(x)T_n(t) = \left(a_n\cos\frac{n\pi at}{l} + b_n\sin\frac{n\pi at}{l}\right)\sin\frac{n\pi x}{l} \quad (n = 1,2,3,\cdots) \tag{4.2.13}$$

式中：$a_n = B_n C_n$，$b_n = B_n D_n$ 为任意常数.

由于初值条件方程(4.2.3)中的 $\varphi(x)$，$\psi(x)$ 是任意给定的，一般说来，解函数方程(4.2.13)中的任意一个不满足给定的初始条件. 由于方程(4.2.1)是线性齐次的，由叠加原理知，级数

$$u(x,t) = \sum_{n=1}^{+\infty}\left(a_n\cos\frac{n\pi at}{l} + b_n\sin\frac{n\pi at}{l}\right)\sin\frac{n\pi x}{l} \tag{4.2.14}$$

仍是方程(4.2.1)的解，并且同时满足边界条件方程(4.2.2). 现在问当 a_n，b_n 满足什么条件时，函数方程(4.2.14)也能满足初始条件方程(4.2.3)？为此，函数方程(4.2.14)满足初始条件方程(4.2.3)，有

$$\sum_{n=1}^{+\infty} a_n\sin\frac{n\pi x}{l} = \varphi(x), \quad \sum_{n=1}^{+\infty} b_n\frac{n\pi a}{l}\sin\frac{n\pi x}{l} = \psi(x)$$

因为 $\varphi(x)$，$\psi(x)$ 为定义在 $[0,l]$ 上的函数，所以 a_n 为 $\varphi(x)$ 的傅里叶正弦展开式的系数，$b_n\frac{n\pi a}{l}$ 为 $\psi(x)$ 的傅里叶正弦级数展开式的系数，也就是

$$\begin{cases} a_n = \dfrac{2}{l}\displaystyle\int_0^l \varphi(x)\sin\frac{n\pi x}{l}\mathrm{d}x \\ b_n = \dfrac{2}{n\pi a}\displaystyle\int_0^l \psi(x)\sin\frac{n\pi x}{l}\mathrm{d}x \end{cases} \tag{4.2.15}$$

将系数方程(4.2.15)所确定的 a_n, b_n 代入函数方程(4.2.14),即得混合问题方程(4.2.1)~方程(4.2.3)的解,这个方法就称为分离变量法.

可以证明:当 $\varphi(x)$ 有三阶连续导数,$\psi(x)$ 有二阶连续导数,并且 $\varphi(0) = \varphi(l) = \varphi''(0) = \varphi''(l) = \psi(0) = \psi(l) = 0$ 时,则定解问题方程(4.2.1)~方程(4.2.3)的解是存在的,它可以由函数方程(4.2.14)给出,式中 a_n, b_n 由系数方程(4.2.15)给定.

定解问题方程(4.2.1)~方程(4.2.3)的级数解(4.2.14)有明显的物理意义,我们作如下说明,为此取级数方程(4.2.14)的一般项,并作如下变形

$$u_n(x,t) = \left(a_n \cos \frac{n\pi at}{l} + b_n \sin \frac{n\pi at}{l} \right) \sin \frac{n\pi x}{l}$$

$$= N_n \sin(\omega_n t + \theta_n) \sin \frac{n\pi x}{l} \qquad (4.2.16)$$

式中:$N_n = \sqrt{a_n^2 + b_n^2}$,$\theta_n = \arctan \dfrac{a_n}{b_n}$,$\omega_n = \dfrac{n\pi a}{l}$;$\theta_n$ 称为初相,ω_n 称为频率. 研究函数方程(4.2.16)物理意义的方法是,先固定时间 t,看一看在这时刻振动波呈什么形状,而后再固定弦上一点,看一看该点的振动规律.

当 $t = t_0$ 时,有 $u_n(x, t_0) = N_n' \sin \dfrac{n\pi x}{l}$,式中 $N_n' = N_n \sin(\omega_n t_0 + \theta_n)$ 为一个定值,说明了在任一时刻的波形都是一条正弦曲线,其振幅与时刻 t_0 有关.

当 $x = x_0$ 时有 $u_n(x_0, t) = N_n'' \sin(\omega_n t + \theta_n)$,式中:$N_n'' = N_n \sin \dfrac{n\pi x_0}{l}$ 为一个定值,该式说明弦上每一点 x_0 是在作简谐振动,其振幅为 $\left| N_n \sin \dfrac{n\pi x_0}{l} \right|$,频率为 $\omega_n = \dfrac{n\pi a}{l}$,初相为 θ_n. 若取另外一个点,情况也一样,只是振幅不同而已.

由上述知,$u_n(x,t)$ 为这样一个振动波,在考察的弦上各点以同样的频率作简谐振动,各点和初相也相同,其振幅跟点的位置有关,此振动波在任意时刻的外形是一条正弦曲线.

当 $x = \dfrac{ml}{n} (m = 0, 1, 2, \cdots, n)$ 时,$u_n(x,t) = 0$,表明这些点在整个过程中始终保持不动,这样的点在物理上称为 u_n 的节点. 说明了 $u_n(x,t)$ 的振动是在 $[0, l]$ 上的分段振动,人们把这种包含节点的振动波称为驻波. 而在另外的一些点 $x_k = \dfrac{(2k-1)l}{2n}$ $(k = 1, 2, \cdots, n)$ 处驻波的振幅达到最大,这样的点称为腹点.

[例 4.2.1] 求下列定解问题的解:

$$\begin{cases} \dfrac{\partial^2 u}{\partial t^2} = a^2 \dfrac{\partial^2 u}{\partial x^2} & (0 < x < 1, t > 0) \\ u(0,t) = u(1,t) = 0 \\ u(x,0) = \sin 2\pi x, \quad \left. \dfrac{\partial u}{\partial t} \right|_{t=0} = x(1-x) \end{cases}$$

解:由函数方程(4.2.14)知,该定解问题的解为

$$u(x,t) = \sum_{n=1}^{+\infty} (a_n\cos(an\pi t) + b_n\sin(an\pi t))\sin(n\pi x)$$

式中
$$\begin{cases} a_n = 2\displaystyle\int_0^1 \sin 2\pi x\sin(n\pi x)\,\mathrm{d}x = \begin{cases} 0 & n\neq 2 \\ 1 & n=2 \end{cases} \\[3mm] b_n = \dfrac{2}{n\pi a}\displaystyle\int_0^1 x(1-x)\sin(n\pi x)\,\mathrm{d}x = \dfrac{4[1-(-1)^n]}{(n\pi)^4 a} \end{cases}$$

因此,所求定解问题的解为

$$u(x,t) = \cos(2\pi at)\sin(2\pi x) + \sum_{n=1}^{\infty} \frac{4[1-(-1)^n]}{(n\pi)^4 a}\sin(n\pi at)\sin(n\pi x)$$

[例 4.2.2] 求下列问题:

$$\begin{cases} \dfrac{\partial^2 u}{\partial t^2} = a^2\dfrac{\partial^2 u}{\partial x^2} & (0<x<l,t>0) \\[3mm] u(0,t)=0, \quad u_x(l,t)=0 \\[3mm] u(x,0)=x^2-2lx, \quad \dfrac{\partial u}{\partial t}\Big|_{t=0} = 3\sin\dfrac{3\pi x}{2l} \end{cases}$$

解:由于这个问题的边界条件与方程(4.2.2)不同,因此不能应用函数方程(4.2.14),对于这个问题应用分离变量法,令 $u(x,t)=X(x)T(t)$,代入方程分离变量得两个常微分方程

$$T''(t)+\lambda a^2 T(t)=0, \quad X''(x)+\lambda X(x)=0$$

由边界条件易得 $X(0)=0,X'(l)=0$,这样就要求边值问题

$$\begin{cases} X''(x)+\lambda X(x)=0 \\ X(0)=0,X'(l)=0 \end{cases} \quad \text{的非零解}.$$

重复前面的讨论,得上述固有值问题的固有值为

$$\lambda_n = \frac{(2n+1)^2\pi^2}{4l^2}(n=0,1,2,\cdots).$$

而相应的固有函数是

$$X_n(x) = B_n\sin\frac{(2n+1)\pi x}{2l}(n=0,1,2,\cdots)$$

将固有值代入另一个常微分方程,得它的通解为

$$T_n(x) = C_n\cos\frac{(2n+1)\pi at}{2l} + D_n\sin\frac{(2n+1)\pi at}{2l}$$

于是所求定解问题的解可表示为

$$u(x,t) = \sum_{n=1}^{+\infty}\left(a_n\cos\frac{(2n+1)\pi at}{2l} + b_n\sin\frac{(2n+1)\pi at}{2l}\right)\sin\frac{(2n+1)\pi x}{2l}$$

利用初始条件,得

$$\begin{cases} a_n = \dfrac{2}{l}\displaystyle\int_0^1 (x^2 - 2lx)\sin\dfrac{(2n+1)\pi x}{2l}\mathrm{d}x = \dfrac{-32l^2}{(2n+1)^3\pi^3} \\[4mm] b_n = \dfrac{4}{(2n+1)\pi a}\displaystyle\int_0^1 3\sin\dfrac{3\pi x}{2l}\sin\dfrac{(2n+1)\pi x}{2l}\mathrm{d}x = \begin{cases} 0 & (n \neq 1) \\[2mm] \dfrac{2l}{\pi a} & (n = 1) \end{cases} \end{cases}$$

于是,得所求问题的解为

$$u(x,t) = \frac{2l}{\pi a}\sin\frac{3\pi a t}{2l}\sin\frac{3\pi x}{2l} + \sum_{n=0}^{\infty}\frac{-32l^2}{(2n+1)^3\pi^3}\cos\frac{(2n+1)\pi a t}{2l}\sin\frac{(2n+1)\pi x}{2l}$$

4.3　有限长杆的热传导问题

以波动方程为背景的驻波法在数学上的特点是:用单元函数乘积形式的特解,通过叠加构成所求定解问题的解,这种方法与波动现象的物理本质无关,对于相当广泛的某些类型的偏微分方程能奏效,本节将用这种方法解决一维热传导问题.

对于齐次热传导方程的混合问题,如果边界条件均则是第一类齐次的,由于求解步骤及相关的固有值问题与方程(4.2.9)相同,因此只给出主要过程,而不作详细讨论.

考虑定解问题的解:

$$\begin{cases} \dfrac{\partial u}{\partial t} = a^2\dfrac{\partial^2 u}{\partial x^2} & (0 < x < l, t > 0) & \text{(4.3.1)} \\[3mm] u(0,t) - u(l,t) - 0 & & \text{(4.3.2)} \\[2mm] u(x,0) = \varphi(x) & & \text{(4.3.3)} \end{cases}$$

式中:$\varphi(x)$ 为给定的已知函数.

设 $u(x,t) = X(x)T(t)$,代入方程分离变量. 得下面两个常微分方程

$$T'(t) + \lambda a^2 T(t) = 0 \quad 及 \quad X''(x) + \lambda X(x) = 0$$

由边界条件得 $X(0) = 0, \quad X(l) = 0$

因此固有值问题: $\begin{cases} X''(x) + \lambda X(x) = 0 \\ X(0) = X(l) = 0 \end{cases}$

由上节讨论知:$\lambda = \lambda_n = \left(\dfrac{n\pi}{l}\right)^2 \quad (n = 1,2,3,\cdots)$,固有函数 $X_n(x) = \sin\dfrac{n\pi x}{l} \quad (n = 1,2,\cdots)$,将 $\lambda = \lambda_n = \left(\dfrac{n\pi}{l}\right)^2$ 代入另一个常微分方程,求得它的通解

$$T_n(t) = C_n \mathrm{e}^{-\left(\frac{an\pi}{l}\right)^2 t} \quad (n = 1,2,3,\cdots)$$

于是问题方程(4.3.1)~方程(4.3.3)的解可以表示为

$$u(x,t) = \sum_{n=1}^{+\infty} C_n \mathrm{e}^{-\left(\frac{an\pi}{l}\right)^2 t}\sin\frac{n\pi x}{l} \tag{4.3.4}$$

式中:
$$C_n = \frac{2}{l} \int_0^l \varphi(x) \sin \frac{n\pi x}{l} \mathrm{d}x \tag{4.3.5}$$

若边界条件之一或两个为第二类齐次的或第三类齐次的,这种定解问题的解法也与上节类似,不同的只是固有值问题与固有函数会有所不同. 下面考虑杆的两端 $x=0, x=l$ 处绝热、初始温度分布为 $\varphi(x)$,并且无热源的在有限长杆上的热传导问题,它归结为求解

$$\begin{cases} \dfrac{\partial u}{\partial t} = a^2 \dfrac{\partial^2 u}{\partial x^2} & (0 < x < l, t > 0) & (4.3.6) \\[2mm] u_x(0,t) = u_x(l,t) = 0 & & (4.3.7) \\[2mm] u(x,0) = \varphi(x) & & (4.3.8) \end{cases}$$

式中:$\varphi(x)$ 为已知函数.

按分离变量法,令 $u(x,t) = X(x)T(t)$ $\qquad\qquad\qquad\qquad$ (4.3.9)

并将函数方程(4.3.9)代入原方程,分离变量可得

$$T'(t) + \lambda a^2 T(t) = 0 \quad \text{及} \quad X''(x) + \lambda X(x) = 0$$

再由边界条件,得 $X'(0) = 0, \quad X'(l) = 0$.

于是得常微分方程的固有值问题:$\begin{cases} X''(x) + \lambda X(x) = 0 \\ X'(0) = X'(l) = 0 \end{cases}$.

现在讨论 λ 取什么值时问题才有非零解? 首先,我们需要考虑 $\lambda < 0$、$\lambda = 0$ 和 $\lambda > 0$ 三种情形.

当 $\lambda < 0$ 时,方程的通解为 $X(x) = A\mathrm{e}^{\sqrt{-\lambda}x} + B\mathrm{e}^{-\sqrt{-\lambda}x}$

由此可得 $\qquad\qquad X'(x) = A\sqrt{-\lambda}\,\mathrm{e}^{\sqrt{-\lambda}x} - B\sqrt{-\lambda}\,\mathrm{e}^{-\sqrt{-\lambda}x}$

由边界条件得 $\begin{cases} X'(0) = \sqrt{-\lambda}(A - B) = 0 \\ X'(l) = \sqrt{-\lambda}(A\mathrm{e}^{\sqrt{-\lambda}l} - B\mathrm{e}^{-\sqrt{-\lambda}l}) = 0 \end{cases}$

由此得 $A = B = 0$,因而 $X(x) \equiv 0$,即当 $\lambda < 0$ 时问题没有非零解.

当 $\lambda = 0$ 时,方程的通解为 $X(x) = Ax + B$,由边界条件可得 $X(x) \equiv B$(常数).

当 $\lambda > 0$ 时,方程的通解为 $X(x) = A\cos\sqrt{\lambda}x + B\sin\sqrt{\lambda}x$,经讨论可得固有值为 $\lambda = \lambda_n = \left(\dfrac{n\pi}{l}\right)^2$ $(n = 1,2,3,\cdots)$,相应的固有函数为 $X_n(x) = \cos\dfrac{n\pi x}{l}$ $(n = 1,2,3,\cdots)$,将 $\lambda = \lambda_n = \left(\dfrac{n\pi}{l}\right)^2$ 代入另一个常微分方程得它的通解

$$T_n(t) = D_n \mathrm{e}^{-\left(\frac{an\pi}{l}\right)^2 t} \quad (n = 1,2,3,\cdots)$$

由于问题中方程和边界条件都是线性齐次的,由叠加原理,知函数

$$u(x,t) = \frac{1}{2}a_0 + \sum_{n=1}^{+\infty} a_n \mathrm{e}^{-\left(\frac{an\pi}{l}\right)^2 t} \cos\frac{n\pi x}{l} \tag{4.3.10}$$

仍满足方程与边界条件,再应用初始条件得

$$a_n = \frac{2}{l} \int_0^l \varphi(x) \cos\frac{n\pi x}{l} \mathrm{d}x \quad (n = 0,1,2,\cdots) \tag{4.3.11}$$

这样,定解问题方程(4.3.6)的解由级数方程(4.3.10)给出,其中系数 a_n 由方程(4.3.11)确定.

[**例4.3.1**] 求问题 $\begin{cases} \dfrac{\partial u}{\partial t} = a^2 \dfrac{\partial^2 u}{\partial x^2} & (0 < x < l, t > 0) \\ u_x(0,t) = u_x(l,t) = 0 \\ u(x,0) = x \end{cases}$ 的解.

解:由方程(4.3.11)得 $a_0 = \dfrac{2}{l} \int_0^l x \mathrm{d}x = l$

$$a_n = \frac{2}{l} \int_0^l x \cos \frac{n\pi x}{l} \mathrm{d}x = \frac{2l}{n^2 \pi^2} [(-1)^n - 1] \ (n \neq 0)$$

代入方程(4.3.10),得所求问题的解为

$$u(x,t) = \frac{l}{2} + \sum_{n=1}^{+\infty} \frac{2l}{n^2 \pi^2} [(-1)^n - 1] \mathrm{e}^{-(\frac{an\pi}{l})^2 t} \cos \frac{n\pi x}{l}$$

4.4　二维拉普拉斯方程的边值问题

对于某些特殊区域上的拉普拉斯方程边值问题,也可以用分离变量法来求解. 现举例说明如下:

4.4.1　矩形域上拉普拉斯的边值问题

考察一矩形薄板稳恒状态时的温度分布问题. 设薄板上下两面绝热,板的两面($x = 0, x = a$)始终保持零度,另外两边($y = 0, y = b$)的温度分别为 $f(x)$ 和 $g(x)$. 求板内稳恒状态下的温度分布规律.

用 $u(x,y)$ 来表示板上点 (x,y) 处的温度,由第一章知道稳恒状态下的温度应满足拉普拉斯方程,因而求出 $u(x,y)$ 来,即解下列定解问题

$$\begin{cases} u_{xx} + u_{yy} = 0 & (0 < x < a, 0 < y < b) & (4.4.1) \\ u(0,y) = u(a,y) = 0 & & (4.4.2) \\ u(x,0) = f(x), \quad u(x,b) = g(x) & & (4.4.3) \end{cases}$$

解:应用分离变量法,设

$$u(x,y) = X(x) \cdot Y(y) \tag{4.4.4}$$

将函数方程(4.4.4)代入方程(4.4.1),分离变量得

$$\frac{X''(x)}{X(x)} = -\frac{Y''(y)}{Y(y)} = -\lambda$$

式中:λ 为常数. 由此得到两个常微分方程

$$X''(x) + \lambda X(x) = 0, \quad Y''(y) - \lambda Y(y) = 0 \tag{4.4.5}$$

由边界条件方程(4.4.2)得 $X(0) = X(a) = 0$,这样就必须满足边值问题

$$\begin{cases} X''(x) + \lambda X(x) = 0 \\ X(0) = X(a) = 0 \end{cases} \tag{4.4.6}$$

边值问题方程(4.4.6)是固有值问题,由第二节的结果知道问题的固有值及固有函数为

$\lambda = \lambda_n = \left(\dfrac{n\pi}{a}\right)^2$, $X_n(x) = \sin\dfrac{n\pi x}{a}$ $(n = 1,2,\cdots)$,将 $\lambda = \lambda_n = \left(\dfrac{n\pi}{a}\right)^2$ 代入另一个常微分方

程(4.4.5),求得它的通解为

$$Y_n(y) = c_n e^{\frac{n\pi}{a}y} + d_n e^{-\frac{n\pi}{a}y} \quad (n = 1,2,3,\cdots)$$

这样就得到方程(4.4.1)满足边界条件方程(4.4.2)的一系列特解

$$u_n(x,y) = (c_n e^{\frac{n\pi}{a}y} + d_n e^{-\frac{n\pi}{a}y})\sin\frac{n\pi x}{a} \quad (n = 1,2,3,\cdots)$$

由于方程(4.4.1)和边界条件方程(4.4.2)都是线性齐次的,因而函数

$$u(x,y) = \sum_{n=1}^{\infty}(c_n e^{\frac{n\pi}{a}y} + d_n e^{-\frac{n\pi}{a}y})\sin\frac{n\pi x}{a} \tag{4.4.7}$$

仍然满足它们,应用边界条件方程(4.4.3)和傅里叶系数公式得

$$\begin{cases} c_n + d_n = \dfrac{2}{a}\displaystyle\int_0^a f(x)\sin\dfrac{n\pi x}{a}\mathrm{d}x\,(n = 1,2,3,\cdots) \\ c_n e^{\frac{n\pi b}{a}} + d_n e^{-\frac{n\pi b}{a}} = \dfrac{2}{a}\displaystyle\int_0^a g(x)\sin\dfrac{n\pi x}{a}\mathrm{d}x \end{cases} \tag{4.4.8}$$

由上式得出 c_n, d_n 并代入方程(4.4.7),即得问题方程(4.4.1)~方程(4.4.3)的解.

4.4.2　圆域上拉普拉斯方程的边值问题

考察一半径为 r_0 的圆形薄板稳恒状态下的温度分布问题,板的上下两面绝热,圆周边界上的温度已知为 $f(\theta)(0 \leqslant \theta \leqslant 2\pi)$,且 $f(0) = f(2\pi)$,试求稳恒状态下温度分布规律.

由于稳恒状态下温度满足拉普拉斯方程,并且区域是圆形的,为了应用分离变量法,拉普拉斯方程采用极坐标形式将是很方便的,用 $u(r,\theta)$ 来表示圆形板内 (r,θ) 点处的温度,则所述问题可以表示成下列定解问题:

$$\begin{cases} \dfrac{\partial^2 u}{\partial r^2} + \dfrac{1}{r}\dfrac{\partial u}{\partial r} + \dfrac{1}{r^2}\dfrac{\partial^2 u}{\partial \theta^2} = 0 \quad (0 < r < r_0) & (4.4.9) \\[2mm] u|_{r=r_0} = f(\theta) & (4.4.10) \end{cases}$$

设方程(4.4.9)的解为 $u(r,\theta) = R(r)\cdot\Phi(\theta)$,代入方程得 $R''\Phi + \dfrac{1}{r}R'\Phi + \dfrac{1}{r^2}R\Phi'' = 0$. 分

离变量,令其比值为常数 λ,得 $\dfrac{r^2R'' + rR'}{R} = -\dfrac{\Phi''}{\Phi} = \lambda$. 由此可得两个常微分方程 $r^2R'' + rR' -$

$\lambda R = 0$, $\Phi'' + \lambda\Phi = 0$.

由于温度函数 $u(r,\theta)$ 是单值的,所以当 θ 从 θ 变到 $\theta + 2\pi$ 时,$u(r,\theta + 2\pi) = u(r,\theta)$ 成立,由此得 $\Phi(\theta + 2\pi) = \Phi(\theta)$,同时根据问题的物理意义,圆内各点处的温度应该是有界的,因而 $|u(0,\theta)| < +\infty$ 成立,由此知 $R(r)$ 应该满足 $|R(0)| < +\infty$.

这样,就得到两个常微分方程的定解问题:

$$\begin{cases} \Phi'' + \lambda \Phi = 0 \\ \Phi(\theta + 2\pi) = \Phi(\theta) \end{cases} \qquad (4.4.11)$$

与
$$\begin{cases} r^2 R'' + rR' - \lambda R = 0 \\ |R(0)| < +\infty \end{cases} \qquad (4.4.12)$$

我们先从问题方程(4.4.11)入手,对 λ 讨论如下:

当 $\lambda < 0$ 时,方程的通解为 $\Phi(\theta) = Ae^{\sqrt{-\lambda}\theta} + Be^{-\sqrt{-\lambda}\theta}$,式中 A 与 B 为任意常数,由于这样的函数不满足周期性条件,因此 λ 不能取负值.

当 $\lambda = 0$ 时,方程的通解为 $\Phi_0(\theta) = A_0\theta + B_0$,这里 A_0 与 B_0 为任意常数.只有当 $A_0 = 0$ 时,函数 Φ_0 才能满足周期性条件,因此,当 $\lambda = 0$ 时,问题方程(4.4.11)的解为 $\Phi_0(\theta) = B_0$.

当 $\lambda = 0$ 时,代入问题方程(4.4.12)中,得它的通解为 $R_0(r) = C_0\ln r + D_0$.式中:C_0 与 D_0 为任意常数,只有当 $C_0 = 0$ 时,函数 R_0 才能满足有界性条件,因此,当 $\lambda = 0$ 时,问题方程(4.4.12)的解为 $R_0(r) = D_0$.

这样一来,我们就得到方程(4.4.9)的一个解 $u_0(r,\theta) = B_0 D_0 = \frac{1}{2}a_0$,当 $\lambda > 0$ 时,问题方程(4.4.11)中的通解为 $\Phi(\theta) = A\cos\sqrt{\lambda}\theta + B\sin\sqrt{\lambda}\theta$,式中:$A$ 与 B 为任意常数.由于 $\Phi(\theta)$ 应是以 2π 为周期的周期函数,所以有 $\lambda = n^2$ （$n = 1,2,3,\cdots$）,于是可以将上面的解表示成 $\Phi_n(\theta) = A_n\cos(n\theta) + B_n\sin(n\theta)$,将 $\lambda = n^2$ （$n = 1,2,3,\cdots$）代入问题方程(4.4.12)中,得到欧拉方程 $r^2 R'' + rR' - n^2 R = 0$.它的通解为 $R_n(r) = C_n r^n + D_n r^{-n}$.为了保证 $|R(0)| < +\infty$,只好取 $D_n = 0$ （$n = 1,2,3,\cdots$）,所以 $R_n(r) = C_n r^n$.这样,当 $\lambda = n^2$ 时,得到方程(4.4.9)的一系列特解

$$u_n(r,\theta) = (a_n\cos(n\theta) + b_n\sin(n\theta))r^n \qquad (n = 1,2,3,\cdots)$$

式中:$a_n = A_n C_n, b_n = B_n C_n$.

由于方程(4.4.9)是线性齐次方程,利用叠加原理,就可得到它的满足单值性与有界性的级数解为

$$u(r,\theta) = \frac{1}{2}a_0 + \sum_{n=1}^{\infty} (a_n\cos(n\theta) + b_n\sin(n\theta))r^n \qquad (4.4.13)$$

为了确定系数 a_n 和 b_n,由边界条件得

$$u(r_0,\theta) = \frac{1}{2}a_0 + \sum_{n=1}^{\infty} (a_n\cos(n\theta) + b_n\sin(n\theta))r_0^n = f(\theta)$$

由傅里叶级数理论,知

$$\begin{cases} a_n = \frac{1}{\pi r_0^n}\int_0^{2\pi} f(\varphi)\cos(n\varphi)\,\mathrm{d}\varphi & (n = 0,1,2,\cdots) \\ \\ b_n = \frac{1}{\pi r_0^n}\int_0^{2\pi} f(\varphi)\sin(n\varphi)\,\mathrm{d}\varphi & (n = 1,2,3,\cdots) \end{cases} \qquad (4.4.14)$$

这样定解问题方程(4.4.9)和方程(4.4.10)的解由级数方程(4.4.13)给出,式中系数 a_n 和 b_n 由方程(4.4.14)确定. 将 a_n 及 b_n 代入级数方程(4.4.13),经过化简后,得

$$u(r,\theta) = \frac{1}{\pi}\int_0^{2\pi}\Big[\frac{1}{2} + \sum_{n=1}^{\infty}\Big(\frac{r}{r_0}\Big)^n\cos n(\theta-\varphi)\Big]f(\varphi)\mathrm{d}\varphi \quad (r < r_0)$$

作下面的恒等变换

$$\frac{1}{2} + \sum_{n=1}^{\infty}k^n\cos n(\theta-\varphi) = \frac{1}{2} + \frac{1}{2}\sum_{n=1}^{\infty}k^n\big[\mathrm{e}^{\mathrm{i}n(\theta-\varphi)} + \mathrm{e}^{-\mathrm{i}n(\theta-\varphi)}\big]$$

$$= \frac{1}{2}\Big\{1 + \frac{k\mathrm{e}^{\mathrm{i}(\theta-\varphi)}}{1-k\mathrm{e}^{\mathrm{i}(\theta-\varphi)}} + \frac{k\mathrm{e}^{-\mathrm{i}(\theta-\varphi)}}{1-k\mathrm{e}^{-\mathrm{i}(\theta-\varphi)}}\Big\}$$

$$= \frac{1}{2}\cdot\frac{1-k^2}{1+k^2-2k\cos(\theta-\varphi)} \quad (\mid k\mid < 1)$$

则问题方程(4.4.9)~方程(4.4.10)的解 $u(r,\theta)$ 可用积分表示为

$$u(r,\theta) = \frac{1}{2\pi}\int f(\varphi)\frac{r_0^2-r^2}{r_0^2+r^2-2r_0r\cos(\theta-\varphi)}\mathrm{d}\varphi \quad (r < r_0)$$

这个公式称为圆域内的泊松公式.

[例 4.4.1] 求下列问题的解

$$\begin{cases} \Delta u(r,\theta) = 0 \quad (0\leqslant r < R) \\ u(R,\theta) = \theta\sin\theta \end{cases}$$

解:利用方程(4.4.14),得 $a_0 = \frac{1}{\pi}\int_0^{2\pi}\theta\sin\theta\mathrm{d}\theta = -2$.

当 $n\neq 1$ 时 $\quad a_n = \frac{1}{\pi R^n}\int_0^{2\pi}\theta\sin\theta\cos(n\theta)\mathrm{d}\theta = \frac{1}{R^n}\cdot\frac{2}{n^2-1}$

$$a_1 = \frac{1}{\pi R}\int_0^{2\pi}\theta\sin\theta\cos\theta\mathrm{d}\theta = -\frac{1}{2R}$$

当 $n\neq 1$ 时, $b_n = \frac{1}{\pi R^n}\int_0^{2\pi}\theta\sin\theta\sin(n\theta)\mathrm{d}\theta = 0$

$$b_1 = \frac{1}{\pi R}\int_0^{2\pi}\theta\sin^2\theta\mathrm{d}\theta = \frac{\pi}{R}$$

代入级数方程(4.4.13)即得所求问题的解

$$u(r,\theta) = -1 - \frac{r}{2R}\cos\theta + \frac{\pi r}{R}\sin\theta + \sum_{n=2}^{\infty}\frac{2}{n^2-1}\Big(\frac{r}{R}\Big)^n\cos(n\theta)$$

[例 4.4.2] 求下列问题的解:

$$\begin{cases} \dfrac{\partial^2 u}{\partial r^2} + \dfrac{1}{r}\dfrac{\partial u}{\partial r} + \dfrac{1}{r^2}\dfrac{\partial^2 u}{\partial\theta^2} = 0 \quad (0 < r < r_0) \\ u\mid_{r=r_0} = A\sin(2\theta) \end{cases}$$

解:利用方程(4.1.14)并注意三角函数系的正交性,得

$$a_n = 0 (n = 0, 1, 2, \cdots), b_n = 0 (n \neq 2), b_2 = \frac{A}{r_0^2}$$

代入级数方程(4.4.13)即得所求问题的解 $u(r, \theta) = \frac{Ar^2}{r_0^2} \sin(2\theta)$.

[例 4.4.3]　用试探法求解更为简单. 函数 $r^2 \sin(2\theta)$ 是调和函数,因此函数 $C_1 r^2 \sin(2\theta) + C_2$ 也是调和函数,式中 C_1 和 C_2 为两个任意常数. 这样不妨设所求函数的解为 $u(r, \theta) = C_1 r^2 \sin 2\theta + C_2$,这个函数如上所述是满足方程的. 为了使它同时满足边界条件,我们看一看 C_1 和 C_2 应取何值,由边界条件 $u(r_0, \theta) = C_1 r_0^2 \sin(2\theta) + C_2 = A \sin(2\theta)$ 可知,显然 $C_1 r_0^2 = A$,即 $C_1 = \frac{A}{r_0^2}$,而 $C_2 = 0$,于是所列问题的解为

$$u(r, \theta) = \frac{Ar^2}{r_0^2} \sin(2\theta)$$

4.5　非齐次方程的求解问题

前面各节我们讨论了齐次方程定解问题以及其解法,本节将讲解非齐次方程的定解问题,并介绍一种常用的解法:固有函数法. 我们将以几种类型定解问题的解法为例,来说明这种解法的要点和解题步骤.

4.5.1　有界弦的强迫振动问题

首先讨论齐次边界条件与零初始条件的强迫振动问题

$$\begin{cases} \dfrac{\partial^2 u}{\partial t^2} = a^2 \dfrac{\partial^2 u}{\partial x^2} + f(x, t) & (0 < x < l, t > 0) & (4.5.1) \\[3mm] u(0, t) = u(l, t) = 0 & & (4.5.2) \\[3mm] u(x, 0) = 0, \quad \dfrac{\partial u}{\partial t}\bigg|_{t=0} = 0 & & (4.5.3) \end{cases}$$

上述问题,可采用类似于线性非齐次常微分方程所用的参数变易法,并保持如下的设想,即这个定解问题的解可分解为无穷多个驻波的叠加,而每个驻波的波形仍然是由该振动体的固有函数所决定. 由第一节知道,与方程(4.5.1)相应的齐次方程满足齐次边界条件方程(4.5.2)的固有函数系为 $\left\{ \sin \dfrac{n\pi x}{l} \right\}$,

第一步:设所求的解为

$$u(x, t) = \sum_{n=1}^{+\infty} u_n(t) \sin \frac{n\pi x}{l} \tag{4.5.4}$$

式中: $u_n(t)$ 为 t 的待定函数.

第二步:将方程中的自由项 $f(x, t)$ 也按上述固有函数系展成傅里叶级数:

$$f(x, t) = \sum_{n=1}^{+\infty} f_n(t) \sin \frac{n\pi x}{l} \tag{4.5.5}$$

式中：
$$f_n(t) = \frac{2}{l}\int_0^l f(x,t)\sin\frac{n\pi x}{l}\mathrm{d}x (n = 1,2,3,\cdots) \tag{4.5.6}$$

将方程(4.5.4)与级数方程(4.5.5)代入方程(4.5.1)中,得到

$$\sum_{n=1}^{+\infty}\left[u''_n(t) + \left(\frac{n\pi a}{l}\right)^2 u_n(t) - f_n(t)\right]\sin\frac{n\pi x}{l} = 0$$

由此得
$$u''_n(t) + \left(\frac{n\pi a}{l}\right)^2 u_n(t) = f_n(t) \quad (n = 1,2,3,\cdots)$$

由初始条件方程(4.5.3),得 $u_n(0) = u'_n(t) = 0$,于是得常微分方程的初值问题

$$\begin{cases} u''_n(t) + \left(\frac{n\pi a}{l}\right)^2 u_n(t) = f_n(t) \\ u_n(0) = u'_n(0) = 0 \end{cases} \tag{4.5.7}$$

应用常微分方程中的方法,得问题方程(4.5.7)的解为

$$u_n(t) = \frac{l}{n\pi a}\int_0^t f_n(\tau)\sin\frac{n\pi a(t-\tau)}{l}\mathrm{d}\tau \quad (n = 1,2,\cdots) \tag{4.5.8}$$

将函数方程(4.5.8)代入级数方程(4.5.4)即得定解问题方程(4.5.1)~方程(4.5.3)的解.

[**例 4.5.1**]　求解下列问题:

$$\begin{cases} \dfrac{\partial^2 u}{\partial t^2} = a^2\dfrac{\partial^2 u}{\partial x^2} + A\sin(\omega t)\cos\dfrac{\pi x}{l} \\ u(0,t) = u(l,t) = 0 \\ u(x,0) = 0, \dfrac{\partial u}{\partial t}\bigg|_{t=0} = 0 \end{cases}$$

式中:A,ω 均为常数.

解:容易求出与方程相应的齐次方程满足齐次边界条件的固有函数系为 $\left\{\cos\dfrac{n\pi x}{l}\right\}$.

因此,设方程的解为 $u(x,t) = \sum_{n=1}^{+\infty}u_n(t)\cos\dfrac{n\pi x}{l}$,将它代入所给泛定方程,得

$$\sum_{n=1}^{+\infty}\left[u''_n(t) + \left(\frac{n\pi a}{l}\right)^2 u_n(t)\right]\cos\frac{n\pi x}{l} = A\sin\omega t\cos\frac{\pi x}{l}$$

于是,得 $u''_1(t) + \left(\dfrac{\pi a}{l}\right)^2 u_1(t) = A\sin(\omega t)$,$u''_n(t) + \left(\dfrac{n\pi a}{l}\right)^2 u_n(t) = 0(n \neq 1)$,由初始条件得 $u_n(0) = u'_n(t) = 0$,显然,当 $n \neq 1$ 时,$u_n(t) = 0$,当 $n = 1$ 时,由函数方程(4.5.8)得

$$u_1(t) = \frac{l}{\pi a}\int_0^t A\sin(\omega\tau)\sin\frac{\pi a(t-\tau)}{l}\mathrm{d}\tau$$

$$= \frac{Al}{\pi a}\frac{1}{\omega^2 - \left(\dfrac{\pi a}{l}\right)^2}\left(\omega\sin\frac{\pi at}{l} - \frac{\pi a}{l}\sin\omega t\right)$$

故所求的解为

$$u(x,t) = \frac{Al}{\pi a} \frac{1}{\omega^2 - \left(\frac{\pi a}{l}\right)^2} \left(\omega \sin \frac{\pi at}{l} - \frac{\pi a}{l} \sin(\omega t)\right) \cos \frac{\pi x}{l}$$

其次,考察下列问题

$$\begin{cases} \dfrac{\partial^2 u}{\partial t^2} = a^2 \dfrac{\partial^2 u}{\partial x^2} + f(x,t) \\ u(0,t) = u(l,t) = 0 \\ u(x,0) = \varphi(x), \quad \dfrac{\partial u}{\partial t}\Big|_{t=0} = \psi(x) \end{cases} \tag{4.5.9}$$

此时弦的振动是由两部干扰引起的,其一是外界的强迫力,其二是弦所处初始状态. 由物理意义知,这种振动可以看作是仅由强迫力引起的振动和仅由初始状态引起的振动的合成. 于是,可以设问题方程(4.5.9)的解为

$$u(x,t) = v(x,t) + w(x,t)$$

式中 $v(x,t)$ 表示仅由强迫力引起的弦振动的移位,它满足

$$\begin{cases} \dfrac{\partial^2 v}{\partial t^2} = a^2 \dfrac{\partial^2 v}{\partial x^2} + f(x,t) \\ v(0,t) = v(l,t) = 0 \\ v(x,0) = 0, \quad \dfrac{\partial v}{\partial t}\Big|_{t=0} = 0 \end{cases} \tag{4.5.10}$$

而 $w(x,t)$ 则表示仅由初始状态引起的弦振动的移位,它满足

$$\begin{cases} \dfrac{\partial^2 w}{\partial t^2} = a^2 \dfrac{\partial^2 w}{\partial x^2} \\ w(0,t) = w(l,t) = 0 \\ w(x,0) = \varphi(x), \quad \dfrac{\partial w}{\partial t}\Big|_{t=0} = \psi(x) \end{cases} \tag{4.5.11}$$

函数方程(4.5.8)正是本节所讨论的问题,而问题方程(4.5.11)在第一节中已圆满解决,一旦求出问题方程(4.5.10)和问题方程(4.5.11)的解,将它们相加即得问题方程(4.5.9)的解.

4.5.2 有限长杆的热传导问题(有热源)

首先考察齐次的边界条件和零初始条件的情况,以两端温度保持零为例. 问题归结为

$$\begin{cases} u_t = a^2 u_{xx} + f(x,t) \quad (0 < x < l, t > 0) & (4.5.12) \\ u(0,t) = u(l,t) = 0 & (4.5.13) \\ u(x,0) = 0 & (4.5.14) \end{cases}$$

用固有函数法来求这个定解问题的解. 由第二节知道,与方程(4.5.12)相应的齐次方程满足齐次边界条件方程(4.5.13)的固有函数系为 $\left\{\sin \dfrac{n\pi x}{l}\right\}$,因而

第一步:将定解问题的解 $u(x,t)$ 关于 x 按上述固有函数系展开为傅里叶级数,得

$$u(x,t) = \sum_{n=1}^{+\infty} u_n(t) \sin \frac{n\pi x}{l} \tag{4.5.15}$$

第二步:将自由项 $f(x,t)$ 也按此函数系展开为傅里叶级数,得

$$f(x,t) = \sum_{n=1}^{+\infty} f_n(t) \sin \frac{n\pi x}{l} \tag{4.5.16}$$

式中: $\qquad f_n(t) = \frac{2}{l} \int_0^l f(x,t) \sin \frac{n\pi x}{l} \mathrm{d}x (n = 1,2,3,\cdots) \tag{4.5.17}$

把级数方程(4.5.15)与级数方程(4.5.16)代入方程(4.5.12),得

$$\sum_{n=1}^{+\infty} \left[u'_n(t) + \left(\frac{n\pi a}{l}\right)^2 u_n(t) - f_n(t) \right] \sin \frac{n\pi x}{l} = 0$$

于是,有 $u'_n(t) + \left(\frac{n\pi a}{l}\right)^2 u_n(t) = f_n(t)$,由初始条件方程(4.5.14)得 $u_n(0) = 0$,这样得一常微分方程的初值问题

$$\begin{cases} u'_n(t) + \left(\dfrac{n\pi a}{l}\right)^2 u_n(t) = f_n(t) \\ u_n(0) = 0 \end{cases} \tag{4.5.18}$$

对于这个问题可用拉普拉斯变换求解,得

$$u_n(t) = \int_0^t f_n(\tau) \mathrm{e}^{-\left(\frac{n\pi a}{l}\right)^2 (t-\tau)} \mathrm{d}\tau \tag{4.5.19}$$

将函数方程(4.5.19)代入级数方程(4.5.15)即得问题方程(4.5.12)~方程(4.5.14)的解.

[例 4.5.2] 求解

$$\begin{cases} u_t = a^2 u_{xx} + A \\ u(0,t) = 0, \quad u_x(l,t) = 0 \\ u(x,0) = 0 \end{cases} \tag{4.5.20}$$

式中: A 为常数.

解:易得相应问题的固有函数系为 $\left\{ \sin \dfrac{(2n-1)\pi x}{2l} \right\}$,因此,设所求的解为

$$u(x,t) = \sum_{n=1}^{+\infty} u_n(t) \sin \frac{(2n-1)\pi x}{2l} \tag{4.5.21}$$

并将 A 展成如下形式的傅里叶级数:

$$A = \sum_{n=1}^{+\infty} A_n \sin \frac{(2n-1)\pi x}{2l} \tag{4.5.22}$$

式中: $A_n = \dfrac{2}{l} \int_0^l A \sin \dfrac{(2n-1)\pi x}{2l} \mathrm{d}x = \dfrac{4A}{(2n-1)\pi}$,将级数方程(4.5.21)和级数方程(4.5.22)代入问题方程(4.5.20)中,可得到

$$u'_n(t) + \left[\frac{(2n-1)\pi a}{l}\right]^2 u_n(t) = \frac{4A}{(2n-1)\pi} \tag{4.5.23}$$

由初始条件,得

$$u_n(0) = 0 \quad (n = 1, 2, 3, \cdots) \tag{4.5.24}$$

应用拉普拉斯变换,得初值问题方程(4.5.23)和方程(4.5.24)的解为

$$u_n(t) = \frac{4A}{(2n-1)\pi} \int_0^t e^{-\left[\frac{(2n-1)\pi a}{2l}\right]^2 (t-\tau)} \mathrm{d}\tau = \frac{16Al^2}{(2n-1)^3 \pi^3 a^2} \left\{ 1 - e^{-\left[\frac{(2n-1)\pi a}{2l}\right]^2 t} \right\}$$

将所求的代入级数方程(4.5.21),得问题方程(4.5.20)的解为

$$u(x,t) = \sum_{n=1}^{+\infty} \frac{16Al^2}{(2n-1)^3 \pi^3 a^2} \left\{ 1 - e^{-\left[\frac{(2n-1)\pi a}{2l}\right]^2 t} \right\} \sin\frac{(2n-1)\pi x}{2l}$$

其次,考察下列问题:

$$\begin{cases} u_t = a^2 u_{xx} + f(x,t) \\ u(0,t) = u(l,t) = 0 \\ u(x,0) = \varphi(x) \end{cases} \tag{4.5.25}$$

这个问题可分解为下面两个问题. 为此,令 $u(x,t) = v(x,t) + w(x,t)$,式中:$v(x,t)$ 满足

$$\begin{cases} v_t = a^2 v_{xx} + f(x,t) \\ v(0,t) = v(l,t) = 0 \\ v(x,0) = 0 \end{cases}$$

而 $w(x,t)$ 满足

$$\begin{cases} w_t = a^2 w_{xx} \\ w(0,t) = w(l,t) = 0 \\ w(x,0) = \varphi(x) \end{cases}$$

这两个问题是已经熟悉的问题,它们的解法及解的表示式,在本节及第二节已分别给出.

4.5.3 泊松方程

非齐次拉普拉斯方程的边值问题也可以用固有函数法来求解,仅举一例以说明求解这类问题的要点与步骤.

[例4.5.3] 在以圆点为中心以 1 为半径的圆内,试求泊松方程 $u_{xx} + u_{yy} = -2x$ 的解,使它满足边界条件 $u|_{x^2+y^2+1} = 0$.

解:由于区域是圆域,采用极坐标比较方便. 令 $x = r\cos\theta$,$y = r\sin\theta$,并记 $v(r,\theta) = u(r\cos\theta, r\sin\theta)$,则问题归结为

$$\begin{cases} \dfrac{\partial^2 v}{\partial r^2} + \dfrac{1}{r}\dfrac{\partial v}{\partial r} + \dfrac{1}{r^2}\dfrac{\partial^2 v}{\partial \theta^2} = -2r\cos\theta \quad (0 < r < 1) \tag{4.5.26} \\[2mm] v|_{r=1} = 0 \tag{4.5.27} \end{cases}$$

由第三节中的讨论可知,方程(4.5.26)相应的齐次方程满足单值性条件的固有函数系为

74

$$1, \cos\theta, \sin\theta, \cos(2\theta), \sin(2\theta), \cdots, \cos(n\theta), \sin(n\theta), \cdots$$

由固有函数法,可设方程(4.5.26)的解为

$$v(r,\theta) = \sum_{n=0}^{\infty} \left[a_n(r)\cos(n\theta) + b_n(r)\sin(n\theta) \right] \tag{4.5.28}$$

代入方程(4.5.26),得

$$\sum_{n=0}^{\infty} \left[\left(a''_n + \frac{1}{r}a'_n + \frac{1}{r^2}a_n \right)\cos(n\theta) + \left(b''_n + \frac{1}{r}b'_n + \frac{1}{r^2}b_n \right)\sin(n\theta) \right] = -2r\cos\theta$$

比较两端关于 $\cos(n\theta), \sin(n\theta)$ 的系数,得

$$\begin{cases} a''_1 + \dfrac{1}{r}a'_1 + \dfrac{1}{r^2}a_1 = -2r & (4.5.29) \\[2mm] a''_n + \dfrac{1}{r}a'_n + \dfrac{1}{r^2}a_n = 0 \quad (n \neq 1) & (4.5.30) \\[2mm] b''_n + \dfrac{1}{r}b'_n + \dfrac{1}{r^2}b_n = 0 & (4.5.31) \end{cases}$$

由边界条件,得

$$a_n(1) = 0, \quad b_n(1) = 0 \tag{4.5.32}$$

再根据函数的有界性,得

$$|a_n(0)| < +\infty, \quad |b_n(0)| < +\infty \tag{4.5.33}$$

方程(4.5.30)及方程(4.5.31)为欧拉方程,它们的通解分别为

$$a_n(r) = A_n r^n + B_n r^{-n}, \quad b_n(r) = \overline{A}_n r^n + \overline{B}_n r^{-n}$$

由条件方程(4.5.33)得 $B_n = \overline{B}_n = 0$,再由条件方程(4.5.32)推出 $A_n = \overline{A}_n = 0$,因此,$a_n(r) = 0(n \neq 1)$,$b_n(r) = 0$,方程(4.5.29)的通解为

$$a_1(r) = c_1 r + c_2 r^{-1} - \frac{1}{4}r^3$$

由条件方程(4.5.33)得 $c_2 = 0$,再由条件方程(4.5.32)得 $c_1 = \dfrac{1}{4}$,因此 $a_1(r) = \dfrac{1}{4}r - \dfrac{1}{4}r^3$,并将其代入级数方程(4.5.28)中,则得定解问题方程(4.5.26)～方程(4.5.27)的解为 $v(r,\theta) = \dfrac{1}{4}(1-r^2)r\cos\theta$,化成直角坐标,则得

$$u(x,y) = \frac{1}{4}x\left[1 - (x^2+y^2) \right]$$

如果知道泊松方程的一个特解 w^* 则通过函数代换 $v = w + w^*$ 就可将泊松方程化成拉普拉斯方程,这对于求解泊松方程的边值问题将是方便的. 显然,方程(4.5.26)有一个特解 $w^* = -\dfrac{1}{4}r^3\cos\theta$,令 $v(r,\theta) = w(r,\theta) - \dfrac{1}{4}r^3\cos\theta$,则问题方程(4.5.26)和方程

(4.5.27)化为

$$\begin{cases} \dfrac{\partial^2 w}{\partial r^2} + \dfrac{1}{r}\dfrac{\partial w}{\partial r} + \dfrac{1}{r^2}\dfrac{\partial^2 w}{\partial \theta^2} = 0 \\[2mm] w\big|_{r=1} = \dfrac{1}{4}\cos\theta \end{cases}$$

可设这个问题的解为 $w(r,\theta) = A\cos\theta + B$，这个函数满足方程是显然的，为了使它也满足边界条件，则要求解 $w(1,\theta) = A\cos\theta + B = \dfrac{1}{4}\cos\theta$，由此可得 $A = \dfrac{1}{4}, B = 0$. 所以 $w(r,\theta) = \dfrac{1}{4}r\cos\theta$. 于是函数

$$v(r,\theta) = w(r,\theta) - \frac{1}{4}r^3\cos\theta = \frac{1}{4}(1 - r^2)r\cos\theta$$

就是边值问题方程(4.5.26)和方程(4.5.27)的解.

4.6　具有非齐次边界条件的问题

本节讨论带有非齐次边界条件的定解问题的求解方法. 处理这类问题的基本原则是: 不论方程是齐次的还是非齐次的，选取一个辅助函数令 $w(x,t)$ 通过函数之间的代换

$$u(x,t) = v(x,t) + w(x,t)$$

对于新的未知函数 $v(x,t)$ 而言，边界条件为齐次的，以下列问题为例，说明选取代换的方法

考察定解问题

$$\begin{cases} \dfrac{\partial^2 u}{\partial t^2} = a^2\dfrac{\partial^2 u}{\partial x^2} + f(x,t) & (0 < x < l, t > 0) & (4.6.1) \\[2mm] u(0,t) = \mu_1(t), \quad u(l,t) = \mu_2(t) & & (4.6.2) \\[2mm] u(x,0) = \varphi(x), \quad \dfrac{\partial u}{\partial t}\bigg|_{t=0} = \psi(x) & & (4.6.3) \end{cases}$$

设法作一代换将边界条件化成为齐次的，为此令

$$u(x,t) = v(x,t) + w(x,t) \tag{4.6.4}$$

并选取辅助函数 $w(x,t)$，使新的未知函数 $v(x,t)$ 满足齐次边界条件，即

$$v(0,t) = 0, v(l,t) = 0 \tag{4.6.5}$$

由边界条件方程(4.6.2)及方程(4.6.4)很容易看出，要使边界条件方程(4.6.5)成立，只要

$$w(0,t) = \mu_1(t), w(l,t) = \mu_2(t) \tag{4.6.6}$$

可满足上述两个条件的函数 $w(x,t)$ 是很多的，为了以后计算方便起见，通常取 $w(x,t)$ 为 x 的一次式，即设 $w(x,t) = A(t)x + B(t)$，由条件方程(4.6.6)确定 $A(t), B(t)$ 得

$$A(t) = \frac{1}{l}\big[\mu_2(t) - \mu_1(t)\big], B(t) = \mu_1(t)$$

于是求得 $w(x,t) = \dfrac{x}{l}[\mu_2(t) - \mu_1(t)] + \mu_1(t)$. 因此,令

$$u(x,t) = v(x,t) + \frac{x}{l}[\mu_2(t) - \mu_1(t)] + \mu_1(t) \tag{4.6.7}$$

则问题方程(4.6.1)~方程(4.6.3)即可化成如下的定解问题

$$\begin{cases} \dfrac{\partial^2 v}{\partial t^2} = a^2 \dfrac{\partial^2 v}{\partial x^2} + f_1(x,t) & (0 < x < l, t > 0) \\[2mm] v(0,t) = 0, \quad v(l,t) = 0 \\[2mm] v(x,0) = \varphi_1(x), \quad \dfrac{\partial v}{\partial t}\bigg|_{t=0} = \psi_1(x) \end{cases} \tag{4.6.8}$$

式中

$$\begin{cases} f_1(x,t) = f(x,t) - \dfrac{x}{l}[\mu_2''(t) - \mu_1''(t)] + \mu_1''(t) \\[2mm] \varphi_1(x) = \varphi(x) - \dfrac{x}{l}[\mu_2(0) - \mu_1(0)] + \mu_1(0) \\[2mm] \psi_1(x) = \psi(x) - \dfrac{x}{l}[\mu_2'(0) - \mu_1'(0)] + \mu_1'(0) \end{cases}$$

问题方程(4.6.8)的求解方法,在第四节中已经讨论过. 这个问题的解一旦求出,将它代入函数方程(4.6.7)中即得原定解问题方程(4.6.1)~方程(4.6.3)的解.

若边界条件不是第一类的,要把边界条件化成为齐次的,可采用类似的方法. 我们就下列几种非齐次边界条件的情况,分别给出相应的 $w(x,t)$ 的一种表达式.

(1) $u(0,t) = \mu_1(t), \quad u_x(l,t) = \mu_2(t), \quad w(x,t) = \mu_2(t)x + \mu_1(t)$

(2) $u_x(0,t) = \mu_1(t), \quad u(l,t) = \mu_2(t), \quad w(x,t) = \mu_1(t)x + \mu_2(t) - l\mu_1(t)$

(3) $u_x(0,t) = \mu_1(t), \quad u_x(l,t) = \mu_2(t), \quad w(x,t) = \dfrac{\mu_2(t) - \mu_1(t)}{2l}x^2 + \mu_1(t)x$

上面通过引进辅助函数 $w(x,t)$ 把边界条件化成为齐次的方法,不仅适用于波动方程,而且也可以适用于热传导方程.

[**例 4.6.1**] 求解问题

$$\begin{cases} u_t = a^2 u_{xx} & (0 < x < l, t > 0) \\ u(0,t) = t, \quad u(l,t) = 0 \\ u(x,0) = 0 \end{cases} \tag{4.6.9}$$

解:由前面的讨论应选取辅助函数 $w(x,t) = -\dfrac{t}{l}x + t$,令 $u(x,t) = v(x,t) - \dfrac{t}{l}x + t$,则问题方程(4.6.9)化成

$$\begin{cases} v_t = a^2 v_{xx} + \dfrac{x}{l} - 1 & (0 < x < l, t > 0) \\ v(0,t) = 0, \quad v(l,t) = 0 \\ v(x,0) = 0 \end{cases} \tag{4.6.10}$$

应用固有函数法求问题方程(4.6.10)的解. 令

$$v(x,t) = \sum_{n=1}^{+\infty} v_n(t)\sin\frac{n\pi x}{l} \tag{4.6.11}$$

式中：$v_n(t)$ 由函数(4.5.19)给出，即 $v_n(t) = \int_0^t f_n(\tau)e^{-\left(\frac{n\pi a}{l}\right)^2(t-\tau)}d\tau$ 而式中 $f_n(t) = \frac{2}{l}\int_0^l\left(\frac{x}{l}-1\right)\sin\frac{n\pi x}{l}dx = -\frac{2}{n\pi}$，将 $f_n(t) = -\frac{2}{n\pi}$ 代入该式，得

$$v_n(t) = \frac{2l^2}{(n\pi)^3 a^2}\left[e^{-\left(\frac{n\pi a}{l}\right)^2 t} - 1\right] \tag{4.6.12}$$

把函数方程(4.6.12)代入函数方程(4.6.11)，得

$$v(x,t) = \sum_{n=1}^{\infty}\frac{2l^2}{(n\pi)^3 a^2}\left[e^{-\left(\frac{n\pi a}{l}\right)^2 t} - 1\right]\sin\frac{n\pi x}{l}$$

因此，原问题方程(4.6.9)的解为

$$u(x,t) = t\left(1-\frac{x}{l}\right) + \sum_{n=1}^{\infty}\frac{2l^2}{(n\pi)^3 a^2}\left[e^{-\left(\frac{n\pi a}{l}\right)^2 t} - 1\right]\sin\frac{n\pi x}{l}$$

特别值得注意的是，对于给定的定解问题，如果方程中的自由项 f 和边界条件中的 μ_1 及 μ_2 都与自变量 t 无关，在这种情形下，我们可以选取辅助函数 $w(x,t)$ 通过代换 $u(x,t) = v(x,t) + w(x,t)$，使方程与边界条件同时化成齐次的. 举例如下。

[例4.6.2]　求解下列问题.

$$\begin{cases} u_{tt} = a^2 u_{xx} + \sin\dfrac{2\pi x}{l}\cos\dfrac{2\pi x}{l} & (0 < x < l, t > 0) \\ u(0,t) = 3, \quad u(l,t) = 6 \\ u(x,0) = 3\left(1+\dfrac{x}{l}\right), \quad u_t(x,0) = \sin\dfrac{4\pi x}{l} \end{cases} \tag{4.6.13}$$

解：设问题的解为

$$u(x,t) = v(x,t) + w(x) \tag{4.6.14}$$

将代换方程(4.6.14)代入上面的方程，得

$$v_{tt} = a^2\left[v_{xx} + w''(x)\right] + \sin\frac{2\pi x}{l}\cos\frac{2\pi x}{l}$$

为了将这个方程化成齐次的，应选取 $w(x)$ 满足方程

$$a^2 w''(x) + \sin\frac{2\pi x}{l}\cos\frac{2\pi x}{l} = 0$$

再把函数方程(4.6.14)代入问题方程(4.6.13)中的定解条件，得

$$v(0,t) + w(0) = 3, v(l,t) + w(l) = 6$$

$$v(x,0) + w(x) = 3\left(1+\frac{x}{l}\right), v_t(x,0) = \sin\frac{4\pi x}{l}$$

为了将 $v(x,t)$ 的边界条件化成齐次的，则必须选取 $w(x)$，使之满足 $w(0) = 3, w(l) = 6$.

这样,通过代换方程(4.6.14))就把问题方程(4.6.13)化成下面两个问题

$$\begin{cases} a^2 w''(x) + \sin \dfrac{2\pi x}{l} \cos \dfrac{2\pi x}{l} = 0 \\ w(0) = 3, w(l) = 6 \end{cases} \tag{4.6.15}$$

和

$$\begin{cases} v_{tt} = a^2 v_{xx} \quad (0 < x < l, t > 0) \\ v(0,t) = 0, \quad v(l,t) = 0 \\ v(x,0) = 3\left(1 + \dfrac{x}{l}\right) - w(x), \quad v_t(x,0) = \sin \dfrac{4\pi x}{l} \end{cases} \tag{4.6.16}$$

问题方程(4.6.15)是一个常微分方程的边值问题,它的解为

$$w(x) = \frac{l^2}{32\pi^2 a^2} \sin \frac{4\pi x}{l} + 3\left(1 + \frac{x}{l}\right)$$

将求得的 $w(x)$ 代入问题方程(4.6.16).已知它的解为

$$v(x,t) = \sum_{n=1}^{+\infty} \left(a_n \cos \frac{n\pi at}{l} + b_n \sin \frac{n\pi at}{l} \right) \sin \frac{n\pi x}{l}$$

式中系数 a_n, b_n 由下式计算:

$$a_n(t) = \frac{2}{l} \int_0^l \left(-\frac{l^2}{32\pi^2 a^2} \right) \sin \frac{4\pi x}{l} \sin \frac{n\pi x}{l} \mathrm{d}x = \begin{cases} 0 & (n \neq 4) \\ -\dfrac{l^2}{32\pi^2 a^2} & (n = 4) \end{cases}$$

$$b_n(t) = \frac{2}{n\pi a} \int_0^l \sin \frac{4\pi x}{l} \sin \frac{n\pi x}{l} \mathrm{d}x = \begin{cases} 0 & (n \neq 4) \\ -\dfrac{l}{4\pi a} & (n = 4) \end{cases}$$

于是,得问题方程(4.6.16)的解为

$$v(x,t) = \left(-\frac{l^2}{32\pi^2 a^2} \cos \frac{4\pi at}{l} - \frac{l}{4\pi a} \sin \frac{4\pi at}{l} \right) \sin \frac{4\pi x}{l}$$

因此,原问题方程(4.6.13)的解为

$$u(x,t) = \left(-\frac{l^2}{32\pi^2 a^2} \cos \frac{4\pi at}{l} - \frac{l}{4\pi a} \sin \frac{4\pi at}{l} \right) \sin \frac{4\pi x}{l}$$
$$+ \frac{l^2}{32\pi^2 a^2} \sin \frac{4\pi x}{l} + 3\left(1 + \frac{x}{l}\right)$$

通过以上各节的讨论,我们对分离变量的基本要点与解题步骤已经有了一定的认识,现在对此方法作简要小结.

对一维波动方程和一维传导方程的定解问题而言:当方程与边界条件均为齐次时,不管初始条件如何,可直接应用分离变量法求解;当边界条件为齐次,方程为非齐次时,在这种情况下,原定解问题可以分解成两个问题,其一是方程为齐次的并有原定解条件的定解问题,这个问题用分离变量法求解,其二是方程为非齐次的并具有齐次定解条件的定解问

题,该问题用固有函数法求解;当边界条件为非齐次时,则必须引进辅助函数把边界条件化成齐次的,然后再应用上述方法求解.

对于二维的拉普拉斯方程的边值问题而言:应根据求解区域的形状适当地选取坐标系,使得在此坐标系中边界条件的表达式最为简单,便于求解.例如,对圆域、圆环域、扇形域等采用极坐标系较为方便,而对于像 $0 \leqslant x \leqslant a, 0 \leqslant y \leqslant b; 0 \leqslant x \leqslant a, 0 \leqslant y < \infty$ 一类的区域采用直角坐标系较为方便.应当指出,只有当求解区域很规则时,才可以应用分离变量法求解拉普拉斯方程的边值问题.

在这里必须指出,掌握弦振动混合问题和热传导问题的分离变量解法是分离变量法中最重要也是最主要的内容,特别是那些为齐次边界条件的混合问题分离变量法的解法,一般要学会和掌握圆域内拉普拉斯方程的狄利克雷问题的分离变量解法;会用固有函数法解非齐次方程的定解问题;会用辅助函数和叠加原理处理具有非齐次边界条件的定解问题.

4.7　固有值与固有函数

在本章的前三节应用分离变量法求解弦振动方程、一维热传导方程和二维拉普拉斯的有关定解问题时,都需要解决一个含参变量 λ 的常微分方程的边值问题,称为固有值问题.方程

$$\frac{\mathrm{d}}{\mathrm{d}x}\Big[p(x)\frac{\mathrm{d}y}{\mathrm{d}x}\Big] - q(x)y + \lambda\rho(x)y = 0 \tag{4.7.1}$$

通常称为施图姆—刘维尔方程.假设 $p(x)$ 及 $p'(x)$ 在区间 $[a,b]$ 上连续,当 $a < x < b$ 时,$p(x) > 0$;$q(x)$ 或者在区间 $[a,b]$ 上连续,或者在区间 (a,b) 内连续,而在区间端点处至多有一阶极点,且 $q(x) > 0$;$\rho(x)$ 在 $[a,b]$ 上连续,且 $\rho(x) > 0$.

方程(4.7.1)加上边界条件称为施图姆—刘维尔问题.那些使施图姆—刘维尔问题存在非零解的 λ 值,称为该问题的固有值,而相应于给定的固有值的非零解,就称为固有函数.

如果限定 x 在某个有限区间 (a,b) 中变化,那么边界条件自然就给定在端点 a 和 b 上,一般都是给定的齐次边界条件.边界条件如何提法与 $p(x)$ 在 $x = a$ 及 $x = b$ 是否为零,以及哪一个端点使 $p(x)$ 为零有关.如果 $p(a) = 0$,那么在 $x = a$ 处,未知函数应满足自然边界条件,所谓自然边界条件,即在 $x = a$ 处未知函数应保持有界性.如果端点变为 ∞,那么就应要求未知解当 $x \to \infty$ 时也有界,或者趋向于与 x 的有限次乘幂的无穷小.

关于固有值和固有函数,有以下几点结论:

(1) 存在无穷多个实的固有值:$\lambda_1 \leqslant \lambda_2 \leqslant \cdots \leqslant \lambda_n \leqslant \cdots$

当 $a(x) > 0$ 时,$\lambda_n \geqslant 0 (n = 1, 2, 3, \cdots)$;对应于这些固有值有无穷多个固有函数:$y_1(x), y_2(x), \cdots, y_n(x)\cdots$

(2) 如果把对应于固有值 λ_n 的固有函数记为 $y_n(x)$,那么所有 $y_n(x)$ 组成一个带权函数 $\rho(x)$ 的正交函数系,即

$$\int_a^b \rho(x) y_m(x) y_n(x) \mathrm{d}x = 0 \quad (m \neq n)$$

（3）若函数$f(x)$在(a,b)内有一阶连续导数及分段连续的二阶导数，并且满足所给的边界条件，则$f(x)$在(a,b)内可以按固有函数展开为绝对且一致收敛的级数

$$f(x) = \sum_{n=1}^{+\infty} c_n y_n(x) \tag{4.7.2}$$

式中：$c_n = \dfrac{\displaystyle\int_a^b \rho(x)f(x)y_n(x)\,\mathrm{d}x}{\displaystyle\int_a^b \rho(x)y_n^2(x)\,\mathrm{d}x}$　$(n=1,2,3,\cdots)$.

若$f(x)$及$f'(x)$在(a,b)内是分段连续函数，则级数方程（4.7.2）在$f(x)$的间断点x_0处，收敛于$\dfrac{1}{2}[f(x_0+0)+f(x_0-0)]$，且在$(a,b)$上失去一致收敛性.

4.8　初、边值问题的微分算子法

定理1：有源热传导混合问题

$$\begin{cases} \dfrac{\partial u}{\partial t} = a^2(\Delta_1 u + u) + f(x,t) & 0<x<l, t>0 \\ u(0,t) = u(l,t) = 0 \\ u(x,0) = \varphi(x) \end{cases} \tag{4.8.1}$$

的解是

$$u(x,t) = \mathrm{e}^{a^2 t}\sum_{n=1}^{+\infty} a_n \mathrm{e}^{-a^2\left(\frac{n\pi}{l}\right)^2 t}\sin\frac{n\pi x}{l}$$

$$+ \mathrm{e}^{a^2 t}\sum_{n=1}^{+\infty}\sin\frac{n\pi x}{l}\int_0^t w_n(T)\mathrm{e}^{-a^2\left(\frac{n\pi}{l}\right)^2(t-T)}\mathrm{d}T \tag{4.8.2}$$

式中：$\varphi(x) = \displaystyle\sum_{n=1}^{+\infty} a_n \sin\frac{n\pi x}{l}$，$f(x,t) = \displaystyle\sum_{n=1}^{+\infty} w_n(t)\sin\frac{n\pi x}{l}$

系数 $a_n = \dfrac{2}{l}\displaystyle\int_0^l \varphi(x)\sin\frac{n\pi x}{l}\mathrm{d}x$，$w_n(t) = \dfrac{2}{l}\displaystyle\int_0^l f(x,t)\sin\frac{n\pi x}{l}\mathrm{d}x$

证明：将$0<x<l$上的函数$\varphi(x)$周期延拓到$(-\infty,+\infty)$上为$\varphi(x) = \displaystyle\sum_{n=1}^{+\infty} a_n\sin\frac{n\pi x}{l}$，

同样可得$f(x,t) = \displaystyle\sum_{n=1}^{+\infty} w_n(t)\sin\frac{n\pi x}{l}$，则由初值问题微分算子法

$$u(x,t) = \mathrm{e}^{a^2 t(\Delta+1)}\varphi(x) + \int_0^t \mathrm{e}^{a^2(t-T)(\Delta+1)}f(x,T)\mathrm{d}T$$

$$= \mathrm{e}^{a^2 t}\sum_{n=1}^{+\infty} a_n \mathrm{e}^{-a^2\left(\frac{n\pi}{l}\right)^2 t}\sin\frac{n\pi x}{l} + \mathrm{e}^{a^2 t}\sum_{n=1}^{+\infty}\sin\frac{n\pi x}{l}\int_0^t w_n(T)\mathrm{e}^{-a^2\left(\frac{n\pi}{l}\right)^2(t-T)}\mathrm{d}T$$

可以推广到边值问题的微分算子法，通常要比前面所见过的方法简单得多. 如第四节的[例4.5.2].

[**例 4.8.1**]　求解 $\begin{cases} u_t = a^2 u_{xx} + A \\ u(0,t) = 0, \quad u_x(l,t) = 0 \quad \text{式中 } A \text{ 为常数} \\ u(x,0) = 0 \end{cases}$

解：并将 A 展成傅里叶级数 $A = \sum_{n=1}^{+\infty} \dfrac{4A}{(2n-1)\pi} \sin \dfrac{(2n-1)\pi x}{2l}$

$$u(x,t) = e^{a^2 t \Delta} 0 + \int_0^t e^{a^2(t-T)\Delta} \sum_{n=1}^{+\infty} \frac{4A}{(2n-1)\pi} \sin \frac{(2n-1)\pi x}{2l} dT$$

$$= \sum_{n=1}^{+\infty} \frac{4A}{(2n-1)\pi} \sin \frac{(2n-1)\pi x}{2l} \int_0^t e^{-a^2 \left(\frac{(2n-1)\pi}{2l}\right)^2 (t-T)} dT$$

$$= \sum_{n=1}^{+\infty} \frac{16Al^2}{(2n-1)^3 \pi^3 a^2} \left\{ 1 - e^{-\left[\frac{(2n-1)\pi a}{2l}\right]^2 t} \right\} \sin \frac{(2n-1)\pi x}{2l}$$

定理 2：受迫振动混合问题

$$\begin{cases} \dfrac{\partial^2 u}{\partial t^2} = a^2 \Delta_1 u + f(x,t) \\ u(0,t) = u(l,t) = 0 \\ u(x,0) = \varphi(x), \quad \dfrac{\partial u}{\partial t}\bigg|_{t=0} = \varphi(x) \end{cases} \tag{4.8.3}$$

解为

$$u(x,t) = \sum_{n=1}^{+\infty} \left[a_n \cos \frac{an\pi t}{l} + b_n \left(\frac{l}{an\pi}\right) \sin \frac{an\pi t}{l} \right] \sin \frac{n\pi x}{l}$$

$$+ \frac{l}{an\pi} \left[\int_0^t w_n(T) \sin \frac{an\pi(t-T)}{l} dT \right] \sin \frac{n\pi x}{l} \right\} \tag{4.8.4}$$

式中：$\varphi(x) = \sum_{n=1}^{+\infty} a_n \sin \dfrac{n\pi x}{l}$, $\psi(x) = \sum_{n=1}^{+\infty} b_n \sin \dfrac{n\pi x}{l}$, $f(x,t) = \sum_{n=1}^{+\infty} w_n(t) \sin \dfrac{n\pi x}{l}$.

定理 3：有源热传导非齐次边界混合问题

$$\begin{cases} \dfrac{\partial u}{\partial t} = a^2 \Delta_1 u + f(x,t) \\ u(0,t) = \beta_1(t) \quad u(l,t) = \beta_2(t) \\ u(x,0) = \varphi(x) \end{cases} \tag{4.8.5}$$

解为

$$u(x,t) = \beta_1(t) + \frac{\beta_2(t) - \beta_1(t)}{l} x + \sum_{n=1}^{+\infty} A_n e^{-a^2 \left(\frac{n\pi}{l}\right)^2 t} \sin \frac{n\pi x}{l}$$

$$+ \sum_{n=1}^{+\infty} \sin \frac{n\pi x}{l} \int_0^t W_n(T) e^{-a^2 \left(\frac{n\pi}{l}\right)^2 (t-T)} dT \tag{4.8.6}$$

设 $\Phi(x) = \varphi(x) - \dfrac{\beta_2(0) - \beta_1(0)}{l} x - \beta_1(0) = \sum_{n=1}^{+\infty} A_n \sin \dfrac{n\pi x}{l}$,

$F(x,t) = f(x,t) - \dfrac{\beta'_2(t) - \beta'_1(t)}{l} x - \beta'_1(t) = \sum_{n=1}^{+\infty} W_n(t) \sin \dfrac{n\pi x}{l}$,

系数 $A_n = \dfrac{2}{l}\displaystyle\int_0^l \Phi(x)\sin\dfrac{n\pi x}{l}\mathrm{d}x$，$W_n(t) = \dfrac{2}{l}\displaystyle\int_0^l F(x,t)\sin\dfrac{n\pi x}{l}\mathrm{d}x$.

证明：设 $u(x,t) = v(x,t) + g_1(t) + xg_2(t)$ 代入问题方程(4.8.5)的边界条件中，得

$$u(0,t) = v(0,t) + g_1(t) = \beta_1(t),\ u(l,t) = v(l,t) + [g_1(t) + g_2(t)l] = \beta_2(t)$$

为简单起见，取 $g_1(t) + xg_2(t) = \beta_1(t) + \dfrac{\beta_2(t) - \beta_1(t)}{l}x$，这样原问题方程(4.8.5)化为问题

$$\begin{cases} \dfrac{\partial v}{\partial t} = a^2\Delta_1 v + F(x,t) \\[2mm] v(0,t) = v(l,t) = 0 \\[2mm] v(x,0) = \Phi(x) \end{cases}$$

式中：$F(x,t) = f(x,t) - \dfrac{\beta_2'(t) - \beta_1'(t)}{l}x - \beta_1'(t)$，$\Phi(x) = \varphi(x) - \dfrac{\beta_2(0) - \beta_1(0)}{l}x - \beta_1(0)$，

解为 $v(x,t) = \mathrm{e}^{a^2 t\Delta_1}\Phi(x) + \displaystyle\int_0^t \mathrm{e}^{a^2(t-T)\Delta_1}F(x,T)\mathrm{d}T$，原问题方程(4.8.5)的解为

$$u(x,t) = \beta_1(t) + \frac{\beta_2(t) - \beta_1(t)}{l}x + \sum_{n=1}^{+\infty} A_n \mathrm{e}^{-a^2\left(\frac{n\pi}{l}\right)^2 t}\sin\frac{n\pi x}{l}$$
$$+ \sum_{n=1}^{+\infty}\sin\frac{n\pi x}{l}\int_0^t W_n(T)\mathrm{e}^{-a^2\left(\frac{n\pi}{l}\right)^2(t-T)}\mathrm{d}T$$

定理 4：受迫振动非齐次边界混合问题

$$\begin{cases} \dfrac{\partial^2 u}{\partial t^2} = a^2\Delta_1 u + f(x,t) \\[2mm] u(0,t) = \beta_1(t) \quad u(l,t) = \beta_2(t) \\[2mm] u(x,0) = \varphi(x) \quad \dfrac{\partial u}{\partial t}\Big|_{t=0} = \psi(x) \end{cases} \tag{4.8.7}$$

解为

$$u(x,t) = \beta(t) + \frac{\beta(t) - \beta(t)}{l}x + \sum_{n=1}^{+\infty}\left\{\left[A_n\cos\frac{an\pi t}{l} + B_n\left(\frac{l}{an\pi}\right)\sin\frac{an\pi t}{l} + \right.\right.$$
$$\left.\left. \frac{l}{an\pi}\int_0^t W_n(T)\sin\frac{an\pi(t-T)}{l}\mathrm{d}T\right]\sin\frac{n\pi x}{l}\right\} \tag{4.8.8}$$

设

$$\Phi(x) = \varphi(x) - \frac{\beta_2(0) - \beta_1(0)}{l}x - \beta_1(0) = \sum_{n=1}^{+\infty} A_n\sin\frac{n\pi x}{l}$$

$$\Psi(x) = \psi(x) - \frac{\beta_2'(t) - \beta_1'(t)}{l}x - \beta_1'(t) = \sum B_n\sin\frac{n\pi x}{l}$$

$$F(x,t) = f(x,t) - \frac{\beta_2''(t) - \beta_2''(t)}{l}x - \beta_1''(t) = \sum_{n=1}^{+\infty} W_n(t)\sin\frac{n\pi x}{l}$$

系数 $A_n = \dfrac{2}{l}\displaystyle\int_0^l \Phi(x)\sin\dfrac{n\pi x}{l}\mathrm{d}x$，$\quad B_n = \dfrac{2}{l}\displaystyle\int_0^l \Psi(x)\sin\dfrac{n\pi x}{l}\mathrm{d}x$

$$W_n(t) = \frac{2}{l}\int_0^l F(x,t)\sin\frac{n\pi x}{l}\mathrm{d}x \quad (\text{证明略}).$$

定理 5:有外力作用的简支梁的横振动柯西问题

$$\begin{cases} u_{tt} + b^2 u_{xxxx} = f(x,t) & (t>0, x\in R) \\ u(0,t) = u(l,t) = 0 \\ u_{xx}(0,t) = u_{xx}(l,t) = 0 \\ u(x,0) = \varphi(x), \quad u_t(x,0) = \psi(x) \end{cases} \tag{4.8.9}$$

解为

$$u(x,t) = \sum_{n=1}^{+\infty}\left[c_n\cos b\left(\frac{n\pi}{l}\right)^2 t + \frac{d_n}{b}\left(\frac{l}{n\pi}\right)^2\sin b\left(\frac{n\pi}{l}\right)^2 t\right]\sin\frac{n\pi x}{l}$$

$$+ \sum_{n=1}^{+\infty}\left[\int_0^t w_n(T)\frac{\sin b\left(\frac{n\pi}{l}\right)^2(t-T)}{b\left(\frac{n\pi}{l}\right)^2}\mathrm{d}T\right]\sin\frac{n\pi x}{l} \tag{4.8.10}$$

式中:$\varphi(x) = \sum_{n=1}^{+\infty}c_n\sin\frac{n\pi x}{l}$, $\psi(x) = \sum_{n=1}^{+\infty}d_n\sin\frac{n\pi x}{l}$

$f(x,t) = \sum_{n=1}^{+\infty}w_n(t)\sin\frac{n\pi x}{l}$, $c_n = \frac{2}{l}\int_0^l\varphi(x)\sin\frac{n\pi x}{l}\mathrm{d}x$

$d_n = \frac{2}{l}\int_0^l\psi(x)\sin\frac{n\pi x}{l}\mathrm{d}x$, $w_n(t) = \frac{2}{l}\int_0^l f(x,t)\sin\frac{n\pi x}{l}\mathrm{d}x$

证明:$u(x,t) = (\partial_{tt} - b^2\Delta^2)^{-1}f(x,t)$

$$= \frac{1}{2bi\Delta}\left[\mathrm{e}^{bit\Delta}(\partial_t)^{-1}\mathrm{e}^{-bit\Delta} + \mathrm{e}^{-bit\Delta}(\partial_t)^{-1}\mathrm{e}^{bit\Delta}\right]f(x,t)$$

$$= \frac{1}{2bi\Delta}\left[\mathrm{e}^{bit\Delta}F_1(x) - \mathrm{e}^{-bit\Delta}F_2(x)\right] + \frac{1}{b}\int_0^t\frac{\sin b(t-T)\Delta}{\Delta}f(x,T)\mathrm{d}T$$

代入初值,得

$$u(x,t) = \cos bt\Delta_1\varphi(x) + \frac{\sin bt\Delta_1}{b\Delta_1}\psi(x) + \frac{1}{b}\int_0^t\frac{\sin b(t-T)\Delta}{\Delta}f(x,T)\mathrm{d}T$$

$$= \sum_{n=1}^{+\infty}\left[c_n\cos b\left(\frac{n\pi}{l}\right)^2 t + \frac{d_n}{b}\left(\frac{l}{n\pi}\right)^2\sin b\left(\frac{n\pi}{l}\right)^2 t\right]\sin\frac{n\pi x}{l}$$

$$+ \sum_{n=1}^{+\infty}\left[\int_0^t w_n(T)\frac{\sin b\left(\frac{n\pi}{l}\right)^2(t-T)}{b\left(\frac{n\pi}{l}\right)^2}\mathrm{d}T\right]\sin\frac{n\pi x}{l}$$

式中:$\varphi(x) = \sum_{n=1}^{+\infty}c_n\sin\frac{n\pi x}{l}$, $\psi(x) = \sum_{n=1}^{+\infty}d_n\sin\frac{n\pi x}{l}$, $f(x,t) = \sum_{n=1}^{+\infty}w_n(t)\sin\frac{n\pi x}{l}$, $c_n = $

$\frac{2}{l}\int_0^l\varphi(x)\sin\frac{n\pi x}{l}\mathrm{d}x$, $d_n = \frac{2}{l}\int_0^l\psi(x)\sin\frac{n\pi x}{l}\mathrm{d}x$, $w_n(t) = \frac{2}{l}\int_0^l f(x,t)\sin\frac{n\pi x}{l}\mathrm{d}x$.

微分算子法,同样对第二、三类齐次与非齐次边界混合问题相应的求解,也将同样运算简捷易行,这里不再赘述.

习 题 四

1. 解下列混合问题:

(1) $\begin{cases} u_{tt} = a^2 u_{xx} & (0 < x < \pi, t > 0) \\ u(0,t) = 0, \quad (u(\pi,t) = 0) \\ u(x,0) = 3\sin x, \quad u_t(x,0) = 2\sin x \end{cases}$

(2) $\begin{cases} u_{tt} = a^2 u_{xx} & (0 < x < 1, t > 0) \\ u(0,t) = 0, \quad (u(1,t) = 0) \\ u(x,0) = \cos(2\pi x), \quad u_t(x,0) = 3\cos(\pi x) - \cos(3\pi x) \end{cases}$

2. 求下列定解问题的解:

(1) $\begin{cases} u_{tt} = a^2 u_{xx} & (0 < x < \pi, t > 0) \\ u_x(0,t) = 0, \quad u_x(\pi,t) = 0 \\ u(x,0) = 0, \quad u_t(x,0) = 8\sin^2 x \end{cases}$

(2) $\begin{cases} u_{tt} = a^2 u_{xx} & (0 < x < 1, t > 0) \\ u_x(0,t) = 0, \quad u_x(1,t) = 0 \\ u(x,0) = x, \quad u_t(x,0) = 0 \end{cases}$

3. 求下列初边值问题的解:

(1) $\begin{cases} u_{tt} = a^2 u_{xx} & (0 < x < \pi, t > 0) \\ u(0,t) = 0, \quad u(\pi,t) = 0 \\ u(x,0) = \sin x, \quad u_t(x,0) = x \end{cases}$

(2) $\begin{cases} u_{tt} = a^2 u_{xx} \\ u(0,t) = u(1,t) = 0 \\ u(x,0) = 2x(1-x), \quad u_t|_{t=0} = 3\sin(\pi x) \end{cases}$

(3) $\begin{cases} u_{tt} = 4u_{xx} & (0 < x < 1, t > 0) \\ u(0,t) = 0, \quad u(1,t) = 0 \\ u(x,0) = x(1-x), \quad u_t(x,0) = 9 \end{cases}$

(4) $\begin{cases} u_{tt} = a^2 u_{xx} & (0 < x < \pi, t > 0) \\ u(0,t) = 0, \quad u(\pi,t) = 0 \\ u(x,0) = 8\sin^2 x, \quad u_t(x,0) = 0 \end{cases}$

4. 解下列初边值问题:

(1) $\begin{cases} u_{tt} = a^2 u_{xx} & (0 < x < \pi, t > 0) \\ u_x(0,t) = 0, \quad u_x(\pi,t) = 0 \\ u(x,0) = x, \quad u_t(x,0) = \cos 2x \end{cases}$

85

$$(2) \begin{cases} u_{tt} = a^2 u_{xx} & (0 < x < \pi, t > 0) \\ u_x(0,t) = 0, \quad u_x(\pi,t) = 0 \\ u(x,0) = \sin x, \quad (u_t(x,0) = 0) \end{cases}$$

$$(3) \begin{cases} u_{tt} = a^2 u_{xx} & (0 < x < \pi, t > 0) \\ u_x(0,t) = 0, \quad u_x(\pi,t) = 0 \\ u(x,0) = \sin x, \quad u_t(x,0) = 0 \end{cases}$$

5*. 用分离变量法解下列电报问题:

$$\begin{cases} u_{tt} + a u_t + b u = c^2 u_{xx} & (0 < x < l, t > 0) \\ u(0,t) = 0, \quad (u(l,t) = 0) \\ u(x,0) = f(x), \quad (u_t(x,0) = 0) \end{cases}$$

6. 求下列阻尼波动问题的解:

$$\begin{cases} u_{tt} + a u_t = c^2 u_{xx} & (0 < x < l, t > 0) \\ u(0,t) = 0, \quad u(l,t) = 0 \\ u(x,0) = f(x), \quad u_t(x,0) = 0 \end{cases}$$

7*. 一圆形横截面的轴作扭转振动时的偏微分方程可归结为: $\theta_{tt} = a^2 \theta_{xx}$. 其中 $\theta(x,t)$ 是横截面的角位移, a 是物理常数. 假设轴的两端是弹性固定的, 即在边界上满足条件 $\theta_x(0,t) - h\theta(0,t) = 0, \theta_x(l,t) - h\theta(l,t) = 0$. 如果初始角位移是 $f(x)$, 初始角速度是零, 试确定角位移 $\theta(x,t)$.

8*. 求解一高为 l, 上底和下底的半径分别为 r 和 a 的截锥的纵振动问题, 此时纵振动方程为 $\left(1 - \frac{x}{h}\right)^2 \frac{\partial^2 u}{\partial t^2} = c^2 \frac{\partial}{\partial x}\left[\left(1 - \frac{x}{h}\right)^2 \frac{\partial u}{\partial x}\right]$, 其中 $c^2 = E/\rho, E$ 是弹性模量, ρ 是密度, $h = la/(a-r)$. 如果截锥的两端是刚性固定的, 初始位移是 $f(x)$, 初始速度是零, 试求纵向位移 $u(x,t)$.

9*. 验证下列初边值问题的形式解确实是定解问题的解:

$$\begin{cases} u_{tt} + a u_t + b u = c^2 u_{xx} & (0 < x < \pi, t > 0) \\ u_x(0,t) = 0, \quad u_x(\pi,t) = 0 \\ u(x,0) = f(x), \quad u_t(x,0) = g(x) \end{cases}$$

10*. 求下列非齐次问题的解:

$$(1) \begin{cases} u_{tt} = a^2 u_{xx} + Ax & (0 < x < l, t > 0) \\ u(0,t) = 0, \quad u(l,t) = 0 \\ u(x,0) = 0, \quad u_t(x,0) = 0 \end{cases}$$

$$(2) \begin{cases} u_{tt} = 4 u_{xx} + 3x & (0 < x < 1, t > 0) \\ u(0,t) = 0, \quad u(1,t) = 3\sin t \\ u(x,0) = 8x(1-x), \quad (u_t(x,0) = 0) \end{cases}$$

$$(3) \begin{cases} u_{tt} = c^2 u_{xx} + A\sinh x & 0 < x < l, t > 0 \\ u(0,t) = 0, \quad u(l,t) = 0 \\ u(x,0) = 0, \quad u_t(x,0) = 0 \end{cases} \qquad \text{其中 } A \text{ 是常数.}$$

11. 求下列初边值问题的解：

(1) $\begin{cases} u_t = 4u_{xx} & (0 < x < 1, t > 0) \\ u(0,t) = 0, \quad u(1,t) = 0 \\ u(x,0) = x(1-x) \end{cases}$

(2) $\begin{cases} u_t = 4u_{xx} & (0 < x < \pi, t > 0) \\ u_x(0,t) = 0, \quad u_x(\pi,t) = 0 \\ u(x,0) = \sin^2 x \end{cases}$

(3) $\begin{cases} u_t = u_{xx} & (0 < x < 2, t > 0) \\ u_x(0,t) = 0, \quad u_x(2,t) = 0 \\ u(x,0) = x \end{cases}$

(4) $\begin{cases} u_t = 4u_{xx} & (0 < x < \pi, t > 0) \\ u(0,t) = 0, \quad u(\pi,t) = 0 \\ u(x,0) = 2\sin^2 x \end{cases}$

12. 求下列非齐次问题的解：

(1) $\begin{cases} u_t = a^2 u_{xx} + h & (0 < x < 1, t > 0) \\ u(0,t) = u(1,t) = 0 \\ u(x,0) = 0 \end{cases}$ 　　其中 h 是常数。

(2) $\begin{cases} u_t = a^2 u_{xx} + A\sin(\omega t) & (0 < x < l, t > 0) \\ u_x(0,t) = u_x(l,t) = 0 \\ u(x,0) = 0 \end{cases}$ 　　其中 A 是常数。

(3) $\begin{cases} u_t = a^2 u_{xx} & (0 < x < l, t > 0) \\ u(0,t) = 10, u(l,t) = 5 \\ u(x,0) = 2x \end{cases}$

(4) $\begin{cases} u_t = a^2 u_{xx} & (0 < x < l, t > 0) \\ u(0,t) = t, \quad u(l,t) = 0 \\ u(x,0) = 0 \end{cases}$

13. 解下列边值问题：

(1) $\begin{cases} u_{xx} + u_{yy} = 0 & (0 < x < l, 0 < y < +\infty) \\ u(0,y) = 0, \quad u(l,y) = 0 \\ u(x,0) = 8\left(1 - \dfrac{x}{l}\right), \quad \lim\limits_{y \to +\infty} u(x,y) = 0 \end{cases}$

(2) $\begin{cases} u_{xx} + u_{yy} = 0 & (0 < x < a, 0 < y < b) \\ u(0,y) = 0, \quad u(a,y) = 3y \\ u_y|_{y=0} = u_y|_{y=b} = 0 \end{cases}$

14. 一长度为 l 的杆的表面是绝热的，且初始温度分布为 $x(l-x)$．求杆的温度分布。

15. 一输电线的电压分布满足方程为：$v_t = kv_{xx}$，在 $x = l$ 一端的电压保持为零，在 $x = 0$ 一端的电压按下列规律变化：$v(0,t) = Ct$，其中 C 是常数．如果初始电压分布为零，求电压 $v(x,t)$。

16. 确定下列初边值问题的形式解：

$$\begin{cases} u_t = a^2 u_{xx} \quad (0 < x < l, t > 0) \\ u(0,t) = 0, \quad u_x(l,t) = 0 \\ u(x,0) = \varphi(x) \end{cases}$$

17. 确定下列初边值问题的形式解：

$$\begin{cases} u_t = a^2 u_{xx} \quad (0 < x < l, t > 0) \\ u_x(0,t) = 0, \quad u(l,t) = 0 \\ u(x,0) = \varphi(x) \end{cases}$$

18*. 求解下列放射衰变问题：

$$\begin{cases} u_t = a^2 u_{xx} + A e^{-\beta x} \quad (0 < x < \pi, t > 0) \\ u(0,t) = 0, \quad u(\pi,t) = 0 \\ u(x,0) = \sin x \end{cases}$$

19. 求下列定解问题的解：

$$\begin{cases} u_t = a^2 u_{xx} - hu \quad (0 < x < \pi, t > 0) \\ u(0,t) = u(\pi,t) = 0 \\ u(x,0) = \varphi(x) \end{cases}$$

20*. 求解下列定解问题：

(1)
$$\begin{cases} u_{tt} = a^2 u_{xx} + \dfrac{\omega}{g} \Phi(x) \sin(\omega t) \quad (0 < x < l, t > 0) \\ u(0,t) = 0, \quad u(l,t) = 0 \\ u(x,0) = 0, \quad u_t(x,0) = 0 \end{cases}$$

(2)
$$\begin{cases} u_{tt} = a^2 u_{xx} + Ax \quad (0 < x < l, t > 0) \\ u(0,t) = 0, \quad u(l,t) = 0 \\ u(x,0) = \dfrac{4h}{l} x(l-x), \quad u_t(x,0) = 0 \end{cases}$$

第五章　贝塞尔函数及应用

本章首先在柱坐标系下对偏微分方程进行分离变量,引出贝塞尔方程,求出贝塞尔方程的解,下面将会看到,在一般情形下,这些解已不属于初等函数的范畴,从而引出一类特殊函数——贝塞尔函数.贝塞尔函数具有许多类似三角函数的性质,特别是具有用分离变量法解数理方程所需要的正交性,这个正交性正是第四章所述施图姆—刘维尔理论的一个特例.

5.1　贝塞尔方程的导出

对于圆柱形区域内的定解问题,常把泛定方程在柱坐标系下写出,这样区域的边界的方程将变得比较简单,以利于解题.

考虑圆柱体的冷却问题:设有一个两端无限长的直圆柱体,半径为 r_0,已知初始温度为 $\varphi(x,y)$,表面温度为零,求圆柱体内温度的变化规律.

以 u 表示体内温度,由于初始温度不依赖于 z,所以问题归结为二维定解问题

$$\begin{cases} \dfrac{\partial u}{\partial t} = a^2 \left(\dfrac{\partial^2 u}{\partial x^2} + \dfrac{\partial^2 u}{\partial y^2} \right) & (r = \sqrt{x^2 + y^2} < r_0, t > 0) \\ u \big|_{x^2 + y^2 = r_0^2} = 0, \quad u \big|_{t=0} = \varphi(x,y) \end{cases} \tag{5.1.1}$$

如果采用柱坐标就成为

$$\begin{cases} \dfrac{\partial u}{\partial t} = a^2 \left(\dfrac{\partial^2 u}{\partial r^2} + \dfrac{1}{r} \dfrac{\partial u}{\partial r} + \dfrac{1}{r^2} \dfrac{\partial^2 u}{\partial \theta^2} \right) \\ \quad (r < r_0, 0 \leqslant \theta < 2\pi, t > 0) \\ u \big|_{r = r_0} = 0 \\ u \big|_{t=0} = \varphi(x,y) = \varphi_1(r, \theta) \end{cases} \tag{5.1.2}$$

在对泛定方程进行分离变量时,常先把坐标变量 r, θ 和时间变量 t 分开,即设 $u = V(r,\theta)T(t)$ 把它代入问题方程(5.1.2)中,并两边除以 VT 后,得

$$\frac{T'}{a^2 T} = \frac{V''_r + \dfrac{1}{r} V'_r + \dfrac{1}{r^2} V''_\theta}{V} = -\lambda \tag{5.1.3}$$

为方便起见,暂且记 $\lambda = k^2$,若 $\lambda \geqslant 0$,则 k 为实数;若 $\lambda < 0$,则 k 为纯虚数,于是有

$$T' + a^2 k^2 T = 0 \tag{5.1.4}$$

$$V''_r + \frac{1}{r} V'_r + \frac{1}{r^2} V''_\theta + k^2 V = 0 \tag{5.1.5}$$

方程(5.1.5)称为亥姆霍兹方程. 下面对这个方程再分离变量, 设 $V = R(r)\Theta(\theta)$ 代入方程(5.1.5)可得到两个微分方程

$$\Theta'' + \mu\Theta = 0 \tag{5.1.6}$$

$$r^2 R'' + rR' + (k^2 r^2 - \mu)R = 0 \tag{5.1.7}$$

如同我们在解圆内狄利克雷问题时所说过的, Θ 应是以 2π 为周期的函数, 所以 μ 只能取值为 $\mu_n = n^2 (n = 0, 1, 2, \cdots)$, 因而

$$\Theta(\theta) = a_n \cos(n\theta) + b_n \sin(n\theta).$$

如果把方程(5.1.7)写成斯图姆—刘维尔型, 并注意 $k(r) = r, k(0) = 0$ 及 u 的边界条件, 得到下面固有值问题

$$\begin{cases} (rR')' + \left(k^2 r - \dfrac{n^2}{r}\right)R = 0 & (0 < r < r_0) \\ |R(0)| < \infty, \quad R(r_0) = 0 \end{cases}$$

令 $x = kr$, 方程(5.1.7)成为

$$x^2 y'' + xy' + (x^2 - n^2)y = 0 \tag{5.1.8}$$

式中: $y(x) = R\left(\dfrac{x}{k}\right)$, 这个方程称为 n 阶贝塞尔方程或 n 阶柱函数方程. 它是一个二阶变系数线性常微分方程. 为了解决圆柱冷却问题及其他一些定解问题, 就必须求出贝塞尔方程的解.

5.2 贝塞尔函数

贝塞尔方程

$$x^2 y'' + xy' + (x^2 - \nu^2)y = 0 \quad (\nu \geqslant 0) \tag{5.2.1}$$

的解称为 ν 阶贝塞尔函数或 ν 阶柱函数.

在着手解这个方程前, 先介绍一下微分方程解析理论中关于线性微分方程的两个结果是有益的. 微分方程解析理论是利用复变函数论的方法研究微分方程, 下面的结果中都是把微分方程用复变量的形式写出的. 有标准形式的二阶线性常微分方程

$$\frac{\mathrm{d}^2 w}{\mathrm{d}z^2} + p(z)\frac{\mathrm{d}w}{\mathrm{d}z} + q(z)w = 0 \tag{5.2.2}$$

式中: $p(z), q(z)$ 为已知复变函数, 侧 $w(z)$ 为未知函数.

若 $p(z), q(z)$ 都在点 z_0 解析, 则 z_0 称为方程(5.2.2)的常点, 否则称 z_0 为方程(5.2.2)的奇点. 在常点的邻域内关于方程(5.2.2)有下述基本定理:

定理 设 $p(z), q(z)$ 在 $|z - z_0| < R$ 单值解析, 则初始问题

$$\begin{cases} w'' + p(z)w' + q(z)w = 0 \\ w(z_0) = w_0, w'(z_0) = w_0' \end{cases}$$

在上述圆域内的解存在唯一, 且这个解在该圆域内单值解析.

这个定理的方法就是证明二阶线性常微分方程的存在唯一性定理时所用的方法——逐步逼近法. 为节省篇幅, 这里不去讲它了. 根据这条定理, 方程(5.2.2)的解在常点 z_0 的邻域 $|z - z_0| < R$ 内可表示成泰勒级数

$$w(z) = \sum_{n=0}^{\infty} a_n (z - z_0)^n$$

因此, 这条定理就成了高等数学中用幂级数方法解常微分方程的理论依据.

现在把贝塞尔方程改写成标准形式

$$x^2 y'' + xy' + (x^2 - v^2) y = 0 \qquad (5.2.3)$$

$x = 0$ 为它的奇点. 这样, 对贝塞尔方程一般就不能用幂级数 $\sum_{n=0}^{\infty} a_n x^n$ 求解.

定义 设 z_0 最多是 $p(z)$ 的一级极点, 同时最多是 $q(z)$ 的二级极点, 即 $(z - z_0) p(z)$ 和 $(z - z_0)^2 q(z)$ 都在某圆域 $|z - z_0| < R$ 内解析, 则称 z_0 是方程(5.2.2)的正则奇点.

例如, $x = 0$ 是贝塞尔方程(5.2.3)的正则奇点, 对方程(5.2.2)在正则奇点的邻域内有下述结论:

富克斯(Fuchs)定理 设 z_0 是方程(5.2.2)的正则奇点, 则在去心邻域 $0 < |z - z_0| < R$ 内方程(5.2.2)有两个下面形式的线性无关的正则解

$$w_1(z) = (z - z_0)^{\gamma_1} \sum_{n=0}^{\infty} a_n (z - z_0)^n$$

$$w_2(z) = (z - z_0)^{\gamma_2} \sum_{n=0}^{\infty} b_n (z - z_0)^n$$

或

$$w_2(z) = k w_1(z) \ln(z - z_0) + (z - z_0)^{\gamma_2} \sum_{n=0}^{\infty} c_n (z - z_0)^n$$

这里 $\gamma_1, \gamma_2, k, a_n, b_n, c_n$, 都为常数.

称形如

$$(z - z_0)^{\gamma} \sum_{n=0}^{\infty} a_n (z - z_0)^n \qquad (5.2.4)$$

的级数为广义幂级数.

这个定理的证明方法与下面要讲的贝塞尔方程的求解过程相类似. 由于系数的一般性, 要把 $p(z)$ 及 $q(z)$ 在 z_0 展成罗朗级数来讨论. 因此, 计算过程更长, 系数的估计也较复杂, 这里也不去讲它了. 下面用广义幂级数方法求贝塞尔方程的解.

设方程(5.2.1)为广义幂级数解

$$y = x^{\gamma} \sum_{n=0}^{\infty} a_n x^n = \sum_{n=0}^{\infty} a_n x^{n+\gamma}$$

对上式两端求导并乘以 x 得 $xy' = \sum_{n=0}^{\infty} (n + \gamma) a_n x^{n+\gamma}$, 同样, 两端求二阶导数乘以 x^2 得

$$x^2 y'' = \sum_{n=0}^{\infty} (n + \gamma)(n + \gamma - 1) a_n x^{n+\gamma}.$$

代入方程(5.2.1),得

$$\sum_{n=0}^{\infty} \left[(n+\gamma)^2 - \nu^2 \right] a_n x^{n+\gamma} + \sum_{n=0}^{\infty} a_n x^{n+\gamma+2}$$

$$= \sum_{n=0}^{\infty} \left[(n+\gamma)^2 - \nu^2 \right] a_n x^{n+\gamma} + \sum_{n=2}^{\infty} a_{n-2} x^{n+\gamma} = 0$$

由此得

$$\begin{cases} (\gamma^2 - \nu^2) a_0 = 0 & (5.2.5) \\ \left[(1+\gamma)^2 - \nu^2 \right] a_1 = 0 & (5.2.6) \\ \left[(n+\gamma)^2 - \nu^2 \right] a_n + a_{n-2} = 0 & (5.2.7) \end{cases}$$

不妨设 $a_0 \neq 0$,这是因为它是无穷级数 $y(x) = a_0 x^{\gamma} + a_1 x^{\gamma+1} + a_2 x^{\gamma+2} + \cdots$ 中的第一项系数,因此 $\gamma = \pm\nu(\nu \geq 0)$. 而方程(5.2.6)及方程(5.2.7)可化为

$$a_1(1+2\gamma) = 0 \tag{5.2.8}$$

$$n(n+2\gamma) a_n + a_{n-2} = 0 \tag{5.2.9}$$

下面分几种情况讨论:

1) 取 $\gamma = \nu$,由方程(5.2.8), $a_1 = 0$,再由递推关系

$$a_n = \frac{-a_{n-2}}{n(n+2\gamma)} \quad (n = 2,3,4,\cdots)$$

得 $a_3 = a_5 = \cdots = a_{2n+1} = \cdots = 0$,取 $a_0 = \dfrac{1}{2^{\gamma} \Gamma(\gamma+1)}$,得

$$a_{2k} = \frac{-a_{2k-2}}{2k(2k+2\gamma)} = \frac{(-1)^k a_0}{2^{2k} k! (1+\gamma)(2+\gamma)\cdots(k+\gamma)}$$

$$= \frac{(-1)^k a_0 \Gamma(\gamma+1)}{2^{2k} k! \Gamma(k+\gamma+1)} = (-1)^k \frac{1}{k! \Gamma(k+\gamma+1)} \left(\frac{1}{2} \right)^{2k+\gamma} \quad (k=0,1,2,\cdots)$$

将所求得的系数代入方程(5.2.4),得到贝塞尔方程的一个特解:

$$y(x) = \left(\frac{1}{2} \right)^{\gamma} \sum_{k=0}^{\infty} (-1)^k \frac{1}{k! \Gamma(k+\gamma+1)} \left(\frac{x}{2} \right)^{2k} \quad (\gamma = \nu) \tag{5.2.10}$$

因

$$\lim_{k \to \infty} \left| \frac{a_{2k}}{a_{2k-2}} \right| = \lim_{k \to \infty} \frac{1}{4k(k+\gamma)} = 0$$

所以方程(5.2.10)右端的幂级数对所有 x 值都收敛,而且在求解过程中所用的逐项求导是合理的,从而,方程(5.2.10)右端所表示的函数确实是贝塞尔方程的解. 这个函数用 $J_\nu(x)$ 表示,在 $(-\infty, +\infty)$ 上确定,称为第一类 ν 阶贝塞尔函数.

2) 当 $\gamma = -\nu$ 时,又分三种情况:

(1) $2\nu \neq$ 整数. 这时 $n + 2\gamma = n - 2\nu \neq 0$,可求得一个特解

$$J_{-\nu}(x) = \sum_{k=0}^{\infty} (-1)^k \frac{1}{k! \Gamma(k-\nu+1)} \left(\frac{x}{2} \right)^{2k-\nu} (x \neq 0)$$

(2) $2\nu =$ 奇数 m. 若 n 为偶数,则 $n + 2\gamma = n - 2\nu \neq 0$,因而"1)"中关于偶数指标系数

的讨论完全有效. 但关于奇数指标系数的讨论要稍作修改, 因为方程(5.2.9)当 $n=m$ 时成为 $m(m-2\nu)a_m + a_{m-2} = a_m \cdot 0 + a_{m-2} = 0$. 从 $a_{m-2} = 0$ 推不出 a_m 必为零, 但由于只要求特解, 不妨取 $a_m = 0$, 再从方程(5.2.9)可推出 $a_{m+2} = a_{m+4} = \cdots = 0$, 即一切奇指标系数仍都为零. 在这种情形下, 就仍有特解 $J_{-\nu}(x)$ 存在.

（3）$2\nu =$ 偶数 $2m$, 即 $\nu = m$（正整数或零）. 当 n 为奇数时, $n + 2\gamma = n - 2m \neq 0$, 所以如 "1)" 的讨论, 所有奇数指标系数 $a_{2k+1} = 0$, 但偶数指标系数的计算要作较大改变, 因为当 $n = 2m$ 时, 方程(5.2.9)成为 $2m(2m - 2\nu)a_{2m} + a_{2m-2} = a_{2m} \cdot 0 + a_{m-2} = 0$. 所以为了不产生矛盾, 要先取 $a_0 = 0$, 从而 $a_2 = a_4 = \cdots = a_{2m-2} = 0$.

再由方程(5.2.9)$(n = 2m+2)$ 得

$$(2m+2k)(2m+2k-2m)a_{2m+2k} + a_{2m+2(k-1)} = 0$$

一般地有

$$a_{2m+2k} = \frac{(-1)^k a_{2m}}{2^{2k} k! \, (1+m)(2+m)\cdots(k+m)}$$

特别地, 取 $a_{2m} = (-1)^m \frac{1}{m!}\left(\frac{1}{2}\right)^m$, 有 $a_{2m+2k} = (-1)^{m+k} \frac{1}{k! \, (m+k)!}\left(\frac{1}{2}\right)^m$, 于是, 得到方程的一个特解

$$y(x) = \sum_{k=0}^{\infty} (-1)^{m+k} \frac{1}{k! \, (m+k)!}\left(\frac{x}{2}\right)^{2k+m} \quad （令 \; n = k+m）$$

$$= \sum_{n=m}^{\infty} (-1)^n \frac{1}{n! \, \Gamma(n-m+1)}\left(\frac{x}{2}\right)^{2n-m}$$

$$= \sum_{k=m}^{\infty} (-1)^k \frac{1}{k! \, \Gamma(k-m+1)}\left(\frac{x}{2}\right)^{2k-m} \tag{5.2.11}$$

上式右端的函数记为 $J_{-m}(x)$ $\quad (m>0)$ 是负整阶贝塞尔函数.

在贝塞尔函数的一般表达式

$$J_\nu(x) = \sum_{k=0}^{\infty} (-1)^k \frac{1}{k! \, \Gamma(k+\nu+1)}\left(\frac{x}{2}\right)^{2k+\nu} \tag{5.2.12}$$

中令 $\nu = -m$, 当 $k = 0,1,2,\cdots,m-1$ 时, $\frac{1}{\Gamma(k-m+1)} = 0$

也可以得到方程(5.2.11). 换句话说, 对于任意实数 ν, 贝塞尔函数 $J_\nu(x)$ 都由方程(5.2.12)表示

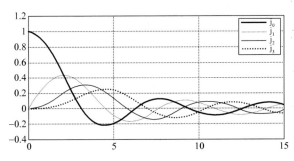

图 5.1 球贝塞尔函数 $J_{0,1,2,3}$ 的曲线

由图 5.1 $J_{0,1,2,3}$ 的图形,以及下一节贝塞尔函数的递推式我们会更好地了解整个贝塞尔函数的性质. 现在来讨论贝塞尔方程的通解,二阶线性齐次常微分方程的通解,是两个线性无关的特解的线性组合. 下面分两种情形讨论:

1)当 ν 不是整数时,由上面讨论可知,贝塞尔方程有两个特解,$J_\nu(x)$ 和 $J_{-\nu}(x)$,而且它们一定是线性无关的. 这一点可以这样看出来,由方程(5.2.12)可见,当 $x \to 0$ 时,有

$$J_\nu(x) \approx \frac{1}{\Gamma(\nu+1)}\left(\frac{x}{2}\right)^\nu \to 0 , \quad J_{-\nu}(x) \approx \frac{1}{\Gamma(-\nu+1)}\left(\frac{x}{2}\right)^{-\nu} \to \infty$$

因此,贝塞尔方程的通解为 $y = C_1 J_\nu(x) + C_2 J_{-\nu}(x)$($C_1, C_2$ 为任意常数).

如果令 $N_\nu(x) = \cot\nu\pi \cdot J_\nu(x) - \csc\nu\pi \cdot J_{-\nu}(x)$($\nu \neq$ 整数),称为第二类 ν 阶贝塞尔函数或诺依曼函数. 显然 $N_\nu(x)$ 与 $J_\nu(x)$ 也是贝塞尔方程的两个线性无关解,所以通解也可以表示为 $y = C_1 J_\nu(x) + C_2 N_\nu(x)$.

2)当 ν 是整数 n 时,上面虽也求得了两个特解 $J_n(x)$ 和 $J_{-n}(x)$,但由方程(3.2.11),有

$$J_{-n}(x) = \sum_{k=m}^{\infty}(-1)^{k+n}\frac{1}{k!\,\Gamma(k+n+1)}\left(\frac{x}{2}\right)^{2k+n} = (-1)^n J_n(x)$$

即 $J_n(x)$ 和 $J_{-n}(x)$ 线性相关. 所以,还必需求出一个与 $J_n(x)$ 线性无关的特解. 为此,定义整阶诺依曼函数为

$$N_n(x) = \lim_{\nu \to n} N_\nu(x) = \lim_{\nu \to n}\frac{J_\nu(x)\cos(\nu\pi) - J_{-\nu}(x)}{\sin(\nu\pi)}$$

因为 $N_\nu(x)$ 为 ν 阶贝塞尔方程的解,所以 $N_\nu(x)$ 的极限 $N_n(x)$ 为 n 阶贝塞尔方程的解,由洛必达法则再经过一番冗长的推导,可以得到

$$N_n(x) = \frac{2}{\pi}J_n(x)\left(\ln\frac{x}{2} + C\right) - \frac{1}{\pi}\sum_{k=0}^{n-1}\frac{(n-k-1)!}{k!}\left(\frac{x}{2}\right)^{2k-n}$$

$$- \frac{1}{\pi}\sum_{k=0}^{\infty}\frac{(-1)^k\left(\frac{x}{2}\right)^{2k+n}}{k!\,(k+n)!}\left(\sum_{m=0}^{n+k-1}\frac{1}{m+1} + \sum_{m=0}^{k-1}\frac{1}{m+1}\right)$$

特别地

$$N_0(x) = \frac{2}{\pi}J_0(x)\left(\ln\frac{x}{2} + C\right) - \frac{2}{\pi}\sum_{k=0}^{n-1}\left[\frac{(-1)^k\left(\frac{x}{2}\right)^{2k}}{(k!)^2}\cdot\sum_{m=0}^{k-1}\frac{1}{m+1}\right]$$

这里 $C = 0.5772\cdots$,称为欧拉常数. 由这些展开式可以看出,当 $x \to 0$ 有 $N_n(x) \to \infty$,而 $J_n(0)$ 是有界的. 因此,$N_n(x)$ 与 $J_n(x)$ 是线性无关的,它们的线性组合 $y = C_1 J_n(x) + C_2 N_n(x)$ 是 n 阶贝塞尔方程的通解.

结合上面所述,对任何实数 ν,ν 阶贝塞尔方程的通解是 $y = C_1 J_\nu(x) + C_2 N_\nu(x)$.

5.3 贝塞尔函数的性质

为了应用上的方便和计算上的简化,必须对贝塞尔函数有进一步的了解,本节讨论贝塞尔函数的一些重要性质.

5.3.1 母函数和积分表示

$$\exp\left\{\frac{x}{2}(z - z^{-1})\right\} = \sum_{n=-\infty}^{\infty} J_n(x)z^n \quad (0 < |z| < \infty) \tag{5.3.1}$$

方程(5.3.1)左端的函数称为整阶贝塞尔函数 $J_n(x)$ 的母函数或生成函数. 利用方程 (5.3.1)得到 $J_n(x)$ 的积分表示为 $J_n(x) = \frac{1}{2\pi}\int_0^{2\pi}\cos(x\sin\theta - n\theta)\mathrm{d}\theta$, 或写成 $J_n(x) = \frac{1}{2\pi}\int_{-\pi}^{\pi}\exp\{i(x\sin\theta - n\theta)\}\mathrm{d}\theta$ 利用母函数可以证明许多关于整阶贝塞尔函数的性质. 例如加法公式

$$J_n(x + y) = \sum_{k=-\infty}^{\infty} J_k(x)J_{n-k}(y)$$

事实上,在方程(5.3.1)中把 x 换成 $x + y$,有

$$\sum_{n=-\infty}^{\infty} J_n(x+y)z^n = \exp\left\{\frac{x+y}{2}(z-z^{-1})\right\} = \exp\left\{\frac{x}{2}(z-z^{-1})\right\}\exp\left\{\frac{y}{2}(z-z^{-1})\right\}$$

$$= \sum_{k=-\infty}^{\infty} J_k(x)z^k \cdot \sum_{m=-\infty}^{\infty} J_m(y)z^m = \sum_{k=-\infty}^{\infty}\sum_{m=-\infty}^{\infty} J_k(x)J_m(y)z^{k+m}$$

$$= \sum_{n=-\infty}^{\infty}\left\{\sum_{k=-\infty}^{\infty} J_k(x)J_{n-k}(y)\right\}z^n \quad (m+k=n)$$

再比较上式两边的系数,即得加法公式.

5.3.2 微分关系和递推公式

对于贝塞尔函数,下列微分基本关系式成立

$$\frac{\mathrm{d}}{\mathrm{d}x}[x^\nu J_\nu(x)] = x^\nu J_{\nu-1}(x) \tag{5.3.2}$$

$$\frac{\mathrm{d}}{\mathrm{d}x}[x^{-\nu} J_\nu(x)] = -x^{-\nu} J_{\nu+1}(x) \tag{5.3.3}$$

或

$$xJ_\nu'(x) = xJ_{\nu-1}(x) - \nu J_\nu(x) \tag{5.3.4}$$

$$xJ_\nu'(x) = \nu J_\nu(x) - xJ_{\nu+1}(x) \tag{5.3.5}$$

下面给出第一式的证明,第二式的证明留给读者,由定义

$$J_\nu(x) = \sum_{k=0}^{\infty}(-1)^k\frac{1}{k!\,\Gamma(k+\nu+1)}\left(\frac{x}{2}\right)^{2k+\nu}$$

得

$$\frac{\mathrm{d}}{\mathrm{d}x}[x^\nu J_\nu(x)] = \frac{\mathrm{d}}{\mathrm{d}x}\left[\sum_{k=0}^{\infty}(-1)^k\frac{x^{2k+2\nu}}{k!\,\Gamma(k+\nu+1)}\left(\frac{1}{2}\right)^{2k+\nu}\right]$$

$$= \sum_{k=0}^{\infty}(-1)^k\frac{(2k+2\nu)x^{2k+2\nu-1}}{k!\,\Gamma(k+\nu+1)}\left(\frac{1}{2}\right)^{2k+\nu}$$

$$= x^{\nu} \sum_{k=0}^{\infty} (-1)^k \frac{1}{k! \Gamma(k-1+\nu+1)} \left(\frac{x}{2}\right)^{2k+\nu-1} = x^{\nu} J_{\nu-1}(x)$$

这两个公式表明,通过 ν 阶贝塞尔函数,可以求出低一阶 $\nu-1$ 阶或高一阶的 $\nu+1$ 阶贝塞尔函数.

特别是当 $\nu=0$ 时,有 $J_0'(x) = J_{-1}(x) = -J_1(x)$,由此可以断言 $J_0(x)$ 的极值点就是 $J_1(x)$ 的零点.

方程(5.3.2)和方程(5.3.3)还可以写成另一个形式,先把方程(5.3.2)和方程(5.3.3)两边除以 x,即得

$$\frac{\mathrm{d}}{x\mathrm{d}x}[x^{\nu} J_{\nu}(x)] = x^{\nu-1} J_{\nu-1}(x), \qquad \frac{\mathrm{d}}{x\mathrm{d}x}[x^{-\nu} J_{\nu}(x)] = -x^{-(\nu+1)} J_{\nu+1}(x)$$

把 $\dfrac{\mathrm{d}}{x\mathrm{d}x}$ 看成一个算符(求导后除以 x)并把这个算符对上式再作用一次,得

$$\left(\frac{\mathrm{d}}{x\mathrm{d}x}\right)^2 [x^{\nu} J_{\nu}(x)] = x^{\nu-2} J_{\nu-2}(x), \qquad \left(\frac{\mathrm{d}}{x\mathrm{d}x}\right)^2 [x^{-\nu} J_{\nu}(x)] = -x^{-(\nu+2)} J_{\nu+2}(x)$$

注意这里 $\left(\dfrac{\mathrm{d}}{x\mathrm{d}x}\right)^2 = \left(\dfrac{\mathrm{d}}{x\mathrm{d}x}\right)\left(\dfrac{\mathrm{d}}{x\mathrm{d}x}\right) \neq \dfrac{\mathrm{d}^2}{x^2 \mathrm{d}x^2}$. 一般地,有

$$\left(\frac{\mathrm{d}}{x\mathrm{d}x}\right)^n [x^{\nu} J_{\nu}(x)] = x^{\nu-n} J_{\nu-n}(x) \tag{5.3.6}$$

$$\left(\frac{\mathrm{d}}{x\mathrm{d}x}\right)^n [x^{-\nu} J_{\nu}(x)] = -x^{-(\nu+n)} J_{\nu+n}(x) \tag{5.3.7}$$

将方程(5.3.4)和方程(5.3.5)两式相减及相加,分别得到递推关系式

$$J_{\nu-1}(x) + J_{\nu+1}(x) = \frac{2\nu}{x} J_{\nu}(x) \tag{5.3.8}$$

$$J_{\nu-1}(x) - J_{\nu+1}(x) = 2J_{\nu}'(x) \tag{5.3.9}$$

方程(5.3.8)表明由两个相邻阶的贝塞尔函数,就可以求出更高一阶的贝塞尔函数来,如

$$J_2(x) = \frac{2}{x} J_1(x) - J_0(x)$$

$$J_3(x) = \frac{4}{x} J_2(x) - J_1(x) = \left(\frac{8}{x^2} - 1\right) J_1(x) - \frac{4}{x} J_0(x)$$

再注意到关系 $J_{-n}(x) = (-1)^n J_n(x)$,可知所有整数阶的贝塞尔函数 $J_n(x)$(n 为整数)都可用 $J_0(x)$ 和 $J_1(x)$ 来表示. 这样,只要有了关于 $J_0(x)$ 和 $J_1(x)$ 的函数表,就可以求出 $J_2(x)$,$J_3(x)$ 等在相应处的函数值.

当 ν 不等于整数时,$N_{\nu}(x)$ 为 $J_{\nu}(x)$ 和 $J_{-\nu}(x)$ 的线性组合,故微分关系和递推公式对非整阶诺依曼函数成立,可以证明,它们对整阶诺依曼函数也成立.

[**例 5.3.1**] 化简:$4J_0'''(x) + 2J_0'(x) + J_3(x)$.

解:

$$4J_0'''(x) + 2J_0'(x) + J_3(x) = 4\left[-J_{1(x)}\right]'' + 2J_0'(x) + J_3(x)$$

$$= -4\left[1/2(J_0(x) - J_2(x))\right]' + 2J_0'(x) + J_3(x)$$

$$= -2J_0'(x) + 2J_2'(x) + 2J_0'(x) + J_3(x)$$

$$= 2 \cdot 1/2(J_1(x) - J_3(x)) + J_3(x) = J_1(x)$$

[例 5.3.2] 计算积分 $(1) \int x^3 J_0(x) \mathrm{d}x$; $(2) \int x^3 J_{-2}(x) \mathrm{d}x$.

解:(1) $\int x^3 J_0(x) \mathrm{d}x = \int x^2 [x J_0(x)] \mathrm{d}x = \int x^2 \mathrm{d}[x J_1(x)]$

$$= x^3 J_1(x) - 2\int x^2 J_1(x) \mathrm{d}x = x^3 J_1(x) - 2x^2 J_2(x) + C$$

$$= x^3 J_1(x) - 2x^2\left(\frac{2}{x}J_1(x) - J_0(x)\right) + C$$

$$= (x^3 - 4x)J_1(x) + 2x^2 J_0(x) + C$$

(2) $\int x^3 J_{-2}(x) \mathrm{d}x = \int x^3 (-1)^2 J_2 \mathrm{d}x = x^3 J_3(x) + C$

$$= x^3\left[\frac{4}{x}J_2 - J_1\right] + C = (-x^3 + 8x)J_1(x) - 4x^2 J_0(x) + C$$

[例 5.3.3] 求证下列等式:

1) $\cos(x\sin\theta) = J_0(x) + 2[J_2(x)\cos2\theta + J_4(x)\cos4\theta + \cdots]$

2) $\sin(x\sin\theta) = 2[J_1(x)\sin\theta + J_3(x)\sin3\theta + \cdots]$

解:在生成函数方程(5.3.1)中,令 $z = \mathrm{e}^{\mathrm{i}\theta}$,并由 $J_{-n}(x) = (-1)^n J_n(x)$,有

$$\exp\left\{\frac{x}{2}(\mathrm{e}^{\mathrm{i}\theta} - \mathrm{e}^{-\mathrm{i}\theta})\right\} = \mathrm{e}^{\mathrm{i}x\sin\theta} = \sum_{n=-\infty}^{\infty} J_n(x)(\cos n\theta + \mathrm{i}\sin n\theta)$$

$$= J_0(x) + \sum_{n=1}^{\infty}[J_n(x) + J_{-n}(x)]\cos n\theta + \mathrm{i}\sum_{n=1}^{\infty}[J_n(x) - J_{-n}(x)]\sin n\theta$$

$$= J_0(x) + 2\sum_{k=1}^{\infty}J_{2k}(x)\cos2k\theta + 2\mathrm{i}\sum_{k=1}^{\infty}J_{2k-1}(x)\sin(2k-1)\theta$$

上式两边的实部和虚部分别相等,即得要证的等式.

从傅里叶级数的观点看,[例 5.3.1]中的两个等式分别是函数(x 看做参数)$\cos(x\sin\theta)$ 的余弦展开及 $\sin(x\sin\theta)$ 的正弦展开.

利用积分表达式,微分关系及递推公式,可以计算某些含贝塞尔函数的积分.

[例 5.3.4] 计算积分 $I = \int_0^{+\infty} \mathrm{e}^{-ax} J_0(bx) \mathrm{d}x (a, b$ 为实数,且 $a > 0)$,并求拉普拉斯变换:$\mathrm{L}[J_0(x)]$,$\mathrm{L}[J_1(x)]$.

解:把积分表达式代入所给积分中,并交换积分次序,得

$$I = \int_0^{+\infty} \mathrm{e}^{-ax} J_0(bx) \mathrm{d}x = \frac{1}{2\pi}\int_0^{+\infty} \mathrm{e}^{-ax} \mathrm{d}x \int_{-\pi}^{\pi} \mathrm{e}^{\mathrm{i}bx\sin\theta} \mathrm{d}\theta$$

$$= \frac{1}{2\pi} \int_{-\pi}^{\pi} \mathrm{d}\theta \int_{0}^{+\infty} \exp\{-ax + ibx\sin\theta\} \mathrm{d}x \qquad (5.3.10)$$

因 $\left| \int_{0}^{+\infty} \cdot \mathrm{e}^{-ax} \mathrm{e}^{ibx\sin\theta} \mathrm{d}x \right| \leqslant \int_{0}^{+\infty} \mathrm{e}^{-ax} \mathrm{d}x$，故方程(5.3.10)中的无穷积分对 $-\pi \leqslant \theta \leqslant \pi$ 一致收敛. 从而,在方程(5.3.10)中交换积分次序是合理的,于是

$$I = \frac{1}{2\pi} \int_{-\pi}^{\pi} \frac{1}{-a + ib\sin\theta} \exp\{-ax + ibx\sin\theta\} \Big|_{0}^{\infty} \mathrm{d}\theta$$

$$= \frac{1}{2\pi} \int_{-\pi}^{\pi} \frac{\mathrm{d}\theta}{-a + ib\sin\theta} = \frac{1}{2\pi} \int_{-\pi}^{\pi} \frac{a + ib\sin\theta}{a^2 + b^2\sin^2\theta} \mathrm{d}\theta$$

$$= \frac{1}{2\pi} \int_{-\pi}^{\pi} \frac{a}{a^2 + b^2\sin^2\theta} \mathrm{d}\theta = \frac{1}{\sqrt{a^2 + b^2}}$$

最后这个积分不难利用留数定理计算.

当 $\mathrm{Re}\,p > 0$ 时,由定义及上面的方式计算,得

$$\mathrm{L}[J_0(x)] = \int_{0}^{+\infty} \mathrm{e}^{-pt} J_0(t) \mathrm{d}t = \frac{1}{\sqrt{p^2 + 1}}$$

又由分部积分及 $J_0'(t) = -J_1(t)$，$J_0(0) = 1$，有

$$\mathrm{L}[J_1(x)] = \int_{0}^{+\infty} \mathrm{e}^{-pt} J_1(t) \mathrm{d}t = -\mathrm{e}^{-pt} J_0(t) \Big|_{0}^{\infty} - p \int_{0}^{+\infty} \mathrm{e}^{-pt} J_0(t) \mathrm{d}t$$

$$= 1 - \frac{p}{\sqrt{p^2 + 1}} = \frac{\sqrt{p^2 + 1} - p}{\sqrt{p^2 + 1}}$$

5.3.3 半阶函数

贝塞尔函数和诺依曼函数,一般来说都不是初等函数. 但半奇数阶贝塞尔函数则 $J_\nu(x)$ ($\nu = n + \frac{1}{2}$，n 为整数)和 $N_\nu(x)$ 都是初等函数.

计算 $J_{\frac{1}{2}}(x)$ 和 $J_{-\frac{1}{2}}(x)$，由定义得

$$J_{-\frac{1}{2}}(x) = \sum_{k=0}^{\infty} (-1)^k \frac{1}{k! \Gamma\left(k + \frac{1}{2}\right)} \left(\frac{x}{2}\right)^{2k - \frac{1}{2}}$$

$$= \sqrt{\frac{2}{x}} \sum_{k=0}^{\infty} (-1)^k \frac{1}{k! \Gamma\left(k + \frac{1}{2}\right)} \left(\frac{x}{2}\right)^{2k} = \sqrt{\frac{2}{x}} \cdot \frac{\cos x}{\sqrt{\pi}}$$

同理 $J_{\frac{1}{2}}(x) = \sqrt{\frac{2}{x}} \cdot \frac{\sin x}{\sqrt{\pi}}$ 经计算可得

$$J_{n+\frac{1}{2}}(x) = \sqrt{\frac{2}{\pi}} x^{n+\frac{1}{2}} \left(\frac{1}{x} \frac{\mathrm{d}}{\mathrm{d}x}\right)^n \left(\frac{\sin x}{x}\right)$$

$$J_{-(n+\frac{1}{2})}(x) = \sqrt{\frac{2}{\pi}} x^{n+\frac{1}{2}} \left(\frac{1}{x} \frac{\mathrm{d}}{\mathrm{d}x}\right)^n \left(\frac{\cos x}{x}\right)$$

$$N_{n+\frac{1}{2}}(x) = (-1)^{n+1}J_{-(n+\frac{1}{2})}(x), \quad N_{-(n+\frac{1}{2})}(x) = (-1)^{n}J_{n+\frac{1}{2}}(x)$$

都是初等函数.

5.3.4 渐近公式

在贝塞尔函数的应用中,常常需要求出这些函数,当自变量 x 取得很大的值时的函数值,如果利用级数展开式来计算这些值,显然是很麻烦的,下面列举当自变量 x 很大时,贝塞尔函数的渐近公式,它们的推导过程从略.

$$J_{\nu}(x) = \sqrt{\frac{2}{\pi x}}\cos\left(x - \frac{v\pi}{2} - \frac{\pi}{4}\right) \quad (x \to +\infty)$$

$$N_{\nu}(x) = \sqrt{\frac{2}{\pi x}}\sin\left(x - \frac{v\pi}{2} - \frac{\pi}{4}\right) \quad (x \to +\infty)$$

因此 $\lim\limits_{x \to \infty}J_{\nu}(x) = \lim\limits_{x \to \infty}N_{\nu}(x) = 0$.

由于余弦函数和正弦函数在 -1 到 1 之间振动无限多次,所以从这些渐近公式可以看出,$J_{\nu}(x)$ 和 $N_{\nu}(x)$ 应有无限多个实零点.下面将详细地讨论贝塞尔函数的零点.

5.3.5 贝塞尔函数的零点和衰减振荡性

(1) 函数 $J_{\nu}(x)$ 有无穷多个实零点,而且可以证明:当 $\nu > -1$ 时,$J_{\nu}(x)$ 只有实零点.后一事实的证明,要用到贝塞尔函数的正交性.

由 $J_{\nu}(x)$ 的级数表示,不难得到 $J_{\nu}(-x) = (-1)^{\nu}J_{\nu}(x)$,特别,$J_0(x)$ 是偶函数; $J_1(x)$ 是奇函数,由上式可见,$J_{\nu}(x)$ 的无穷多个实零点是关于原点对称分布着的,因而 $J_{\nu}(x)$ 必有无穷多个正零点.

(2) 当 $n \geq 1$ 时,$x = 0$ 为 $J_n(x)$ 的 n 级零点(从展开式直接可以看出),而其它的零点都是一阶的.

事实上,若 $x_0 \neq 0$ 是 $J_n(x)$ 的二级或更高级零点,则有 $J_n(x_0) = 0, J_n'(x_0) = 0$. 而 $J_n(x)$ 满足一个二阶线性齐次微分方程,于是由微分方程解的唯一性定理,必有 $J_n(x) \equiv 0$,而这是不可能的. 这就证得了 $J_n(x)$ 的非零零点都是一阶的.

(3) $J_{\nu}(x)$ 与 $J_{\nu+1}(x)$ 无非零公共零点,事实上,由 $[x^{-\nu}J_{\nu}(x)]' = -x^{-\nu}J_{\nu+1}(x)$ 得 $-vx^{-\nu-1}J_{\nu}(x) + x^{-\nu}J_{\nu}'(x) = -x^{-\nu}J_{\nu+1}(x)$. 于是,若在 $x_0 \neq 0$ 处有 $J_{\nu}(x_0) = J_{\nu+1}(x_0) = 0$,则 $J_{\nu}'(x_0) = 0$.

从而 $J_{\nu}(x) \equiv 0$ 是矛盾的. 即证得了 $J_{\nu}(x)$ 与 $J_{\nu+1}(x)$ 无非零公共零点.

(4) 在 $J_{\nu}(x)$ 两个相邻零点之间且只有一个 $J_{\nu+1}(x)$ 的零点,反之亦然. 因为由公式 $[x^{-\nu}J_{\nu}(x)]' = -x^{-\nu}J_{\nu+1}(x)$,并应用洛尔定理,可知在 $J_{\nu}(x)$ 的两个相邻零点之间至少有 $J_{\nu+1}(x)$ 的一个零点. 再由公式

$$[x^{\nu+1}J_{\nu+1}(x)]' = -x^{\nu+1}J_{\nu}(x) \tag{5.3.11}$$

可知在 $J_{\nu+1}(x)$ 的两个相邻零点之间至少有 $J_{\nu}(x)$ 的一个零点. 合并这两个结果可知 $J_{\nu}(x)$ 与 $J_{\nu+1}(x)$ 的正零点两两相间.

(5) $J_{\nu}(x)$ 的最小正零点比 $J_{\nu+1}(x)$ 的最小正零点更接近于原点. 事实上,设 a,b 分别是 $J_{\nu}(x)$ 与 $J_{\nu+1}(x)$ 的最小正零点,因 $x^{\nu+1}J_{\nu+1}(x)$ 以 $x = 0$ 为零点,对方程(5.3.11)应用

洛尔定理,于是 $J_\nu(x)$ 有一零点在 $(0,b)$ 内, 由此可知 $a < b$.

（6）方程 $J'_\nu(x) = 0$ 有无穷多个实根,这从 1) 并利用洛尔定理就可以得出,不难证明方程 $J_\nu(x) + hJ'_\nu(x) = 0$（$h$ 为常数）有无穷多个实根.

从上面所述贝塞尔函数的零点性质,可见 $J_\nu(x)$ 的图形很像三角函数的图形,再联系到前面讲的渐近公式,就更容易看出这一点. 但由于渐近公式中,有一衰减因子 $\sqrt{\dfrac{2}{\pi x}}$,因此 $J_\nu(x)$ 是一个衰减振荡函数,在 x 轴上下来回摆动而且逐渐靠近 x 轴,如图 5.2 所示, $J_0(x)$ 和 $J_1(x)$ 在右半平面的图像.

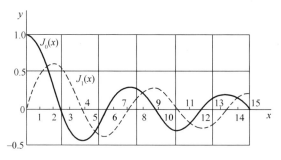

图 5.2　贝塞尔函数 $J_0(x)$, $J_1(x)$ 的曲线

5.4　贝塞尔方程的固有值问题

在一般的斯图姆—刘维尔方程 $\dfrac{\mathrm{d}}{\mathrm{d}x}\left[p(x)\dfrac{\mathrm{d}y}{\mathrm{d}x}\right] - q(x)y + \lambda\rho(x)y = 0$ 中,令 $p(x) = \rho(x) = x$, $q(x) = \dfrac{\nu^2}{x}$,再乘以 x 后就得到贝塞尔方程

$$x^2 y'' + xy' + (\lambda x^2 - \nu^2)y = 0 \qquad (5.4.1)$$

由于这里的 $p(x)$, $\rho(x)$, $q(x)$ 在 $[0, a]$ 上满足斯图姆—刘维尔定理的条件,从而,我们可以用斯图姆—刘维尔定理研究方程（5.4.1）的固有值问题

设 $y(x)$ 在 a 端满足下列三种边界条件之一

$$y(a) = 0; y'(a) = 0; y(a) + hy'(a) = 0$$

方程（5.4.1）的通解是 $y(x) = AJ_\nu(\sqrt{\lambda}x) + BN_\nu(\sqrt{\lambda}x)$. 由自然边界条件 $|y(0)| < \infty$（由于是 $k(0) = 0$,故在 $x = 0$ 处就要提自然边界条件）,可得 $B = 0$,所以 $y(x) = AJ_\nu(\sqrt{\lambda}x)$,而三种边界条件就分别成为（记是 $\sqrt{\lambda} = \omega$）

$$J_\nu(a\omega) = 0; J'_\nu(a\omega) = 0; J_\nu(a\omega) + \omega h J'_\nu(a\omega) = 0$$

由前节所述,这些方程都有无限多个正实零点,将它们分别依次记为: $\omega_1, \omega_2, \omega_3, \cdots$ 于是固有值 $\lambda_n = \omega_n^2 (n = 1, 2, 3, \cdots)$,根据斯图姆—刘维尔定理:若 ω_1, ω_2 是下列方程

$$J_\nu(ax) = 0; J'_\nu(ax) = 0; J_\nu(ax) + xhJ'_\nu(ax) = 0 \qquad (5.4.2)$$

之任一的两个不同的根,则 $J_\nu(\omega_1 x)$ 和 $J_\nu(\omega_2 x)$ 加权,令 $\rho(x) = x$ 正交,即

$$\int_0^a x J_\nu(\omega_1 x) J_\nu(\omega_2 x)\, \mathrm{d}x = 0$$

下面计算贝塞尔函数的模的平方：$N_\nu^2 = \int_0^a x J_\nu^2(\omega x)\, \mathrm{d}x$.

记 $y(x) = J_\nu(\omega x)$，满足方程（5.4.1），即 $x(xy')' + (\omega^2 x^2 - \nu^2)y = 0$，两边同乘以 $2y'$，得 $\left[(xy')^2\right]' + (\omega^2 x^2 - \nu^2)(y^2)' = 0$.

把上式从 0 到 a 积分，并对第二项进行分部积分，得

$$(xy')^2 \big|_0^a + (\omega^2 x^2 - \nu^2)(y^2)\big|_0^a - 2\omega^2 \int_0^a xy^2\, \mathrm{d}x = 0$$

因 $\nu \neq 0$ 时，$y(0) = J_\nu(0) = 0$，故上式即（包括 $\nu = 0$ 时）

$$a^2 \omega^2 J_\nu'^2(a\omega) + (a^2\omega^2 - \nu^2)J_\nu^2(a\omega) = 2\omega^2 N_\nu^2 \tag{5.4.3}$$

（1）对于第一种边界条件：$J_\nu(a\omega) = 0$ 由微分关系 $J_\nu'(x) = \dfrac{\nu}{x}J_\nu(x) - J_{\nu+1}(x)$ 得 $J_\nu'(a\omega) = -J_{\nu+1}(a\omega)$. 这样，由方程（5.4.3）得 $N_{\nu_1}^2 = \dfrac{a^2}{2}J_{\nu+1}^2(a\omega)$. 这里为了说明是第一种边界条件下的模，特加了下标 1. 后面下标 2、3 的含义相同.

（2）对第二种边界条件：$J_\nu'(a\omega) = 0$. 由方程（5.4.3）得 $N_{\nu_2}^2 = \dfrac{1}{2}\left[a^2 - \left(\dfrac{\nu}{\omega}\right)^2\right]J_\nu^2(a\omega)$.

（3）对第三种边界条件：$J_\nu'(a\omega) + \dfrac{J_\nu(a\omega)}{\omega h} = 0$. 由方程（5.4.3）可得

$$N_{\nu_3}^2 = \dfrac{1}{2}\left[a^2 - \left(\dfrac{\nu}{\omega}\right)^2 + \left(\dfrac{a}{\omega h}\right)^2\right]J_\nu^2(a\omega).$$

设 $\omega_1, \omega_2, \omega_3, \cdots$ 是方程（5.4.2）中三个方程之一的所有非负零点，由斯图姆—刘维尔定理得函数系 $\{J_\nu(\omega_n x)\}$ 是完备正交系. 因此，可把函数 $f(x)$ 展开成傅里叶—贝塞尔级数

$$f(x) = \sum_{n=1}^\infty f_n J_\nu(\omega_n x) \tag{5.4.4}$$

这里

$$f_n = \dfrac{1}{N_\nu^2}\int_0^a x f(x) J_\nu(\omega_n x)\, \mathrm{d}x \tag{5.4.5}$$

而模的平方 N_ν^2 则由边界条件来选定. 关于傅里叶—贝塞尔级数的收敛定理，已叙述于斯图姆—刘维尔定理中，可以证明下面应用范围更广的定理.

定理　设 $f(x)$ 是定义在 $(0, a)$ 内的逐段光滑的函数，积分里 $\int_0^a \sqrt{x} |f(x)|\, \mathrm{d}x$ 具有有限值，且 $f(x)$ 满足相应固有值的边界条件. 那么傅里叶—贝塞尔级数方程（5.4.4）收敛于 $\dfrac{1}{2}[f(x+0) + f(x-0)]$，级数方程（5.4.4）中 ω_n 是方程（5.4.2）中三个方程之一的根.

[例 5.4.1]　设 $\beta_n(n = 1, 2, \cdots)$ 是方程 $J_0(x) = 0$ 的所有正根，试将函数 $f(x) = 1 - x^2$（$0 < x < 1$）展成贝塞尔函数 $J_0(\beta_n x)$ 的级数.

解:按级数方程(5.4.4)和方程(5.4.5),设 $1 - x^2 = \sum_{n=1}^{\infty} C_n J_0(\beta_n x)$,则

$$C_n = \frac{2}{J_1^2(\beta_n)} \int_0^1 x(1 - x^2) J_0(\beta_n x) \mathrm{d}x = \frac{4 J_2(\beta_n)}{\beta_n^2 J_1^2(\beta_n)}$$

又由递推关系 $J_2(x) = \frac{2}{x} J_1(x) - J_0(x)$ 及 $J_0(\beta_n) = 0$,有

$$J_2(\beta_n) = \frac{2 J_1(\beta_n)}{\beta_n}, 因而 C_n = \frac{8}{\beta_n^3 J_1(\beta_n)}$$

所以
$$1 - x^2 = \sum_{n=1}^{\infty} \frac{8}{\beta_n^3 J_1(\beta_n)} J_0(\beta_n x).$$

依收敛定理,这个级数在 $[0,1]$ 上绝对一致收敛于 $1 - x^2$.

[**例 5.4.2**]　解下列单位半径圆板的热传导问题.

$$\begin{cases} \dfrac{\partial u}{\partial t} = a^2 \left(\dfrac{\partial^2 u}{\partial r^2} + \dfrac{1}{r} \dfrac{\partial u}{\partial r} \right) & (r < 1) \\ u(1,t) = 0, \quad |u(r,t)| < M \\ u(r,0) = 6 \end{cases}$$

解:设 $u = R(r)T(t)$ 代入方程及边界,得

$$\begin{cases} T' + \lambda a^2 T = 0 \\ R'' + \dfrac{1}{r} R' + \lambda R = 0 \\ R(1) = 0, R(r) \quad (r < 1) \text{ 有界} \end{cases} \qquad 解之得$$

$$R_n(r) = J_0(\beta_n r), \quad T_n(t) = A_n \mathrm{e}^{-(a\beta_n)^2 t} \quad (n = 1, 2, \cdots)$$

$$u_n(r,t) = A_n \mathrm{e}^{-(a\beta_n)^2 t} J_0(\beta_n r), u(r,t) = \sum_{n=1}^{\infty} A_n \mathrm{e}^{-(a\beta_n)^2 t} J_0(\beta_n r)$$

式中:

$$A_n = \frac{2}{J_1^2(\beta_n)} \int_0^1 r \cdot 6 \cdot J_0(\beta_n r) \mathrm{d}r = \frac{12}{J_1^2(\beta_n)} \frac{1}{\beta_n^2} [(\beta_n r) J_1(\beta_n r)]_0^1 = \frac{12}{\beta_n J_1(\beta_n)}$$

所以解为 $u(r,t) = \sum_{n=1}^{\infty} \frac{12}{\beta_n J_1(\beta_n)} \mathrm{e}^{-(a\beta_n)^2 t} J_0(\beta_n r).$

[**例 5.4.3**]　圆柱冷却问题的最终解决.

解:在第三章第一节中,曾提出定解问题:

$$\begin{cases} \dfrac{\partial u}{\partial t} = a^2 \left(\dfrac{\partial^2 u}{\partial r^2} + \dfrac{1}{r} \dfrac{\partial u}{\partial r} + \dfrac{1}{r^2} \dfrac{\partial^2 u}{\partial \theta^2} \right) \\ (r < r_0, 0 \leqslant \theta < 2\pi, t > 0) \\ u|_{r = r_0} = 0 \\ u|_{t=0} = \varphi(x,y) = \varphi_1(r, \theta) \end{cases}$$

设 $u = R(r)\Phi(\theta)T(t)$，由分离变量法有

$$\begin{cases} \Phi(\theta) = a_n\cos(n\theta) + b_n\sin(n\theta) \quad (n = 0,1,2,\cdots) \\ (rR')' + \left(\lambda r - \dfrac{n^2}{r}\right)R = 0 \quad (\lambda = k^2) \\ |R(0)| < \infty, R(r_0) = 0 \end{cases} \tag{5.4.6}$$

且
$$T' + a^2k^2T = 0 \tag{5.4.7}$$

由前面所讲述，固有值问题方程(5.4.6)的固有值是 $\lambda_m = \beta_{mn}^2 (m = 1,2,\cdots)$，$\beta_{mn}$ 是 $J_n(\beta r_0) = 0$ 的所有正实根，相应固有函数为 $J_n(\beta_{mn}r)$. 再由 T 的方程得 $T(t) = \exp\{-a^2\beta_{mn}^2t\}$. 这样就得到满足方程和边界条件的特解

$$u_{mn} = J_n(\beta_{mn}r)(A_{mn}\cos(n\theta) + B_{mn}\sin(n\theta))\exp\{-a^2\beta_{mn}^2t\}$$

把特解叠加，得

$$u = \sum_{m=1}^{\infty}\sum_{n=1}^{\infty} J_n(\beta_{mn}r)(A_{mn}\cos(n\theta) + B_{mn}\sin(n\theta))\exp\{-a^2\beta_{mn}^2t\} \tag{5.4.8}$$

由初始条件得

$$\sum_{m=1}^{\infty}\sum_{n=1}^{\infty} J_n(\beta_{mn}r)(A_{mn}\cos(n\theta) + B_{mn}\sin(n\theta)) = \varphi_1(r,\theta)$$

这是二元函数 $\varphi_1(r,\theta)$ 按函数系 $\{J_n(\beta_{mn}r)\cos(n\theta), J_n(\beta_{mn}r)\sin(n\theta)\}$ 的二重傅里叶—贝塞尔展开，式中

$$A_{mn} = \frac{\delta_n}{\pi r_0^2 J_{n+1}^2(\beta_{mn}r_0)}\int_0^{r_0}\int_0^{2\pi} r\varphi_1(r,\theta)J_n(\beta_{mn}r)\cos(n\theta)\mathrm{d}r\mathrm{d}\theta \quad \delta_n = \begin{cases} 1 & (n = 0) \\ 2 & (n \neq 0) \end{cases}$$

$$B_{mn} = \frac{2}{\pi r_0^2 J_{n+1}^2(\beta_{mn}r_0)}\int_0^{r_0}\int_0^{2\pi} r\varphi_1(r,\theta)J_n(\beta_{mn}r)\sin(n\theta)\mathrm{d}r\mathrm{d}\theta$$

把 A_{mn}, B_{mn} 代入方程(5.4.8)，得所求解.

习 题 五

1. 当 n 为正整数时，讨论 $J_n(x)$ 的收敛范围.

2. 写出 $J_0(x), J_1(x), J_n(x)$（n 是正整数）的级数表示式的前 5 项.

3. 写出方程 $x^2y'' + xy' + (\lambda x^2 - n^2)y = 0$ 的通解.

4. 证明 $y = J_n(\alpha x)$ 是方程 $x^2y'' + xy' + (\alpha^2 x^2 - n^2)y = 0$ 的一个解.

5. 证明 $y = xJ_n(x)$ 是方程 $x^2y'' - xy' + (1 + x^2 - n^2)y = 0$ 的一个解.

6. 证明 $y = x^{\frac{1}{2}}J_{\frac{3}{2}}(x)$ 是方程 $x^2y'' + (x^2 - 2)y = 0$ 的一个解.

7. 求导数：

(1) $\dfrac{\mathrm{d}}{\mathrm{d}x}J_0(\alpha x)$ 　　　　(2) $\dfrac{\mathrm{d}}{\mathrm{d}x}[xJ_1(\alpha x)]$

8. 计算积分：

(1) $\int x^3 J_2(x) \mathrm{d}x$　　　　(2) $\int x^{n+1} J_n(x) \mathrm{d}x$

(3) $\int x^3 J_0(x) \mathrm{d}x$　　　　(4) $\int x J_2(x) \mathrm{d}x$

(5) $\int x^4 J_1(x) \mathrm{d}x$　　　　(6) $\int J_3(x) \mathrm{d}x$

9*. 证明：

(1) $J_{\frac{3}{2}}(x) = \sqrt{\dfrac{2}{\pi x}} \left[\dfrac{1}{x} \cos\left(x - \dfrac{\pi}{2} \right) + \sin\left(x - \dfrac{\pi}{2} \right) \right]$

(2) $J_{\frac{5}{2}}(x) = \sqrt{\dfrac{2}{\pi x}} \left[\left(1 - \dfrac{3}{x^2} \right) \dfrac{1}{x} \cos(x - \pi) + \dfrac{3}{x} \sin(x - \pi) \right]$

10*. 证明：

(1) $\dfrac{\mathrm{d}}{\mathrm{d}x} \left[x J_0(x) J_1(x) \right] = x \left[J_0^2(x) - J_1^2(x) \right]$

(2) $\dfrac{\mathrm{d}}{\mathrm{d}x} \left[x J_0(x^2) \right] = J_0(x^2) - 2x^2 J_1(x^2)$

(3) $\dfrac{\mathrm{d}}{\mathrm{d}x} \left[J_n^2(x) \right] = \dfrac{x}{2n} \left[J_{n-1}^2(x) - J_{n+1}^2(x) \right]$

11. 证明：

(1) $\int x^n J_0(x) \mathrm{d}x = x^n J_1(x) + (n-1) x^{n-1} J_0(x) - (n-1)^2 \int x^{n-2} J_0(x) \mathrm{d}x$

(2) $\int x^2 J_2(x) \mathrm{d}x = -x^2 J_1(x) - 3x J_0(x) + 3 \int J_0(x) \mathrm{d}x$

(3) $\int J_0(x) \sin x \mathrm{d}x = x J_0(x) \sin x - x J_1(x) \cos x + C$

(4) $\int J_0(x) \cos x \mathrm{d}x = x J_0(x) \cos x - x J_1(x) \sin x + C$

12. 利用递推公式证明：

(1) $2 J_0''(x) = J_2(x) - J_0(x)$

(2) $J_0''(x) - \dfrac{1}{x} J_0'(x) = J_2(x)$

(3) $4 J_0'''(x) + 3 J_0'(x) + J_3(x) = 0$

13. 设 $\beta_i (i = 1, 2, 3, \cdots)$ 是方程 $J_1(x) = 0$ 的正根，将函数 $f(x) = x, (0 < x < 1)$ 展开成贝塞尔函数 $J_1(\beta_i x)$ 的级数.

14. 设 $\beta_i (i = 1, 2, 3, \cdots)$ 是方程 $J_0(x) = 0$ 的正根，将函数 $f(x) = 1 - x^2, (0 < x < 1)$ 展开成贝塞尔函数 $J_0(\beta_i x)$ 的级数.

15. 设 $\beta_i (i = 1, 2, 3, \cdots)$ 是 $J_0(x)$ 的正零点，证明：

$$\int_0^R x J_0\left(\dfrac{\beta_i}{R} x \right) J_0\left(\dfrac{\beta_j}{R} x \right) \mathrm{d}x = \begin{cases} 0 & (i \neq j) \\ \dfrac{R^2}{2} J_1^2(\beta_i) & (i = j) \end{cases}.$$

16. 求解下列单位半径的圆板的热传导混合问题：

$$\begin{cases} \dfrac{\partial u}{\partial t} = a^2 \left(\dfrac{\partial^2 u}{\partial r^2} + \dfrac{1}{r} \dfrac{\partial u}{\partial r} \right) & (r < 1) \\[3mm] u(1,t) = 0, \quad |u(r,t)| < M \\[3mm] u(r,0) = 1 - r^2 \end{cases}$$

17. 求解下列定解问题：

$$\begin{cases} \dfrac{\partial^2 u}{\partial t^2} = a^2 \left(\dfrac{\partial^2 u}{\partial r^2} + \dfrac{1}{r} \dfrac{\partial u}{\partial r} \right) & (r < R) \\[3mm] u(R,t) = 0, \quad |u(r,t)| < M \\[3mm] u(r,0) = 1 - \dfrac{r^2}{R^2}, \quad \dfrac{\partial u}{\partial t} \bigg|_{t=0} = 0 \end{cases}$$

18. 求解下列定解问题：

$$\begin{cases} \dfrac{\partial^2 u}{\partial t^2} = a^2 \left(\dfrac{\partial^2 u}{\partial r^2} + \dfrac{1}{r} \dfrac{\partial u}{\partial r} \right) & (r < R) \\[3mm] \dfrac{\partial u}{\partial r} \bigg|_{r=R} = 0, \quad |u(r,t)| < M \\[3mm] u(r,0) = 0, \quad \dfrac{\partial u}{\partial t} \bigg|_{t=0} = 1 - \dfrac{r^2}{R^2} \end{cases}$$

第六章　勒让德多项式

在球坐标系下对偏微分方程进行分离变量时,就会遇到另一类特殊函数——球函数(勒让德多项式).本章将讨论这类特殊函数的性质及其应用.

6.1　勒让德方程的导出

在解球形域上的三维稳态问题时,常把拉普拉斯方程写成球坐标形式

$$\Delta_3 = \frac{1}{r^2} \frac{\partial}{\partial r}\left(r^2 \frac{\partial u}{\partial r} \right) + \frac{1}{r^2 \sin\theta} \frac{\partial}{\partial \theta}\left(\sin\theta \frac{\partial u}{\partial \theta} \right) + \frac{1}{r^2 \sin^2\theta} \frac{\partial^2 u}{\partial^2 \varphi} = 0 \tag{6.1.1}$$

设 $u(r,\theta,\varphi) = R(r) \cdot \Theta(\theta) \cdot \Phi(\varphi)$ 代入方程(6.1.1)并乘以 $\frac{r^2}{R\Theta\Phi}$,得

$$\frac{1}{R} \frac{\mathrm{d}}{\mathrm{d}r}\left(r^2 \frac{\mathrm{d}R}{\mathrm{d}r} \right) + \frac{1}{\Theta\sin\theta} \frac{\mathrm{d}}{\mathrm{d}\theta}\left(\sin\theta \frac{\mathrm{d}\Theta}{\mathrm{d}\theta} \right) + \frac{1}{\Phi\sin^2\theta} \frac{\mathrm{d}^2\Phi}{\mathrm{d}^2\varphi} = 0$$

上式中第一项只与 r 有关,而后两项与 r 无关,因此它们都只能是常数但符号相反,即

$$\frac{1}{R} \frac{\mathrm{d}}{\mathrm{d}r}\left(r^2 \frac{\mathrm{d}R}{\mathrm{d}r} \right) = \lambda \tag{6.1.2}$$

$$\frac{1}{\Theta\sin\theta} \frac{\mathrm{d}}{\mathrm{d}\theta}\left(\sin\theta \frac{\mathrm{d}\Theta}{\mathrm{d}\theta} \right) + \frac{1}{\Phi\sin^2\theta} \frac{\mathrm{d}^2\Phi}{\mathrm{d}^2\varphi} = -\lambda \tag{6.1.3}$$

为了方便,习惯上把 λ 写成 $l(l+1)$,于是方程(6.1.2)成为欧拉方程

$$r^2 \frac{\mathrm{d}^2R}{\mathrm{d}r^2} + 2r \frac{\mathrm{d}R}{\mathrm{d}r} - l(l+1)R = 0$$

不难求出其解为 $R = A_1 r^l + A_2 \frac{1}{r^{l+1}}$,把方程(6.1.3)乘以 $\sin^2\theta$,得

$$\frac{\sin\theta}{\Theta} \frac{\mathrm{d}}{\mathrm{d}\theta}\left(\sin\theta \frac{\mathrm{d}\Theta}{\mathrm{d}\theta} \right) + l(l+1)\sin^2\theta + \frac{1}{\Phi} \frac{\mathrm{d}^2\Phi}{\mathrm{d}\varphi^2} = 0$$

此式的前两项只与 θ 有关,后一项只与 φ 有关,因而它们都只能是常数,而且由于 $\Phi(\varphi)$ 应是以 2π 为周期的函数,故必有

$$\frac{1}{\Phi} \frac{\mathrm{d}^2\Phi}{\mathrm{d}\varphi^2} = -m^2 \quad (m = 0,1,2,3,\cdots) \tag{6.1.4}$$

$$\frac{\sin\theta}{\Theta} \frac{\mathrm{d}}{\mathrm{d}\theta}\left(\sin\theta \frac{\mathrm{d}\Theta}{\mathrm{d}\theta} \right) + l(l+1)\sin^2\theta = m^2 \tag{6.1.5}$$

方程(6.1.4)的解为 $\Phi = B_1 \sin m\varphi + B_2 \cos m\varphi$.

把方程(6.1.5)的第一项中的导数计算出来,并化简得

$$\frac{\mathrm{d}^2\Theta}{\mathrm{d}\theta^2} + \cot\theta\frac{\mathrm{d}\Theta}{\mathrm{d}\theta} + \left[l(l+1) - \frac{m^2}{\sin^2\theta}\right]\Theta = 0$$

令 $x = \cos\theta$,并将 $\Theta(\theta)$ 改记成 $P(x)$,则上式变为

$$(1-x^2)\frac{\mathrm{d}^2P}{\mathrm{d}x^2} - 2x\frac{\mathrm{d}P}{\mathrm{d}x} + \left[l(l+1) - \frac{m^2}{1-x^2}\right]P = 0 \qquad (6.1.6)$$

由于 $0 \leqslant \theta \leqslant \pi$,所以 $-1 \leqslant \theta \leqslant 1$. 方程(6.1.6)称为伴随(或连带)勒让德方程. 如果定解问题与 φ 无关,则 Φ 亦与 φ 无关,故 $m = 0$,这时方程(6.1.6)成为 $(1-x^2)\dfrac{\mathrm{d}^2P}{\mathrm{d}x^2} - 2x\dfrac{\mathrm{d}P}{\mathrm{d}x} + l(l+1)P = 0$.

这个方程称为勒让德方程. 数理方程中的许多定解问题的处理都会归结为求解勒让德方程的固有值和固有函数来解决.

6.2 勒让德方程的解

6.2.1 勒让德多项式

勒让德方程

$$(1-x^2)y'' - 2xy' + l(l+1)y = 0 \quad (|x| < 1) \qquad (6.2.1)$$

可以改写成斯图姆—刘维尔型方程

$$\frac{\mathrm{d}}{\mathrm{d}x}\left[(1-x^2)\frac{\mathrm{d}y}{\mathrm{d}x}\right] + l(l+1)y = 0 \qquad (6.2.2)$$

由于方程(6.2.1)和方程(6.2.2)在 $x = \pm 1$ 有奇异性,即 $k(x) = 1 - x^2$ 在 $x = \pm 1$ 处为零. 所以,在 $(-1,1)$ 内讨论方程的固有值时,应在两端点 $x = \pm 1$ 加上自然边界条件,即 $|y(\pm 1)| < \infty$.

可以证明(证明从略):当 $l \neq$ 整数时,方程(6.2.1)在 $[-1,1]$ 上没有非零有界解. 这样,我们只在 l 等于整数时,研究方程(6.2.1). 首先,我们注意到,当 $l = -n$(n 为正整数)时,由于 $-n(-n+1) = n(n-1) = (n-1)n$ 故 $l = -n$ 时与 $l = n-1$ 时,方程(6.2.1)完全相同,所以,我们只需就 $l = 0, 1, 2, \cdots$ 作讨论.

当 $l = 0, 1, 2, \cdots$ 时,不难证明多项式 $p(x) = \dfrac{\mathrm{d}^n}{\mathrm{d}x^n}(x^2-1)^n$ 满足方程

$$(1-x^2)y'' - 2xy' + n(n+1)y = 0 \qquad (6.2.3)$$

事实上,令 $y = (x^2-1)^n$,则 $y' = 2nx(x^2-1)^{n-1}$,因而 $(x^2-1)y' = 2nx(x^2-1)^n = 2nxy$,再在上式两端各取 $n+1$ 阶导数,并由计算高阶导数的莱伯尼兹公式,得

$$(x^2-1)y^{(n+2)} + (n+1)\cdot 2xy^{(n+1)} + \frac{n(n+1)}{2}\cdot 2y^{(n)}$$

$$= 2nxy^{(n+1)} + n(n+1)\cdot 2ny^{(n)}$$

即
$$(x^2-1)y^{(n+2)} + 2xy^{(n+1)} - n(n+1)y^{(n)} = 0$$

亦即
$$(1 - x^2)\frac{\mathrm{d}^2 p}{\mathrm{d}x^2} - 2x\frac{\mathrm{d}p}{\mathrm{d}x} + n(n+1)p = 0$$

通常在 $p(x)$ 前面添加一个常数因子 $\dfrac{1}{2^n \cdot n!}$,得

$$p_n(x) = \frac{1}{2^n \cdot n!}\frac{\mathrm{d}^n}{\mathrm{d}x^n}(x^2 - 1)^n \tag{6.2.4}$$

函数方程(6.2.4)是方程(6.2.3)在 $[-1,1]$ 上的一个有界解. $p_n(x)$ 是一个 n 次多项式,称为勒让德多项式,$p_n(x)$ 也叫做第一类勒让德多项式.

利用二项式公式,有

$$(x^2 - 1)^n = \sum_{k=0}^{n}\frac{(-1)^k n!}{k!(n-k)!}x^{n-2k}$$

再由函数方程(6.2.4),可得

$$p_n(-x) = (-1)^n p_n(x) \tag{6.2.5}$$

于是,当 n 为偶数时,$p_n(x)$ 为偶函数;当 n 为奇数时,$p_n(x)$ 为奇函数. 特别当 $n = 0,1,2,3,4,5$ 时,有

$$p_0(x) = 1, \quad p_1(x) = x, \quad p_2(x) = \frac{1}{2}(3x^2 - 1)$$

$$p_3(x) = \frac{1}{2}(5x^3 - 3x), \quad p_4(x) = \frac{1}{8}(35x^4 - 30x^2 + 3)$$

$$p_5(x) = \frac{1}{8}(63x^5 - 70x + 15x).$$

6.2.2 第二类勒让德多项式

我们已经知道,勒让德多项式 $p_n(x)$ 是方程

$$(1 - x^2)y'' - 2xy' + n(n+1)y = 0 \quad (n = 0,1,2,\cdots) \tag{6.2.6}$$

的一个解,根据常微分方程中斯图姆—刘维尔公式,可以求出它的另一个与 $p_n(x)$ 线性无关的解

$$\begin{aligned}Q_n(x) &= p_n(x)\int\frac{1}{p_n^2(x)}\exp\left\{-\int\frac{-2x}{1-x^2}\mathrm{d}x\right\}\mathrm{d}x \\ &= p_n(x)\int\frac{\mathrm{d}x}{(1-x^2)p_n^2(x)}\end{aligned} \tag{6.2.7}$$

$Q_n(x)$ 称为第二类勒让德函数. 这样方程(6.2.6)的通解为

$$y(x) = c_1 p_n(x) + c_2 Q_n(x) \quad (c_1, c_2 \text{ 为任意常数}).$$

当 $n = 0$ 时,由方程(6.2.7)有

$$Q_0(x) = \frac{1}{2}p_0(x)\ln\frac{1+x}{1-x} \quad (|x| < 1)$$

当 $n = 1$ 时,

$$Q_1(x) = p_1(x)\left[\frac{1}{2}\ln\frac{1+x}{1-x} - \frac{1}{x}\right] = \frac{1}{2}p_1(x)\ln\frac{1+x}{1-x} - p_0(x) \quad (|x| < 1).$$

一般地,经计算(略)后可以得到

$$Q_n(x) = \frac{1}{2}p_n(x)\ln\frac{1+x}{1-x} - \sum_{k=1}^{N}\frac{2n-4k+3}{(2k-1)(n-k+1)}.$$

这里

$$N = \begin{cases} \dfrac{n}{2} & n\text{ 为偶数} \\ \dfrac{n+1}{2} & n\text{ 为奇数} \end{cases}$$

由此可见,当 $x \to \pm 1$ 时 $Q_n(x) \to \infty$,即 $Q_n(x)$ 在 $[-1,1]$ 上无界.

6.3　勒让德多项式的性质及母函数

本节进一步研究勒让德多项式的一些重要性质。

6.3.1　积分表示

首先,由复变函数中的柯西积分公式有

$$p_n(z) = \frac{1}{2^n \cdot n!}\frac{\mathrm{d}^n}{\mathrm{d}z^n}(z^2-1)^n = \frac{1}{2\pi\mathrm{i}\cdot 2^n}\oint_C\frac{(\xi^2-1)^n}{(\xi-z)^{n+1}}\mathrm{d}\xi \tag{6.3.1}$$

这里 C 是包围点 z 的任一闭路.

特别地,在方程(6.3.1)中,令 $z = x$ $(|x| < 1)$,并取以 x 为圆心, $\sqrt{1-x^2}$ 为半径的圆周作为闭路 C ,于是 $\xi = x + \sqrt{1-x^2}\mathrm{e}^{\mathrm{i}\varphi}$, $\mathrm{d}\xi = \sqrt{1-x^2}\mathrm{e}^{\mathrm{i}\varphi}\mathrm{i}\mathrm{d}\varphi$, $\xi^2-1 = 2\sqrt{1-x^2}\mathrm{e}^{\mathrm{i}\varphi}(x + \sqrt{1-x^2}\mathrm{i}\sin\varphi)$, $(\xi-x)^{n+1} = (\sqrt{1-x^2})^{n+1}\mathrm{e}^{\mathrm{i}(n+1)\varphi}$.
从而方程(6.3.1)化为

$$p_n(x) = \frac{1}{2\pi}\int_{-\pi}^{\pi}(x + \sqrt{1-x^2}\mathrm{i}\sin\varphi)^n\mathrm{d}\varphi. \tag{6.3.2}$$

或改写为

$$p_n(x) = \frac{1}{\pi}\int_0^{\pi}(x + \sqrt{1-x^2}\mathrm{i}\cos\varphi)^n\mathrm{d}\varphi. \tag{6.3.3}$$

方程(6.3.3)称为拉普拉斯公式.顺便指出,方程(6.3.2)及方程(6.3.3)虽是在 $|x| < 1$ 的条件下导出的,但是由于它们的左、右两端都是 x 的解析函数,于是由解析开拓原理,方程(6.3.2)和方程(6.3.3)对任何复数 x 成立.

特别地,取 $x = 1$,由方程(6.3.1)有 $p_n(1) = \dfrac{1}{\pi}\int_0^{\pi}\mathrm{d}\varphi = 1$,同样 $p_n(-1) = \dfrac{1}{\pi}\int_0^{\pi}(-1)^n\mathrm{d}\varphi = (-1)^n$,又当 $|x| < 1$ 时,由方程(6.3.3),有

$$p_n(x) \leqslant \frac{1}{\pi}\int_0^{\pi}|(x + \sqrt{1-x^2}\mathrm{i}\cos\varphi)|^n\mathrm{d}\varphi \leqslant \frac{1}{\pi}\int_0^{\pi}\mathrm{d}\varphi = 1$$

根据这些性质及第二节中得到的表达式,可画出 $p_n(x)$ （$n=0,1,2,3,4,5$）的图形,如图6.1所示(由于 $p_n(x)$ 或为奇函数,或为偶函数,故图形只在 $[0,1]$ 上画出). 从图形可以看出,n 次多项式 $p_n(x)$ 的 n 个零点都是 $(-1,1)$ 内的相异实数.

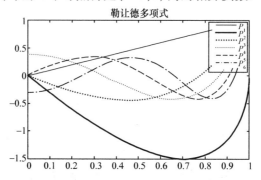

图6.1　勒让德多项式 P_1,P_2,P_3,P_4,P_5,P_6 的曲线

6.3.2　母函数

设 t 为复数,考虑复变数函数 $w(x,t)=(1-2tx+t^2)^{-\frac{1}{2}}$,这里设 $t=0$ 时,根式的值为 1. 当 $|t|<1$ 时,将上式展开成

$$w(x,t)=(1-2tx+t^2)^{-\frac{1}{2}}=\sum_{n=0}^{\infty}C_n(x)t^n$$

由于把 $w(x,t)$ 看成 t 的函数,在 $|t|<1$ 内是解析的,因此有

$$C_n(x)=\frac{1}{2\pi i}\oint_C \frac{(1-2xt+t^2)^{-\frac{1}{2}}}{t^{n+1}}dt$$

式中:C 为在 $|t|<1$ 内的包含原点的任何闭路. 利用变换 $(1-2xt+t^2)^{\frac{1}{2}}=1-tu$,则上述积分化成有理函数的积分

$$C_n(x)=\frac{1}{2\pi i}\oint_{C'}\frac{(u^2-1)^n}{2^n(u-x)^{n+1}}du \tag{6.3.4}$$

这里 C' 是 C 在上述变换下的象,它是一个包含点 $u=x$ 的闭路. 根据柯西积分公式,便有 $C_n(x)=\frac{1}{2^n n!}\left\{\frac{d^n}{du^n}(u^2-1)^n\right\}_{u=x}=p_n(x)$.

因此有

$$w(x,t)=(1-2tx+t^2)^{-\frac{1}{2}}=\sum_{n=0}^{\infty}p_n(x)t^n \tag{6.3.5}$$

这个函数 $w(x,t)$ 称为勒让德多项式的母函数或生成函数. 方程(6.3.4)是勒让德多项式的积分表达式,称为席拉夫里(Schlafli)公式.

6.3.3　递推公式

关于勒让德多项式,有以下四个递推公式($n\geqslant1$)
$$(n+1)p_{n+1}(x)-x(2n+1)p_n(x)+np_{n-1}(x)=0 \tag{6.3.6}$$

$$np_n(x) - xp'_n(x) + p'_{n-1}(x) = 0 \tag{6.3.7}$$

$$np_{n-1}(x) - p'_n(x) + xp'_{n-1}(x) = 0 \tag{6.3.8}$$

$$p'_{n+1}(x) - p'_{n-1}(x) = (2n+1)p_n(x) \tag{6.3.9}$$

先证方程(6.3.7),为此在等式

$$(1 - 2tx + t^2)^{-\frac{1}{2}} = \sum_{n=0}^{\infty} p_n(x)t^n \tag{6.3.10}$$

两边对 t 求导,得

$$(x - t)(1 - 2tx + t^2)^{-\frac{3}{2}} = \sum_{n=1}^{\infty} np_n(x)t^{n-1} \tag{6.3.11}$$

在方程(6.3.10)两边对 x 求导,得

$$t(1 - 2tx + t^2)^{-\frac{3}{2}} = \sum_{n=0}^{\infty} p'_n(x)t^n \tag{6.3.12}$$

方程(6.3.11)乘以 t,方程(6.3.12)乘以 $x-t$,可见两个等式的左边完全一样,所以

$$t\sum_{n=1}^{\infty} np_n(x)t^{n-1} = (x-t)\sum_{n=0}^{\infty} p'_n(x)t^n$$

因 $p'_0(x) = 0$,上式可改写为

$$\sum_{n=1}^{\infty} np_n(x)t^n = \sum_{n=1}^{\infty} [xp'_n(x) - p'_{n-1}(x)]t^n$$

再比较两边的系数,即得方程(6.3.7).

如果用 $(1 - 2tx + t^2)$ 乘方程(6.3.11),再将方程(6.3.10)代入所得到的方程中就可以得到方程(6.3.6).为了证明方程(6.3.8),把方程(6.3.6)微分,再以 n 乘方程(6.3.7),得

$$n^2p_n - nxp'_n + np'_{n-1}(x) = 0 \tag{6.3.13}$$

可证方程(6.3.8),由方程(6.3.7)和方程(6.3.8)可证方程(6.3.9).

[**例6.3.1**] 设 $m \geq 1, n \geq 1$,试证明:

$$(m+n+1)\int_0^1 x^m p_n(x)\mathrm{d}x = m\int_0^1 x^{m-1} p_{n-1}(x)\mathrm{d}x.$$

证:由递推方程(6.3.7),得

$$n\int_0^1 x^m p_n(x)\mathrm{d}x = \int_0^1 x^m [xp'_n(x) - p'_{n-1}(x)]\mathrm{d}x$$

$$= x^{m+1}p_n(x)\Big|_0^1 - \int_0^1 (m+1)x^m p_n(x)\mathrm{d}x$$

$$\quad - x^m p_{n-1}(x)\Big|_0^1 + \int_0^1 mx^{m-1} p_{n-1}(x)\mathrm{d}x$$

$$= -(m+1)\int_0^1 x^m p_n(x)\mathrm{d}x + m\int_0^1 x^{m-1} p_{n-1}(x)\mathrm{d}x$$

移项即得要证等式

[例 6.3.2] 计算积分 $\int_0^1 p_n(x) \mathrm{d}x$，$n$ 为偶数.

解：由递推方程(6.3.9)，得

$$\int_0^1 p_n(x) \mathrm{d}x = \frac{1}{2n+1} \int_0^1 [p'_{n+1}(x) - p'_{n-1}(x)] \mathrm{d}x$$

$$= \frac{1}{2n+1} [p_{n+1}(x) - p_{n-1}(x)] \Big|_0^1 = \frac{1}{2n+1} [p_{n+1}(0) - p_{n-1}(0)]$$

因 n 为偶数，$n-1$ 及 $n+1$ 均为奇数，$p_{n-1}(x)$ 及 $p_{n+1}(x)$ 都是奇函数，因而 $p_{n-1}(0) = p_{n+1}(0) = 0$，故 $\int_0^1 p_n(x) \mathrm{d}x = 0$.

6.4　勒让德多项式及勒让德级数解

考虑勒让德方程的固有值问题

$$[(1-x^2)y']' + \lambda y = 0 \quad (-1 < x < 1) \tag{6.4.1}$$

$$|y(\pm 1)| < \infty \tag{6.4.2}$$

已经得知只有当 $\lambda_n = n(n+1)$ $(n = 0,1,2,\cdots)$ 时，方程(6.4.1)有有界

解：这时，方程(6.4.1)的通解是 $y(x) = C_1 p_n(x) + C_2 Q_n(x)$. 因 $x \to \pm 1$ 时，$Q_n(x) \to \infty$，故由边界条件方程(6.4.2)，得 $C_2 = 0$. 这样，与 λ_n 相应的固有函数是 $y_n(x) = p_n(x)$ $(n = 0,1,2\cdots)$

根据施图姆—刘维尔理论，勒让德多项式族 $\{p_n(x)\}$ $(n = 0,1,2\cdots)$ 是 $(-1,1)$ 上的完备正交函数系($\rho(x) = 1$)，下面计算这个函数系的模.

把母函数 $(1 - 2tx + t^2)^{-\frac{1}{2}} = \sum_{n=0}^{\infty} p_n(x)t^n$

两边平方后，再对 x 从 -1 到 1 积分，得

$$\int_{-1}^1 \frac{\mathrm{d}x}{1 - 2xt + t^2} = \sum_{m=0}^{\infty} \sum_{n=0}^{\infty} \left[\int_{-1}^1 p_m(x) p_n(x) \mathrm{d}x\right] t^{m+n}$$

由正交性，有

$$\sum_{n=0}^{\infty} \left[\int_{-1}^1 p_n^2(x) \mathrm{d}x\right] t^{2n} = -\frac{1}{2t} \ln(1 - 2xt + t^2) \Big|_{-1}^1$$

$$= \frac{1}{t} [\ln(1+t) - \ln(1-t)] = \sum_{n=0}^{\infty} \frac{2}{2n+1} t^{2n}.$$

比较两边系数，得 $\|p_n(x)\|^2 = \int_{-1}^1 p_n^2(x) \mathrm{d}x = \frac{2}{2n+1}$.

定理　设 $f(x)$ 是 $(-1,1)$ 内的任何实值函数，满足：

1) $f(x)$ 在 $(-1,1)$ 内是分段光滑的；

2) 积分 $\int_{-1}^1 f^2(x) \mathrm{d}x$ 具有有限值.

那么 $f(x)$ 可以按勒让德多项式展开成无穷级数 $\sum\limits_{n=0}^{\infty} C_n p_n(x)$,这里 $C_n = \frac{1}{N_n^2}\int_{-1}^{1} f(x)P_n(x)$

$\mathrm{d}x = \frac{2n+1}{2}\int_{-1}^{1} f(x)P_n(x)\mathrm{d}x.$

对于 $(-1,1)$ 内的每一点 x ,此级数收敛于 $f(x)$ 在点 x 的左、右极限的平均值. 特别是在 $f(x)$ 的连续点,级数收敛于本身.

现在可以从另一个观点看母函数. 把第三节中方程 $(6.3.5)$ 改写成

$$\sum_{n=0}^{\infty} t^n p_n(x) = (1-2tx+t^2)^{-\frac{1}{2}} \quad (|t|<1) \tag{6.4.3}$$

把 t 看做参数,则上式可看成是 $(1-2tx+t^2)^{-\frac{1}{2}}$ 按 $\{p_n(x)\}$ 的展开式. 于是,由前述系数公式有

$$t^n = \frac{2n+1}{2}\int_{-1}^{1} (1-2tx+t^2)^{-\frac{1}{2}} p_n(x)\mathrm{d}x \quad (|t|<1) \tag{6.4.4}$$

当 $|t|>1$ 时,由于 $\left|\frac{1}{t}\right|<1$,由方程 $(6.4.3)$ 我们可以得到

$$\frac{1}{t^{n+1}} = \frac{2n+1}{2}\int_{-1}^{1} (1-2tx+t^2)^{-\frac{1}{2}} p_n(x)\mathrm{d}x$$

[例 6.4.1] 将函数 $f(x) = \begin{cases} 0 & (-1<x<\alpha) \\ \dfrac{1}{2} & (x=\alpha) \\ 1 & (\alpha<x<1) \end{cases}$ 展成勒让德无穷级数.

解:先计算系数,有

$$C_0 = \frac{1}{2}\int_{-1}^{1} f(x)p_0(x)\mathrm{d}x = \frac{1}{2}\int_{\alpha}^{1}\mathrm{d}x = \frac{1}{2}(1-\alpha)$$

$$C_n = \frac{2n+1}{2}\int_{-1}^{1} f(x)p_n(x)\mathrm{d}x = \frac{2n+1}{2}\int_{\alpha}^{1} p_n(x)\mathrm{d}x$$

$$= \frac{1}{2}\int_{\alpha}^{1} [p'_{n+1}(x) - p'_{n-1}(x)]\mathrm{d}x = \frac{1}{2}[p_{n-1}(\alpha) - p_{n+1}(\alpha)] \quad (n\geqslant 1)$$

所以 $\qquad f(x) = \frac{1}{2}(1-\alpha) + \frac{1}{2}\sum\limits_{n=1}^{\infty} [p_{n-1}(\alpha) - p_{n+1}(\alpha)]p_n(x).$

[例 6.4.2] 将 $f(x) = x^2$ 按勒让德多项式展开.

解:由于当 $x>2$ 时有 $\int_{-1}^{1} x^2 p_2(x)\mathrm{d}x = 0$,所以我们可设 $x^2 = C_0 p_0(x) + C_1 p_1(x) +$

$C_2 p_2(x)$. 由 $p_n(x)$ 的奇偶性,可以简单地,得 $C_1 = 0, x^2 = C_0 + C_2\dfrac{3x^2-1}{2}$.

比较两边的系数,得 $\begin{cases} C_0 = \dfrac{1}{3} \\ C_2 = \dfrac{2}{3} \end{cases}$

所以勒让德多项式展开为 $x^2 = \dfrac{1}{3} p_0(x) + \dfrac{2}{3} p_2(x)$.

由于勒让德方程的固有值问题已经解决,回到第一节的讨论,就可以断定:在球坐标系下,$\Delta u = 0$ 的不依赖于 φ 的可分离变量的解的一般形式是

$$u(r, \theta) = \sum_{n=0}^{\infty} A_n r^n + B_n r^{-(n+1)} p_n(\cos\theta) \tag{6.4.5}$$

对于具体的定解问题(特别是静电场中的轴对称问题),可从这个级数形式出发解题,系数 A_n 及 B_n 由定解条件确定.

[例 6.4.3] 在半径为 a 的接地金属球面内,设置一点电荷 $4\pi\varepsilon_0 q$(ε_0 为真空介电系数),它与球心的距离为 b,求球内的电位 u.

解:选取球心为坐标原点,并使 z 轴通过电荷所在的点 A. 由静电感应金属球面内的点电荷 $4\pi\varepsilon_0 q$,会使球面内侧感应有一定分布密度的负电荷,其总电量为 $-4\pi\varepsilon_0 q$. 由于球面接地,球面外侧的感应正电荷将消失,因此这个静电场可以看成是两个电场的合成,即球内任一点 $M(r, \theta, \varphi)$ 的电位为 $\Phi(r, \theta, \varphi) = \dfrac{q}{\rho} + u(r, \theta, \varphi)$,这里 $\dfrac{q}{\rho}$ 是 M 点由点电荷 $4\pi\varepsilon_0 q$ 所产生的电位,u 为球面内侧感应电荷所产生的电位,$\rho = r(A, M) = \sqrt{r^2 - 2br\cos\theta + b^2}$,因球面接地,故 $\Phi(r, \theta, \varphi) = 0$,所以

$$u(r, \theta, \varphi) = \frac{-q}{\sqrt{r^2 - 2br\cos\theta + b^2}} = f(\theta)$$

于是,问题归结为解定解问题:

$$\begin{cases} \Delta_3 u = 0 & (\ |r| < 1, 0 \leqslant \theta \leqslant \pi, 0 \leqslant \varphi < 2\pi) \\ u(a, \theta, \varphi) = f(\theta) \end{cases}$$

由于边界条件与 φ 无关,所以解也与 φ 无关. 因而可从级数方程(6.4.5)出发解题. 又由于是在球内解题,由 $u|_{r=0}$ 有界可知级数方程(6.4.5)中为了方便,把解式写成 $u(r, \theta) = \sum_{n=0}^{\infty} A_n \left(\dfrac{r}{a}\right)^n p_n(\cos\theta)$. 由边界条件得

$$f(\theta) = \sum_{n=0}^{\infty} A_n p_n(\cos\theta) \tag{6.4.6}$$

令 $x = \cos\theta$,当 $m \neq n$,有

$$\int_0^\pi p_m(\cos\theta) p_n(\cos\theta) \sin\theta \mathrm{d}\theta = \int_{-1}^1 p_m(x) p_n(x) \mathrm{d}x = 0$$

即函数系 $\{p_n(\cos\theta)\}$($n = 0, 1, 2, \cdots$)是上带权 $\sin\theta$ 的正交函数系,且 $\| p_n(\cos\theta) \|^2 = \int_0^\pi p_n^2(\cos\theta) \sin\theta \mathrm{d}\theta = \int_{-1}^1 p_n^2(x) \mathrm{d}x = \dfrac{2}{2n+1}$,于是,由方程(6.4.6)得

$$A_n = \frac{2n+1}{2} \int_0^\pi \frac{-q}{\sqrt{a^2 - 2ab\cos\theta + b^2}} p_n(\cos\theta) \sin\theta \mathrm{d}\theta$$

114

$$= \frac{2n+1}{2} \int_{-1}^{1} \frac{-q}{\sqrt{a^2 - 2abx + b^2}} p_n(x) \, dx$$

由于 $0 < \frac{b}{a} < 1$，故依方程(6.4.4)，得 $A_n = -\frac{q}{a} \left(\frac{b}{a}\right)^n$. 把 A_n 代入级数解，并利用方程(6.4.3)(令 $x = \cos\theta$)，得

$$u = -\frac{q}{a} \sum_{n=0}^{\infty} \left(\frac{br}{a^2}\right)^n p_n(\cos\theta) = -\frac{q}{a} \left[1 - \frac{2br}{a^2}\cos\theta + \left(\frac{br}{a^2}\right)^2\right]^{-\frac{1}{2}} = \frac{q'}{\rho'}$$

这里 $q' = -\frac{a}{b}q, \rho' = \sqrt{\left(\frac{a^2}{b}\right)^2 - 2\frac{a^2}{b}r\cos\theta + r^2}$，所以 $\varPhi = \frac{q}{\rho} + \frac{q'}{\rho'}$.

[例 6.4.4] 在均匀静电场中放一个带有电量 Q 的均匀导体球，设球心在原点，球的半径为 a，求球外的电位 U.

解：在球坐标系下解题，取球心为坐标原点，并把极轴 z 取在原来均匀电场的场强方向. 导体球放入均匀电场后，使原来的电场发生了变化. 这时，球外电场的电位 U 是由原来均匀电场的电位 u_1 及球的带电量(包括原带电量 Q 及感应电量)所产生的电位 u 之和，即 $U = u + u_1$，在所取坐标系下，均匀电场的场强为 $\boldsymbol{E} = E_0\boldsymbol{k} = -\nabla u_1$，而 $E_0 = -\frac{\partial u_1}{\partial z}$，故 $u_1 = -E_0 z + C = -E_0 r\cos\theta + C$，这里 C 为待定常数. 由于球外无电荷，故 u 满足拉普拉斯方程

$$\Delta u = 0 \quad (r > a) \tag{6.4.7}$$

又因为导体表面是个等位面，可设其电位为零，即故 $U(a, \theta, \varphi) = 0$，因而

$$u(a, \theta, \varphi) = -u_1(a, \theta, \varphi) = E_0 a\cos\theta - C \tag{6.4.8}$$

由于电量分布在空间的有界区域内，故

$$\lim_{r \to +\infty} u = 0 \tag{6.4.9}$$

这样，就要在定解条件方程(6.4.8)和方程(6.4.9)下解泛定方程(6.4.7). 由于正解条件方程(6.4.8)和方程(6.4.9)不依赖于 φ，故可设 $u(r, \theta) = \sum_{n=0}^{\infty} (A_n r^n + B_n r^{-(n+1)}) p_n(\cos\theta)$

由方程(6.4.9)，得 $A_n = 0 \quad (n = 0, 1, 2\cdots)$

由方程(6.4.8)，得

$$\sum_{n=0}^{\infty} \frac{B_n}{a^{n+1}} p_n(\cos\theta) = E_0 a\cos\theta - C$$

比较两边系数，得 $B_0 = -aC, B_1 = E_0 a^3, B_n = 0 \quad (n \geq 2)$
所以

$$U = E_0 \left(\frac{a^3}{r^2} - r\right)\cos\theta + C\left(1 - \frac{a}{r}\right) \tag{6.4.10}$$

为了确定常数 C，先计算电场强度

$$E = -\nabla U = -\left(\frac{\partial U}{\partial r}\boldsymbol{e}_r + \frac{1}{r}\frac{\partial U}{\partial \theta}\boldsymbol{e}_\theta + \frac{1}{r\sin\theta}\frac{\partial U}{\partial \varphi}\boldsymbol{e}_\varphi\right)$$

即

$$E_r = -\frac{\partial U}{\partial r} = E_0\cos\theta\left[1 + 2\left(\frac{a}{r}\right)^3\right] - \frac{aC}{r^2}$$

$$E_\theta = -\frac{1}{r}\frac{\partial U}{\partial \theta} = E_0\sin\theta\left[\left(\frac{a}{r}\right)^3 - 1\right], \quad E_\varphi = -\frac{1}{r\sin\theta}\frac{\partial U}{\partial \varphi} = 0$$

因而在球面 $S: r = a$ 上，$E = \left(3E_0\cos\theta - \dfrac{C}{a}\right)\boldsymbol{e}_r.$

由静电学的高斯定理，导体表面的总电量(感应电量的和为零)

$$Q = \iint_S \varepsilon_0 E \cdot \mathrm{d}S = a^2\varepsilon_0\int_0^{2\pi}\mathrm{d}\varphi\int_0^\pi\left(3E_0\cos\theta - \frac{C}{a}\right)\sin\theta\mathrm{d}\theta = -4\pi a\varepsilon_0 C$$

所以 $C = -\dfrac{Q}{4\pi a\varepsilon_0}$，把 C 代入方程(6.4.10)，得

$$U = E_0\left(\frac{a^3}{r^2} - r\right)\cos\theta - \frac{Q}{4\pi a\varepsilon_0}\left(1 - \frac{a}{r}\right)$$

习 题 六

1. 证明：$P_n(1) = 1, P_n(-1) = (-1)^n, P_{2n-1}(0) = 0, P_{2n}(0) = \dfrac{(-1)^n(2n)!}{2^{2n}(n!)^2}.$

2. 证明：$(1)\ x^2 = \dfrac{2}{3}P_2(x) + \dfrac{1}{3}P_0(x), (2)\ x^3 = \dfrac{2}{5}P_3(x) + \dfrac{3}{5}P_1(x).$

3. 验证：$P_n(x) = \dfrac{1}{2^n n!}\dfrac{\mathrm{d}^n}{\mathrm{d}x^n}(x^2 - 1)^n$ 满足勒让德方程 $(1 - x^2)y'' - 2xy' + n(n + 1)y = 0.$

4. 证明：$P'_n(x) = (2n - 1)P_{n-1}(x) + (2n - 5)P_{n-3}(x) + (2n - 9)P_{n-5}(x) + \cdots$

5. 证明：当 $m \neq n$ 时，有

$$\int_x^1 P_m(t)P_n(t)\mathrm{d}t = \frac{(1 - x^2)\left[P'_m(x)P_n(x) - P_m(x)P'_n(x)\right]}{m(m + 1) - n(n + 1)}.$$

6. 计算积分：

$(1)\ \displaystyle\int_0^1 xP_5(x)\mathrm{d}x$ $\qquad(2)\ \displaystyle\int_{-1}^1 P_n(x)\mathrm{d}x$

$(3)\ \displaystyle\int_{-1}^1 xP_n(x)\mathrm{d}x$ $\qquad(4)\ \displaystyle\int_{-1}^1 x^k P_n(x)\mathrm{d}x \quad (k < n)$

$(5)\ \displaystyle\int_{-1}^1 P_2(x)P_4(x)\mathrm{d}x$ $\qquad(6)\ \displaystyle\int_{-1}^1 P_2(x)P_4(x)\mathrm{d}x$

$(7)\ \displaystyle\int_{-1}^1\left[P_2(x)\right]^2\mathrm{d}x$ $\qquad(8)\ \displaystyle\int_{-1}^1\left[P_n(x)\right]^2\mathrm{d}x$

7. 设 $f(x) = \begin{cases} 0 & (-1 < x \leqslant 0) \\ x & (0 < x < 1) \end{cases}$ 证明：

$$f(x) = \frac{1}{4}P_0(x) + \frac{1}{2}P_1(x) + \frac{5}{16}P_2(x) - \frac{3}{32}P_4(x) + \cdots$$

8. 求单位球内的调和函数 $u(r,\theta)$. 使它满足边界条件:

(1) $u\,|_{r=1} = \cos^2\theta$ (2) $u\,|_{r=1} = 3\cos(2\theta) + 1$

9. 在半径为 1 的球内求调和函数 $u(r,\theta)$,已知在球面上 $u\,|_{r=1} = \begin{cases} A & (0 \leqslant \theta \leqslant \alpha) \\ 0 & (\alpha < \theta \leqslant \pi). \end{cases}$

10. 在半径为 1 的球的外部求调和函数 $u(r,\theta)$. 使它满足边界条件 $u\,|_{r=1} = \cos^2\theta$.

11. 求解下列定解问题:

$$\begin{cases} \dfrac{1}{r^2}\dfrac{\partial}{\partial r}\left(r^2\dfrac{\partial u}{\partial r}\right) + \dfrac{1}{r^2\sin\theta}\dfrac{\partial}{\partial \theta}\left(\sin\theta\dfrac{\partial u}{\partial \theta}\right) = 0 \quad (0 < r < 1) \\ u\,|_{r=1} = \cos^2\theta + 2\cos\theta \end{cases}$$

12. 一个半径为 R,厚度为 $\dfrac{R}{2}$ 的半空心球,外球面和内球面上的温度始终保持为

$f(\theta) = A\sin^2\dfrac{\theta}{2}$ $\left(0 \leqslant \theta \leqslant \dfrac{\pi}{2}\right)$,而球底面上则保持为 $\dfrac{A}{2}$,求半空心球内部各点的温度

$\left(\dfrac{R}{2} < r < R\right)$.

第七章 能量积分法与变分方法

我们知道一个定解问题的适定性包括解的存在性、唯一性和稳定性,前面讨论了定解问题的几种解法,或者说找出了定解问题的一个解(解的存在性). 本章利用能量积分的方法,给出波动方程定解问题适定性中解的唯一性(只存在一个解)和稳定性(解是连续地依赖于定解条件)的证明,其次,讨论拉普拉斯方程或泊松方程边值问题的另一种解法——变分方法(将一个边值问题化为求一个泛函的极小值问题).

7.1 一维波动方程初值问题的能量不等式

在这一节:将就弦振动问题导出振动弦的动能和位能的表达式,然后再证明总能量(动能与位能的和)所满足的不等式.

由物理学知,若质点的质量是 m,在时刻 t 其速度是 v,则它在 t 时刻的动能为 $\frac{1}{2}mv^2$. 现在考虑弦上的元素 ds,当弦作微小横向振动时 $ds \approx dx$,它在时刻 t 的速度为 u_t,所以 ds 在时刻 t 所具有的动能近似地为 $\frac{1}{2}\rho u_t^2 dx$,式中 ρ 是弦的密度(一般来说是 x 的函数),整个弦在 t 时刻的动能为

$$U = \int_0^t \frac{1}{2}\rho u_t^2 dx \qquad (7.1.1)$$

式中:l 为弦长.

再看弦在 t 时刻的位能(或称势能),所谓位能就是使弦变形时所做的功. 假设弦不受外力作用,则使弦变形的力只有张力,反抗张力所做的功就是弦的位能的增量. 由第一章第一个例子可知,当弦的振幅很小时,它的张力可以看做是一个常向量,其大小记作 T,张力在位移方向的分量近似于 Tu_x. 在这个力的作用下,弦变形了,其位移的增量是 $\Delta u \approx du = u_x dx$. 所以弦上元素 ds 在 t 时刻的位能近似为 $\frac{1}{2}Tu_x^2 dx$,整个弦在 t 时刻的位能为

$$V = \frac{1}{2}\int_0^t Tu_x^2 dx \qquad (7.1.2)$$

当然,如果除了张力 T 以外,在 t 时刻弦在位移方向还受到密度为 $f(x,t)$ 的外力作用,这时位能应为

$$V = \int_0^t \left(\frac{1}{2}Tu_x^2 + fu\right)dx \qquad (7.1.3)$$

将方程(7.1.1)和方程(7.1.2)或方程(7.1.3)相加,即得弦在 t 时刻的总能量

$$E(t) = \frac{1}{2} \int_0^l (\rho u_t^2 + T u_x^2) \, \mathrm{d}x \tag{7.1.4}$$

或

$$E(t) = \int_0^l \left(\frac{1}{2} \rho u_t^2 + \frac{1}{2} T u_x^2 + fu \right) \mathrm{d}x \tag{7.1.5}$$

如果 ρ 是常数,并不计常数因子,方程(7.1.4)可以表示为

$$E(t) = \int_0^l [u_t^2(x,t) + a^2 u_x^2(x,t)] \, \mathrm{d}x \tag{7.1.6}$$

式中:$a^2 = \dfrac{T}{\rho}$. 或者更简单地写成

$$E(t) = \int_0^l [u_t^2(x,t) + u_x^2(x,t)] \, \mathrm{d}x \tag{7.1.7}$$

把方程(7.1.6)和方程(7.1.7)称为能量积分,或称为 u 的能量模(有时将其正平方根称为 u 的能量模).

现在来考察初值问题

$$\begin{cases} \dfrac{\partial^2 u}{\partial t^2} = a^2 \dfrac{\partial^2 u}{\partial x^2} + f(x,t) & (-\infty < x < +\infty, t > 0) \\ u|_{t=0} = \varphi(x) & (-\infty < x < +\infty) \\ u_t|_{t=0} = \psi(x) & (-\infty < x < +\infty) \end{cases} \tag{7.1.8}$$

设 u 是初值问题方程(7.1.8)的解(古典解),为了建立能量不等式,过点 (x_0, t_0) 作特征线 $x = x_0 \pm a(t - t_0)$,它们与 x 轴相交于 $(x_0 - at_0, 0)$ 及 $(x_0 + at_0, 0)$,这两条特征线与 x 轴所围成的区域记作 K(见图7.1). 任取 $0 \leqslant \tau \leqslant t_0$,令

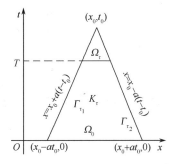

图7.1 积分区域示意图

$$K_\tau = K \cap |0 \leqslant t \leqslant \tau|$$

(侧边为特征线的梯形)

$$\begin{aligned} \Omega_\tau &= K \cap \{t = \tau\} \\ &= (x_0 + a(\tau - t_0), x_0 - a(\tau - t_0)) \,(\text{区间}) \end{aligned}$$

在初值问题方程(7.1.8)中的波动两端同乘以 $\dfrac{\partial u}{\partial t}$ 并在 K_τ 上积分,得

$$\iint_{K_\tau} \frac{\partial u}{\partial t} \left(\frac{\partial^2 u}{\partial t^2} - a^2 \frac{\partial^2 u}{\partial x^2} \right) \mathrm{d}x \mathrm{d}t = \iint_{K_\tau} f \frac{\partial u}{\partial t} \mathrm{d}x \mathrm{d}t \tag{7.1.9}$$

先计算方程(7.1.9)左端的积分,由于

$$\frac{\partial u}{\partial t} \cdot \frac{\partial^2 u}{\partial t^2} = \frac{1}{2} \cdot \frac{\partial}{\partial t} \left(\frac{\partial u}{\partial t} \right)^2$$

$$\frac{\partial u}{\partial t} \cdot \frac{\partial^2 u}{\partial x^2} = \frac{\partial}{\partial x} \left(\frac{\partial u}{\partial t} \cdot \frac{\partial u}{\partial x} \right) - \frac{\partial}{\partial x} \left(\frac{\partial u}{\partial t} \right) \frac{\partial u}{\partial x}$$

$$= \frac{\partial}{\partial x} \left(\frac{\partial u}{\partial x} \cdot \frac{\partial u}{\partial x} \right) - \frac{1}{2} \cdot \frac{\partial u}{\partial t} \left(\frac{\partial u}{\partial x} \right)^2$$

代入方程(7.1.9)可得

$$\iint\limits_{K_\tau}\left\{\frac{1}{2}\cdot\frac{\partial}{\partial t}\left[\left(\frac{\partial u}{\partial t}\right)^2+a^2\left(\frac{\partial u}{\partial x}\right)^2\right]-a^2\frac{\partial}{\partial x}\left(\frac{\partial u}{\partial t}\cdot\frac{\partial u}{\partial x}\right)\right\}\mathrm{d}x\mathrm{d}t=\iint\limits_{K_\tau}f\frac{\partial u}{\partial t}\mathrm{d}x\mathrm{d}t$$

利用格林公式得

$$-\oint\limits_{\partial K_\tau}a^2\left(\frac{\partial u}{\partial t}\cdot\frac{\partial u}{\partial x}\right)\mathrm{d}t+\frac{1}{2}\left[\left(\frac{\partial u}{\partial t}\right)^2+a^2\left(\frac{\partial u}{\partial x}\right)^2\right]\mathrm{d}x=\iint\limits_{K_\tau}f\frac{\partial u}{\partial t}\mathrm{d}x\mathrm{d}t \qquad (7.1.10)$$

式中: ∂K_τ 为 K_τ 的边界,它由上底 Ω_τ 、下底 Ω_0 及两侧边 $\Gamma_{\tau 1}$ 与 $\Gamma_{\tau 2}$ 所组成.

把上式左端记作 J ,则

$$J=\frac{1}{2}\int\limits_{\Omega_\tau}\left[\left(\frac{\partial u}{\partial t}\right)^2+a^2\left(\frac{\partial u}{\partial x}\right)^2\right]\mathrm{d}x-\frac{1}{2}\int\limits_{\Omega_0}(\psi^2+a^2\varphi_x^2)\mathrm{d}x-$$

$$\int\limits_{\Gamma_{\tau 1}\cup\Gamma_{\tau 2}}\left\{a^2\left(\frac{\partial u}{\partial x}\cdot\frac{\partial u}{\partial t}\right)\mathrm{d}t+\frac{1}{2}\left[\left(\frac{\partial u}{\partial t}\right)^2+a^2\left(\frac{\partial u}{\partial x}\right)^2\right]\mathrm{d}x\right\} \qquad (7.1.11)$$

将右端第三项记成 J_1 ,现在来估计 J_1 ,在 $\Gamma_{\tau 1}$ 上, $\mathrm{d}x=a\mathrm{d}t$,在 $\Gamma_{\tau 2}$ 上, $\mathrm{d}x=-a\mathrm{d}t$,故

$$J_1=-\iint\limits_{\Gamma_{\tau 1}}\left\{a^2\left(\frac{\partial u}{\partial t}\cdot\frac{\partial u}{\partial x}\right)+\frac{1}{2}\left[\left(\frac{\partial u}{\partial t}\right)^2+a^2\left(\frac{\partial u}{\partial x}\right)^2\right]a\right\}\mathrm{d}t-$$

$$\int\limits_{\Gamma_{\tau 2}}\left\{a^2\left(\frac{\partial u}{\partial t}\cdot\frac{\partial u}{\partial x}\right)-\frac{1}{2}a\left[\left(\frac{\partial u}{\partial t}\right)^2+a^2\left(\frac{\partial u}{\partial x}\right)^2\right]\right\}\mathrm{d}t$$

$$=\frac{a}{2}\int_0^\tau\left(\frac{\partial u}{\partial t}+a\frac{\partial u}{\partial x}\right)^2\Big|_{x=x_0-a(t_0-t)}\mathrm{d}t+$$

$$\frac{a}{2}\int_0^\tau\left(\frac{\partial u}{\partial t}-a\frac{\partial u}{\partial x}\right)^2\Big|_{x=x_0+a(t_0-t)}\mathrm{d}t\geqslant 0 \qquad (7.1.12)$$

由方程(7.1.10)、方程(7.1.11)与方程(7.1.12)可得

$$\int\limits_{\Omega_\tau}\left[\left(\frac{\partial u}{\partial t}\right)^2+a^2\left(\frac{\partial u}{\partial x}\right)^2\right]\mathrm{d}x\leqslant\int\limits_{\Omega_0}(\psi^2+a^2\varphi_x^2)\mathrm{d}x+2\iint\limits_{K_\tau}f\frac{\partial u}{\partial t}\mathrm{d}x\mathrm{d}t \qquad (7.1.13)$$

利用代数不等式 $2ab\leqslant a^2+b^2$ 可得

$$2\iint\limits_{K_\tau}f\frac{\partial u}{\partial t}\mathrm{d}x\mathrm{d}t\leqslant\iint\limits_{K_\tau}\left[\left(\frac{\partial u}{\partial t}\right)^2+f^2\right]\mathrm{d}x\mathrm{d}t$$

从而

$$\int\limits_{\Omega_\tau}\left[\left(\frac{\partial u}{\partial t}\right)^2+a^2\left(\frac{\partial u}{\partial x}\right)^2\right]\mathrm{d}x\leqslant\int\limits_{\Omega_0}(\psi^2+a^2\varphi_x^2)\mathrm{d}x+\iint\limits_{K_\tau}\left(\frac{\partial u}{\partial t}\right)^2\mathrm{d}x\mathrm{d}t+\iint\limits_{K_\tau}f^2\mathrm{d}x\mathrm{d}t\leqslant$$

$$\int\limits_{\Omega_0}(\psi^2+a^2\varphi_x^2)\mathrm{d}x+\iint\limits_{K_\tau}\left[\left(\frac{\partial u}{\partial t}\right)^2+a^2\left(\frac{\partial u}{\partial x}\right)^2\right]\mathrm{d}x\mathrm{d}t+\iint\limits_{K_\tau}f^2\mathrm{d}x\mathrm{d}t \qquad (7.1.14)$$

令

$$G(\tau)=\iint\limits_{K_\tau}\left[\left(\frac{\partial u}{\partial t}\right)^2+a^2\left(\frac{\partial u}{\partial x}\right)^2\right]\mathrm{d}x\mathrm{d}t$$

$$= \int_0^\tau \int_{x_0-a(t_0-t)}^{x_0+a(t_0-t)} \left[\left(\frac{\partial u}{\partial t} \right)^2 + a^2 \left(\frac{\partial u}{\partial x} \right)^2 \right] \mathrm{d}x \mathrm{d}t$$

$$= \int_0^\tau \int_{\Omega_\tau} \left[\left(\frac{\partial u}{\partial t} \right)^2 + a^2 \left(\frac{\partial u}{\partial x} \right)^2 \right] \mathrm{d}x \mathrm{d}t$$

由方程(7.1.14)可知 $G(\tau)$ 满足下列微分不等式

$$\frac{\mathrm{d}G(\tau)}{\mathrm{d}\tau} \leqslant G(\tau) + F(\tau) \tag{7.1.15}$$

式中

$$F(\tau) = \int_{\Omega_0} (\psi^2 + a^2 \varphi_x^2) \mathrm{d}x + \iint_{K_\gamma} f^2 \mathrm{d}x \mathrm{d}t$$

为了从微分不等式方程(7.1.15)中解出 $G(\tau)$,用 $\mathrm{e}^{-\tau}$ 乘其两端得

$$\frac{\mathrm{d}}{\mathrm{d}\tau} (\mathrm{e}^{-\tau} G(\tau)) \leqslant \mathrm{e}^{-\tau} F(\tau)$$

对上式在 $[0, \tau]$ 上积分,得

$$\mathrm{e}^{-\tau} G(\tau) \leqslant \int_0^\tau \mathrm{e}^{-t} F(t) \mathrm{d}t \leqslant F(\tau)(1 - \mathrm{e}^{-\tau})$$

故

$$G(\tau) \leqslant (\mathrm{e}^\tau - 1) F(\tau) \tag{7.1.16}$$

将不等式方程(7.1.16)代入方程(7.1.15)的右端,得

$$\frac{\mathrm{d}G(\tau)}{\mathrm{d}\tau} \leqslant \mathrm{e}^\tau F(\tau)$$

再由 $G(\tau)$ 的表达式可得下列能量不等式:

$$\int_{\Omega_\tau} \left[\left(\frac{\partial u}{\partial t} \right)^2 + a^2 \left(\frac{\partial u}{\partial x} \right)^2 \right] \mathrm{d}x \leqslant \mathrm{e}^\tau \left[\int_{\Omega_0} (\psi^2 + a^2 \varphi_x^2) \mathrm{d}x + \iint_{K_\tau} f^2 \mathrm{d}x \mathrm{d}t \right] \tag{7.1.17}$$

注 1 上面推导了一维波动方程的能量积分及能量不等式,完全类似地可以得到弹性膜或弹性体振动时的动能及位能的表达式为

动能

$$U = \frac{1}{2} \int_\Omega \rho u_t^2 \mathrm{d}x$$

位能

$$V = \int_\Omega \frac{T}{2} |\nabla u|^2 \mathrm{d}x$$

式中: Ω 为弹性物体所占的空间区域; x 为二维或三维欧氏空间的向量($x = (x_1, x_2)$ 或 $x = (x_1, x_2, x_3)$), ∇u 为 u 的梯度,例如在三维空间内

$$\nabla u = \frac{\partial u}{\partial x_1} \mathbf{i} + \frac{\partial u}{\partial x_2} \mathbf{j} + \frac{\partial u}{\partial x_3} \mathbf{k}$$

故

$$|\nabla u|^2 = \sum_{i=1}^3 \left(\frac{\partial u}{\partial x_i} \right)^2$$

此外,用推导能量不等式方程(7.1.17)的同样方法也可以得到高维波动方程的能量不等式,所不同的是过空间内一点向下作特征锥面,例如,对二维波动方程,过点(x_0,y_0,t_0)作特征锥面$a(t_0-t)=\sqrt{(x-x_0)^2+(y-y_0)^2}$,而不是作特征线.

注2 不等式方程(7.1.16)称为 Gronwall 不等式,说明只要非负函数满足微分不等式(7.1.15),即可得到不等式方程(7.1.16). 更一般的情形是:

如果非负函数$G(\tau)$在$[0,\tau]$上连续可微,$G(0)=0$,且对$\tau \in [0,\tau]$,它满足

$$\frac{\mathrm{d}G(\tau)}{\mathrm{d}\tau} \leqslant cG(\tau)+F(\tau)$$

则

$$G(\tau) \leqslant \frac{1}{c}(\mathrm{e}^{c\tau}-1)F(\tau)$$

证明的方法和推导不等式方程(7.1.16)完全相同,只要用$\mathrm{e}^{-c\tau}$代替$\mathrm{e}^{-\tau}$.

7.2 初值问题解的唯一性与稳定性

以一维问题为例来说明要证明的结论,利用方程和初始条件的线性性,要证明问题方程(7.1.8)的解是唯一的,只要证明下列齐次问题.

$$\begin{cases} \dfrac{\partial^2 u}{\partial t^2}=a^2\dfrac{\partial^2 u}{\partial x^2} & (-\infty<x<+\infty,t>0) \\ u|_{t=0}=0 & (-\infty<x<+\infty) \\ u_t|_{t=0}=0 & (-\infty<x<+\infty) \end{cases}$$

只有零解,而后者可以直接由能量不等式方程(7.1.17)得到. 事实上,当$\varphi=\psi=f\equiv 0$时,由能量不等式方程(7.1.17)得

$$\iint\limits_{\Omega_\tau}\left[\left(\frac{\partial u}{\partial t}\right)^2+a^2\left(\frac{\partial u}{\partial x}\right)^2\right]\mathrm{d}x=0$$

故

$$\frac{\partial u}{\partial t}=\frac{\partial u}{\partial x}=0$$

由于u是一个光滑函数,所以$u(x,\tau)\equiv$常数,但是,当$t=0$时,$u=0$,所以$u(x,\tau)\equiv 0$.

下面来讨论解的稳定性,凡是谈到稳定性,首先要摘清楚解在什么意义下是稳定的. 设有两个初值问题

$$\begin{cases} \dfrac{\partial^2 u_i}{\partial t^2}=a^2\dfrac{\partial^2 u_2}{\partial x^2}+f_i(x,t) & (-\infty<x<+\infty,t>0) \\ u_i\bigg|_{t=0}=\varphi_i(x) & (-\infty<x<+\infty) \\ \dfrac{\partial u_i}{\partial t}\bigg|_{t=0}=\psi_i(x) & (-\infty<x<+\infty,i=1,2,3,\cdots) \end{cases}$$

将两个问题中对应的方程相减得

$$\begin{cases} \dfrac{\partial^2 (u_1 - u_2)}{\partial t^2} = a^2 \dfrac{\partial^2 (u_1 - u_2)}{\partial x^2} + f_1(x,t) - f_2(x,t) \\ \qquad\qquad\qquad\qquad (-\infty < x < +\infty, t > 0) \\ (u_1 - u_2)\Big|_{t=0} = \varphi_1(x) - \varphi_2(x) \quad (-\infty < x < +\infty) \\ \dfrac{\partial (u_1 - u_2)}{\partial t}\Big|_{t=0} = \psi_1(x) - \psi_2(x) \quad (-\infty < x < +\infty) \end{cases}$$

对上面的定解问题利用能量不等式方程(7.1.17)得

$$\iint_{D_\tau} \left[\left(\frac{\partial (u_1 - u_2)}{\partial t} \right)^2 + a^2 \left(\frac{\partial (u_1 - u_2)}{\partial x} \right)^2 \right] dx \leqslant$$

$$e^\tau \left\{ \iint_{\Omega_0} \left[(\psi_1 - \psi_2)^2 + a^2 (\varphi_{1x} - \varphi_{2x})^2 \right] dx + \right.$$

$$\left. \iint_{K_\tau} (f_1(x,t) - f_2(x,t))^2 dx dt \right\} \tag{7.2.1}$$

如果方程(7.2.1)右端的值很小,即初值与方程中自由项在能量模意义下变化很小,则初值问题方程(7.1.8)的解也在能量模意义下变化很小,也就是说,初值问题的解在能量模意义下连续地依赖于初始数据和方程的自由项.

7.3 初边值问题的能量不等式

为了方便起见,还是考虑一维波动方程的初边值问题

$$\begin{cases} \dfrac{\partial^2 u}{\partial t^2} = a^2 \dfrac{\partial^2 u}{\partial x^2} + f(x,t) \quad (x,t) \in Q \equiv \{0 < x < l, t > 0\} \\ u(0,t) = u(l,t) = 0 \quad (t > 0) \\ u(x,0) = \varphi(x) \quad (0 \leqslant x \leqslant l) \\ u_t(x,0) = \psi(x) \quad (0 \leqslant x \leqslant l) \end{cases} \tag{7.3.1}$$

和第一节中的做法相同,在初边值问题方程(7.3.1)中的两端同乘以 u_t 后在长方形区域 $Q_r \equiv (0,l) \times (0,\tau) = \{0 < x < l, 0 < t < \tau\}$ 上积分,得

$$\iint_{Q_\tau} u_t(u_{tt} - a^2 u_{xx}) dx dt = \iint_{Q_\tau} u_t f dx dt$$

把左端积分号内的函数写成散度形式再用格林公式,可得

$$- \oint_{\partial Q_\tau} \left[\left(\frac{1}{2} u_t^2 + \frac{1}{2} a^2 u_x^2 \right) dx + a^2 u_t u_x dx \right] = \iint_{Q_\tau} u_t f dx dt$$

即

$$- \int_0^l (u_t^2 + a^2 u_x^2) \Big|_{t=0} dx - \int_0^\tau 2a^2 u_t u_x \Big|_{x=l} dt -$$

$$\int_l^0 (u_t^2 + a^2 u_x^2) \Big|_{t=\tau} \mathrm{d}x - \int_\tau^0 2a^2 u_t u_x \Big|_{x=0} \mathrm{d}t = 2\iint_{Q_\tau} u_\tau \mathrm{d}x\mathrm{d}t$$

利用边界条件及初始条件得

$$\int_0^l (u_t^2 + a^2 u_x^2) \Big|_{t=\tau} \mathrm{d}x - \int_0^l (\psi^2 + a^2 \varphi_x^2) \mathrm{d}x = 2\iint_{Q_\tau} u_t f \mathrm{d}x\mathrm{d}t \tag{7.3.2}$$

由此可得

$$\int_0^l [u_t^2(x,\tau) + a^2 u_x^2(x,\tau)] \mathrm{d}x \leqslant \int_0^l (\psi^2 + a^2 \varphi_x^2) \mathrm{d}x +$$

$$\iint_{Q_\tau} u_t^2 \mathrm{d}x\mathrm{d}t + \iint_{Q_\tau} f^2 \mathrm{d}x\mathrm{d}t \tag{7.3.3}$$

令

$$G(\tau) = \iint_{Q_\tau} (u_\tau^2 + a^2 u_x^2) \mathrm{d}x\mathrm{d}t$$

则由方程(7.3.3)可得

$$\frac{\mathrm{d}G(\tau)}{\mathrm{d}\tau} \leqslant G(\tau) + F(\tau) \tag{7.3.4}$$

式中

$$F(\tau) = \int_0^l (\psi^2 + a^2 \varphi_x^2) \mathrm{d}x + \iint_{Q_\tau} f^2 \mathrm{d}x\mathrm{d}t$$

由第一节中注 2 所述的 Gronwall 不等式并利用方程(7.1.6)可得

$$E(\tau) \leqslant M\Big(E(0) + \iint_{Q_\tau} f^2 \mathrm{d}x\mathrm{d}t\Big) \tag{7.3.5}$$

这就是一维波动方程初边值问题的能量不等式,式中 $M = \mathrm{e}^\tau \leqslant \mathrm{e}^T$. T 为任意正数,$(x,\tau) \leqslant Q_T$.

从上面推导的过程中由方程(7.3.2)可知,若 $f \equiv 0$,则

$$E(\tau) = E(0)$$

这说明,若没有外力作用,弦的能量是守恒的.

作为能量不等式方程(7.3.5)的推论,和第二节一样可以证明初边值问题方程(7.2.1)的解是唯一的,并且在能量模意义下连续依赖于初始数据和方程中的自由项.

注 1　对于抛物型方程

$$\frac{\partial u}{\partial t} = a^2 \frac{\partial^2 u}{\partial x^2} + f(x,t) \tag{7.3.6}$$

来说,没有能量的概念,因此也就没有能量的不等式.不过若撇开物理概念,也可以套用第一节与第三节中的方法来证明方程(7.3.6)的初值问题及初边值问题解的唯一性,所不同的是,在弦振动方程中用 u_t 乘方程两端后积分;对方程(7.3.6)来说,是用 u 乘方程两端再进行积分.由于这个积分也具有波动方程能量积分类似形式,所以有些书上也称为能量方法,这里不再赘述,将在习题中让读者自己去练习.

注2 利用能量方法也能证明定解问题解的存在性,但需要用到一些较深的数学理论,例如泛函分析等,这里不再细述了.

7.4 变分方法的物理背景

弹性力学中的最小位能原理表明:受外力作用的弹性体在满足已知的边界条件的一切位移中,满足平衡方程的位移使总位能

$$J = \text{应变能与已知外力所做功之差}$$

为最小,这个原理启示我们可以将一个求解平衡方程的边值问题化为求总位能(其表达式为一个泛函)的最小值问题.

下面以边界固定的弹性膜在受载荷后的平衡位置为例说明上述原理.由第七章第一节中的注1可知,若略去常数因子,薄膜的位能为

$$V = \frac{1}{2}\iint_{\Omega}(u_x^2 + u_y^2)\mathrm{d}x\mathrm{d}y \qquad (7.4.1)$$

式中:Ω 为薄膜平衡时由其周界 Γ 所围的平面区域,设在薄膜单位面积上所加的外力为 $f(x,y)$,则外力所做的功为

$$W = \iint_{\Omega}fu\mathrm{d}x\mathrm{d}y \qquad (7.4.2)$$

于是总位能(略去常数因子)为

$$J(u) = \frac{1}{2}\iint_{\Omega}(u_x^2 + u_y^2)\mathrm{d}x\mathrm{d}y - \iint_{\Omega}fu\mathrm{d}x\mathrm{d}y \qquad (7.4.3)$$

或写成

$$J(u) = \frac{1}{2}\iint_{\Omega}(|\nabla u|^2 - 2fu)\mathrm{d}x\mathrm{d}y \qquad (7.4.4)$$

方程(7.4.4)的右端是未知函数 u(位移)的函数,所以 J 是 u 的函数,称它为泛函.

最小位能原理说明,下列问题:

$$\begin{cases} -\Delta u = f & (x,y)\in\Omega \\ u|_{\Gamma} = 0 \end{cases} \qquad (7.4.5)$$

的解 u 必定使泛函 $J(u)$ 达到最小值,凡是谈到最小值,必须要有一个取值范围,即泛函 $J(u)$ 的定义域.从泛函方程(7.4.4)可知,要 $J(u)$ 有意义,u 在 Ω 内应该一次连续可微,即 $u \in C^1(\overline{\Omega})$,此外由最小位能原理的要求,$u$ 还必须满足问题方程(7.4.5)中的边界条件.把所有满足上述条件函数的全体记作 M_0,即

$$M_0 = \{u|u \in C^1(\overline{\Omega}), u|_{\Gamma} = 0\}$$

这样一来,最小位能原理也就是说:问题方程(7.4.5)的解必使 $J(u)$ 在 M_0 内取最小值.

现在再把问题方程(7.4.5)的形式变化一下,假设方程

$$-\Delta u = f$$

有一个特解 u_0，即 $-\Delta u_0 = f_c$. 令 $v = u - u_0$，则问题方程(7.4.5)可变成

$$\begin{cases} -\Delta v = 0 & (x,y) \in \Omega \\ v|_\Gamma = -u_0|_\Gamma \end{cases}$$

这个问题的特点是方程为齐次的，而边界条件则是非齐次的. 下面只讨论这种形式的边值问题

$$\begin{cases} -\Delta u = 0 & (x,y) \in \Omega \\ u|_\Gamma = \varphi(x,y) & (x,y) \in \Gamma \end{cases} \tag{7.4.6}$$

式中：φ 为已知函数. 与边值问题方程(7.4.6)相对应的变分问题就是在函数集

$$M_\varphi = \{v \mid v \in C^1(\overline{\Omega}), v|_\Gamma = \varphi\} \tag{7.4.7}$$

中找一个函数 u，使得

$$J(u) = \min_{v \in M_\varphi} J(v) \tag{7.4.8}$$

式中

$$J(v) = \frac{1}{2} \iint\limits_\Omega |\nabla v|^2 \mathrm{d}x\mathrm{d}y \tag{7.4.9}$$

7.5 变分问题的可解性

在上一节中，已经从力学的角度说明了变分方法的思想，即边值问题方程(7.4.5)的解有可能通过求泛函方程(7.4.4)在 M_0 中的极小值来获得. 那么泛函边值问题方程(7.4.4)是不是一定在 M_0 内有达到最小值的点呢？如果有这样的点，它是不是就是边值问题方程(7.4.5)的解呢？这一节，先来讨论变分问题的可解性问题.

一个变分问题不一定是可解的，这个事实已由德国数学家魏尔斯托拉斯(Weierstrass)于 1870 年举了一个例子作了说明，他考虑泛函

$$J(\varphi) = \int_0^1 \left[1 + \left(\frac{\mathrm{d}\varphi}{\mathrm{d}x} \right)^2 \right]^{\frac{1}{4}} \mathrm{d}x \tag{7.5.1}$$

在集合 $M = \{\varphi(x) \mid \varphi \in \mathbf{C}([0,1]), \varphi'$ 除有有限个第一类间断点外均连续，$\varphi(0) = 1, \varphi(1) = 0\}$ 上是否达到最小值问题. 易证

$$\min_{\varphi \in M} J(\varphi) = 1 \tag{7.5.2}$$

事实上，$J(\varphi) \geqslant 1$. 对任意 $\delta > 0$，取

$$\varphi_\delta(x) = \begin{cases} \dfrac{1}{\delta^2}(\delta^2 - x) & (0 \leqslant x \leqslant \delta^2) \\ 0 & (\delta^2 < x \leqslant 1) \end{cases}$$

显然 $\varphi_\delta \in M$，且 $J(\varphi_\delta) \leqslant 1 + \delta$. 故

$$1 \leqslant \min_{\varphi \in M} J(\varphi) \leqslant 1 + \delta$$

由 δ 的任意性知，$\min_M J(\varphi) = 1$.

但不存在 $\varphi \in M$ 使得方程(7.5.2)成立,若不然,则在 $[0,1]$ 上 $\dfrac{\mathrm{d}\varphi}{\mathrm{d}x} \equiv 0$,即 φ 为常数,这样的 φ 不在 M 内.

这个例子告诉我们,泛函方程(7.4.9)在指定的函数集内未必取得最小值.要想使变分问题可解,必须先拓广函数的范围,为此,需要引进几个概念.

设 S 是一个集合(为了说起来方便,假定 S 是一个点集,其实这里的"点"可以是函数等),点 x_0 叫做 S 的一个极限点,如果在包含 x_0 的任一邻域内(凡是提到邻域,就意味着在 S 内定义了距离),除 x_0 以外还至少存在 S 内的一个点. S 的所有极限点的全体记作 S',称为 S 的导集,$S \cup S'$(两个集合的并集)称为 S 的闭包,记作 $\bar{S}$,即 $\bar{S} = S \cup S'$.

从现在开始,以 Ω 表示 $\mathbf{R}^n$ 中的开集,其边界为 $\partial\Omega$,$\mathbf{R}^n$ 中的点用 $x = (x_1, x_2, \cdots, x_n)$ 表示,以 $C_0^1(\Omega)$ 表示所有在 $\bar{\Omega}$ 内一次连续可微,在 $\partial\Omega$ 上及 Ω 以外恒等于零的函数的全体,即

$$C_0^1(\Omega) = \{u \mid u \in C^1(\bar{\Omega}), \text{且在} \partial\Omega \text{上及} \Omega \text{外恒等于零}\} \tag{7.5.3}$$

在 $C_0^1(\Omega)$ 内引入距离:

设 $u, v \in C_0^1(\Omega)$,则 u, v 在 $C_0^1(\Omega)$ 内的距离为

$$\|u - v\|_1 \equiv \left(\int_\Omega |u - v|^2 \mathrm{d}x + \sum_{i=1}^n \int_\Omega |u_{x_i} - v_{x_i}|^2 \mathrm{d}x \right)^{\frac{1}{2}}$$

或简记为

$$\|u - v\|_1 = \left(\int_\Omega |u - v|^2 \mathrm{d}x + \int_\Omega |\nabla u - \nabla v|^2 \mathrm{d}x \right)^{\frac{1}{2}} \tag{7.5.4}$$

这里假设方程(7.5.4)右端的积分存在并且是有限的,若 Ω 为 $\mathbf{R}^n$ 中有界区域,这个要求自然满足.一般情形我们用

$$C_0^1(\Omega) = \{u \mid u \in C^1(\bar{\Omega}), \int_\Omega |u|^2 \mathrm{d}x < \infty \text{ 且在} \partial\Omega \text{上及} \Omega \text{外恒等于零}\}$$

来代替 $C_0^1(\Omega)$.

有了距离之后,就可以定义 $C_0^1(\Omega)$ 中序列的收敛性,从而也就可以定义极限点.以 $H_0^1(\Omega)$ 表示 $C_0^1(\Omega)$(或 $C_0^1(\Omega)$)在距离方程(7.5.4)意义下的闭包[①].显然,$H_0^1(\Omega)$ 中的元素在 Ω 的边界上一定取零值.

有了上面这些准备工作之后,就可以叙述变分问题一个可解性的结果:

设 f 满足 $\int_\Omega |f|^2 \mathrm{d}x < \infty$,则变分问题

$$J(u) = \min_{v \in H_0^1(\Omega)} J(v) \tag{7.5.5}$$

[①]严格地讲,作为 $H_0^1(\Omega)$ 中的距离式(7.5.4)中的导数 u_{x_1} 及 v_{x_i} 应该是弱导数,一个局部可积函数 v 称为 u 对 x_i 的弱导数,如果对任意 $\varphi \in C_0^1(\Omega)$ 成立

$$\int_\Omega \varphi v \mathrm{d}x = -\int_\Omega u \varphi_{x_i} \mathrm{d}x$$

显然,u 的古典导数必是弱导数.

一定有解,即存在 $u \in H_0^1(\Omega)$ 使变分问题方程(7.5.5)成立,式中 $J(v)$ 由方程(7.4.4)确定.

变分问题方程(7.5.5)有解了,那么这个解是不是边值问题方程(7.4.5)的解? 从古典解的角度来看,变分问题方程(7.5.5)的解显然未必是边值问题方程(7.4.5)的古典解,因为边值问题方程(7.4.5)的古典解应该是 $C(\overline{\Omega}) \cap C^2(\Omega)$ 中的函数(即在 Ω 内二次连续可微,在 $\overline{\Omega}$ 上连续),而变分问题方程(7.5.5)的解至多是 $C^1(\overline{\Omega})$ 中的元素,不一定有二阶导数,也不一定满足边值问题方程(7.4.5). 所以把变分问题方程(7.5.5)的解称为边值问题方程(7.4.5)的弱解. 当 Ω 满足一条件时,可以证明弱解也是古典解. 要证明变分问题可解以及解的光滑性,需要用到一些超出本书要求范围的知识,如泛函分析、索伯列夫空间理论等,这里就不涉及了.

7.6 吕兹－伽辽金方法

在上一节,给出了变分问题在 $H_0^1(\Omega)$ 有解的结论,并且把这个解称为边值问题方程 (7.4.5)的弱解,那么如何求出弱解呢? 在本节内介绍一种近似的方法. 这个方法的基本思想是在 $H_0^1(\Omega)$ 中的一个有限维子空间 S_N 上考虑变分问题方程(7.5.5),而在 S_N 上变分问题的解 u_N 是比较容易求出来的,我们就把这样求出来的 u_N 作为原变分问题或相应边值问题的近似解. 如果当 $N \to \infty$ 时,u_N 存在极限 u,这个 u 就是边值问题的的形式解.

现在关键的问题是如何构造子空间 S_N,通常的做法是在 $H_0^1(\Omega)$ 中选取 N 个线性无关的函数 $\varphi_1, \varphi_2, \cdots, \varphi_N$(这 N 个函数实际上就是空间 $H_0^1(\Omega)$ 中标准正交系(简称为 $H_0^1(\Omega)$ 的一个"基")的前 N 个元素),由这些函数张成一个线性子空间

$$S_N = \{ v_N | v_N = \sum_{i=1}^N a_i \varphi_i, \text{其中} (a_1, a_2, \cdots, a_N) \in \mathbf{R}^n \} \tag{7.6.1}$$

用 S_N 求解变分问题

$$J(u_N) = \min_{v_N \in S_N} J(v_N) \tag{7.6.2}$$

式中

$$
\begin{aligned}
J(v_N) &= \frac{1}{2} \iint_{\Omega} (|\nabla v_N|^2 - 2f v_N) \mathrm{d}x \\
&= \frac{1}{2} \iint_{\Omega} \left[\sum_{i=1}^N a_i \nabla \varphi_i \cdot \sum_{j=1}^N a_i \nabla \varphi_j - 2f \sum_{i=1}^N a_i \varphi_i \right] \mathrm{d}x \\
&= \frac{1}{2} \sum_{i,j=1}^N a_i a_j \int_{\Omega} \nabla \varphi_i \cdot \nabla \varphi_j \mathrm{d}x - \sum_{i=1}^N a_i \int_{\Omega} f \varphi_i \mathrm{d}x \\
&= \frac{1}{2} \sum_{i,j=1}^N a_{ij} a_i a_j - \sum_{i=1}^N b_i a_i
\end{aligned}
\tag{7.6.3}
$$

式中

$$a_{ij} = \int_{\Omega} \nabla \varphi_i \cdot \nabla \varphi_j \mathrm{d}x \tag{7.6.4}$$

$$b_i = \int_{\Omega} f\varphi_i \mathrm{d}x \tag{7.6.5}$$

方程(7.6.3)的右端是 $a_1, a_2, \cdots, a_N$ 的函数,记成 $\psi(a_1, a_2, \cdots, a_N)$,即

$$J(v_N) = \psi(a_1, a_2, \cdots, a_N) \tag{7.6.6}$$

这样一来,就把求解变分问题方程(7.6.2)转化成为求 $a_1, a_2, \cdots, a_N$ 使 $\psi(a_1, a_2, \cdots, a_N)$ 取最小值,而后者是一个多元函数求极值的问题,可以用微积分方法来完成,下面通过例题来说明.

[**例7.6.1**] 设 Ω 是矩形区域 $0 < x < a, 0 < y < b$,在 Ω 内求下列问题

$$\begin{cases} \dfrac{\partial^2 u}{\partial x^2} + \dfrac{\partial^2 u}{\partial y^2} = f(x,y) & (x,y) \in \Omega \\[2mm] u|_{\partial\Omega} = 0 \end{cases} \tag{7.6.7}$$

的解.

解:与这个问题相对应的泛函为

$$J(u) = \frac{1}{2}\iint_{\Omega} \left[\left(\frac{\partial u}{\partial x}\right)^2 + \left(\frac{\partial u}{\partial y}\right)^2 + 2fu \right] \mathrm{d}x\mathrm{d}y \tag{7.6.8}$$

相应的变分问题是:求 $u \in H_0^1(\Omega)$ 使

$$J(u) = \min_{v \in H_0^1(\Omega)} J(v) \tag{7.6.9}$$

在 $H_0^1(\Omega)$ 内选取线性无关函数组

$$W_{m,n}(x,y) = \sin\frac{m\pi x}{a}\sin\frac{n\pi y}{b} \quad (m,n=1,2,\cdots,N) \tag{7.6.10}$$

构造函数

$$v_N = \sum_{i,j=1}^{N} a_{ij}\sin\frac{i\pi x}{a}\sin\frac{j\pi y}{b} \tag{7.6.11}$$

代入方程(7.6.8)得

$$\begin{aligned} J(v_N) = \frac{1}{2}\int_0^b\int_0^a \Bigg[&\left(\sum_{i,j=1}^{N} a_{ij}\frac{i\pi}{a}\cos\frac{i\pi x}{a}\sin\frac{j\pi y}{b}\right)^2 + \\ &\left(\sum_{i,j=1}^{N} a_{ij}\frac{i\pi}{b}\sin\frac{i\pi x}{a}\cos\frac{j\pi y}{b}\right)^2 + 2\sum_{i,j=1}^{N} a_{ij}f\sin\frac{i\pi x}{a}\sin\frac{j\pi y}{b} \Bigg]\mathrm{d}x\mathrm{d}y \end{aligned}$$

利用函数组 $\left\{\sin\dfrac{i\pi x}{a}\sin\dfrac{j\pi y}{b}\right\}$ 的正交性可得

$$J(v_N) = \frac{\pi^2 ab}{4}\sum_{i,j=1}^{N}\left(\frac{i^2}{a^2} + \frac{j^2}{b^2}\right)a_{ij}^2 + \frac{ab}{2}\sum_{i,j=1}^{N}\beta_{ij}a_{ij} \tag{7.6.12}$$

式中

$$\beta_{ij} = \frac{4}{ab}\int_0^b\int_0^a f(x,y)\sin\frac{i\pi x}{a}\sin\frac{j\pi y}{b}\mathrm{d}x\mathrm{d}y \tag{7.6.13}$$

方程(7.6.12)的右端是 a_{ij} 的函数 $(i,j=1,2,\cdots,N)$,利用多元函数取极值的必要条件

$$\frac{\partial J(v_N)}{\partial a_{ij}} = 0 (i, j = 1, 2, \cdots, N)$$

得

$$\pi^2 \left(\frac{i^2}{a^2} + \frac{j^2}{b^2} \right) a_{ij} + \beta_{ij} = 0$$

故

$$a_{ij} = -\frac{\beta_{ij}}{\pi^2 \left(\frac{i^2}{a^2} + \frac{j^2}{b^2} \right)} (i, j = 1, 2, \cdots, N) \tag{7.6.14}$$

因此,变分问题方程(7.6.9)的近似解为

$$v_N = -\sum_{i,j=1}^{N} \frac{1}{\pi} \frac{\beta_{ij}}{\frac{i^2}{a^2} + \frac{j^2}{b^2}} \sin\frac{i\pi x}{a} \sin\frac{j\pi y}{b} \tag{7.6.15}$$

这个函数也是问题方程(7.6.7)的近似解. 令 $N \to \infty$ 得问题方程(7.6.7)的形式解为

$$u(x, y) = -\frac{1}{\pi} \sum_{i,j=1}^{\infty} \frac{\beta_{ij}}{\frac{i^2}{a^2} + \frac{j^2}{b^2}} \sin\frac{i\pi x}{a} \sin\frac{j\pi y}{b}$$

式中: β_{ij} 由方程(7.6.13)给出.

解:[例7.6.1]的方法称为吕兹－伽辽金方法. 在用吕兹－伽辽金方法时,最困难的问题是如何确定 $H_0^1(\Omega)$ 中的"基",它的前有限个函数应满足:彼此正交且在 Ω 的边界上为零. 当精度要求不高时,通常只要找出"基"中前一二个函数就可以了.

[例7.6.2] 用吕兹－伽辽金方法求

$$\begin{cases} \Delta u = -2 & (x, y) \in \Omega \\ u|_{\partial \Omega} = 0 \end{cases}$$

的近似解,式中 Ω 为矩形区域 $-a < x < a, -b < y < b$.

解:由于方程及边界条件关于 x 轴和 y 轴是对称的,因此解也应该关于 x 轴和 y 轴对称,取函数组

$$\varphi_0(x, y) = (a^2 - x^2)(b^2 - y^2), \varphi_1 = \varphi_0 x^2, \varphi_2 = \varphi_0 y^2, \cdots$$

下面只取 $N = 1$,即设 $u_1(x, y) = A\varphi_0(x, y)$ 代入方程(7.4.4)中得

$$J(u_1) = \frac{1}{2} \iint_{\Omega} (|\nabla u_1|^2 - 4u_1) \mathrm{d}x\mathrm{d}y$$

$$= \frac{1}{2} \int_{-b}^{b} \int_{-a}^{a} \{ 4A^2 [x^2(b^2 - y^2)^2 + y^2(a^2 - x^2)^2] - $$

$$4A(a^2 - x^2)(b^2 - y^2) \} \mathrm{d}x\mathrm{d}y$$

$$= \frac{64}{45}(a^3 b^5 + a^5 b^3)A^2 - \frac{32}{9}a^3 b^3 A$$

令

$$\frac{\mathrm{d}J(u_1)}{\mathrm{d}A} = 0$$

得

$$A = \frac{5}{4(a^2 + b^2)}$$

因此可得近似解为

$$u_1(x,y) = \frac{5}{4}\frac{(a^2 - x^2)(b^2 - y^2)}{a^2 + b^2}$$

习 题 七

1. 证明下列初值问题:
$$\begin{cases} u_{tt} - a^2 u_{xx} + cu = f(x,t) & (-\infty < x < \infty, t > 0) \\ u(x,0) = \varphi(x), \quad u_t|_{t=0} = \psi(x) \end{cases}$$
解的唯一性. 其中 c 是常数, $f(x,t)$、$\varphi(x)$ 和 $\psi(x)$ 都是适当光滑的函数.

(提示:先建立相应的能量不等式.)

2. 用能量方法证明一维波动方程带有第三类边界条件的初边值问题解的唯一性,这里所说的第三类边界条件为

$$(-Tu_x + k_1 u)\bigg|_{x=0} = g_1(x), (-Tu_x + k_2 u)\bigg|_{x=0} = g_2(x)$$

式中: $k_1, k_2 > 0$ 为常数.

(提示:用第三节中的方法,即先就 $g_1(x) \equiv g_2(x) \equiv 0$ 的情况,推导能量不等式,注意如何利用在 $x = 0$ 及 $x = l$ 上的边界条件).

3. 证明一维热传导方程的初边值问题:
$$\begin{cases} u_{tt} = a^2 u_{xx} + f(x,t) & (0 < x < l, 0 < t < T) \\ u\bigg|_{x=0} = g_1(t), \quad u\bigg|_{x=1} = g_2(t) \\ u(x,0) = \varphi(x) \end{cases}$$
的解是唯一的. 其中 $g_1(0) = \varphi(0)$, f、g_1、g_2 及 φ 都是适当光滑的函数.

4. 用吕兹 - 伽辽金方法求
$$\begin{cases} -\Delta u = 1 & (0 < x < a, 0 < y < b) \\ u(x,0) = u(0,y) = u(x,b) = u(a,y) = 0 \end{cases}$$
的近似解.

5. 用吕兹 - 伽辽金方法求

$$\begin{cases} -\Delta u = 1 & (x,y) \in \Omega \\ u\Big|_{\partial\Omega} = 0 \end{cases}$$

的近似解. 其中 Ω 的区域 $x^2 + y^2 < R^2$.

[提示:取近似解为 $u_1 = A(R^2 - x^2 - y^2)$.]

6. 用吕兹 - 伽辽金方法求

$$u_{xx} + u_{yy} + 2 = 0 \quad (-1 < x < 1, -2 < y < 2)$$

在条件 $u(x,-2) = u(x,2) = u(-1,y) = u(1,y) = 0$ 下的近似解.

第八章 非线性数学物理方程

自 20 世纪 60 年代以来,非线性方程在物理、化学、生物等各个学科中不断出现,其研究内容日趋丰富. 与线性方程的定解问题一样,非线性方程同样存在定解问题的适定性,但后者要复杂得多,而且非线性方程有许多自身的特点,因此本章重点放在几个物理中典型的非线性方程求解和求解方法上. 本章第一节介绍若干典型非线性方程及其行波解;第二节介绍 Hopf-Cole 和 Hirota 方法求非线性方程的解.

8.1 典型非线性方程及其行波解

在无限空间,线性或非线性偏微分方程

$$Pu = 0 \tag{8.1.1}$$

式中:P 为包括时间 t 和空间 x 偏导数的微分算子,形如 $u(x,t) = F(x - ct)$ 的解,称为上式的行波解,式中 c 为常数. 对线性偏微分方程,如波动方程 $u_t + u_x = 0$,$F(\xi)$($\xi = x - t$,$c = 1$)为满足一定条件的任意函数. 但对非线性偏微分方程,由于迭加原理已不成立,$F(\xi)$ 只能取特定的形式才有可能满足上式. 事实上,满足方程(8.1.1)的特定形式 $F(\xi)$ 是方程的非线性本征模式. 从行波解可以分析非线性偏微分方程解的重要性质,特别感兴趣的是非线性偏微分方程的所谓"孤立波"形式的解.

8.1.1 Burgers 方程及冲击波

Burgers 方程是非线性的耗散方程,一般形式为

$$\frac{\partial u}{\partial t} + u\frac{\partial u}{\partial x} - \alpha\frac{\partial^2 u}{\partial x^2} = 0 \tag{8.1.2}$$

式中:$\alpha > 0$ 为常数. 设上式的行波解有形式

$$u = u(\xi); \quad \xi = x - ct \tag{8.1.3}$$

代入方程(8.1.2)有

$$\alpha\frac{d^2 u}{d\xi^2} + c\frac{du}{d\xi} - u\frac{du}{d\xi} = 0 \tag{8.1.4}$$

对 ξ 积分一次得到

$$\alpha\frac{du}{d\xi} + cu - \frac{1}{2}u^2 = \frac{a}{2} \tag{8.1.5}$$

式中:a 为积分常数. 上式可改写成

$$\frac{\mathrm{d}u}{\mathrm{d}\xi} = \frac{1}{2a}(u^2 - 2cu + a) \tag{8.1.6}$$

设方程右边有两个实根,即

$$u_1 = c + \sqrt{c^2 - a}\,; \quad u_2 = c - \sqrt{c^2 - a} \tag{8.1.7}$$

同于 c 和 a 都是待定常数,取 $c^2 - a > 0$,于是方程(8.1.6)变为

$$\frac{\mathrm{d}u}{\mathrm{d}\xi} = \frac{1}{2a}(u - u_1)(u - u_2) \tag{8.1.8}$$

上式积分可得到

$$u = \frac{1}{2}(u_1 + u_2) - \frac{1}{2}(u_1 - u_2)\tanh\frac{u_1 - u_2}{4a}(\xi - \xi_0) \tag{8.1.9}$$

式中:ξ_0 为积分常数. 因此,得到了 Burgers 方程(8.1.2)的行波解式方程(8.1.9),波的振幅和波速为

$$A \equiv \frac{1}{2}(u_1 - u_2), \quad c = \frac{1}{2}(u_1 + u_2) \tag{8.1.10}$$

显然有下列关系

$$\frac{\mathrm{d}u}{\mathrm{d}\xi}\bigg|_{u=u_1} = \frac{\mathrm{d}u}{\mathrm{d}\xi}\bigg|_{u=u_2} = 0$$

$$u\big|_{\xi=\xi_0} = c, \quad u\big|_{\xi\to-\infty} = u_1, \quad u\big|_{\xi\to\infty} = u_2$$

因此,方程(8.1.9)的图像如图 8.1 所示,称为 Burgers 方程的冲击波解.

下面分析平衡点 $u = u_1$ 和 $u = u_2$ 的稳定性. 为此把二阶方程(8.1.4)写成一阶方程组

$$\frac{\mathrm{d}}{\mathrm{d}\xi}\begin{pmatrix} u \\ v \end{pmatrix} = \begin{pmatrix} 0 & 1 \\ 0 & \dfrac{1}{\alpha}(u - c) \end{pmatrix}\begin{pmatrix} u \\ v \end{pmatrix} \tag{8.1.11}$$

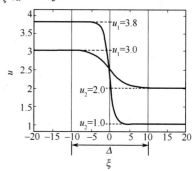

图 8.1　Burgers 方程的行波解,$\alpha = 1$

在平衡点 $u = u_1$,上述方程的系数矩阵的特征值 λ 满足

$$\begin{vmatrix} -\lambda & 1 \\ 0 & \dfrac{1}{\alpha}(u - c) - \lambda \end{vmatrix} = 0 \tag{8.1.12}$$

容易求得两个特征值为

$$\lambda_1^{(1)} = 0, \quad \lambda_2^{(1)} = \frac{1}{\alpha}(u_1 - c) = \frac{\sqrt{c^2 - a}}{\alpha} > 0$$

因此 $u = u_1$ 是不稳定平衡点. 对平衡点 $u = u_2$,可求得

$$\lambda_1^{(2)} = 0, \quad \lambda_2^{(2)} = \frac{1}{\alpha}(u_2 - c) = \frac{\sqrt{c^2 - a}}{\alpha} < 0$$

可见 $u = u_2$ 为稳定的平衡点. 从不稳定平衡点 $u = u_1$ 向稳定平衡点 $u = u_2$ 的过渡速度由

宽度 Δ 描述（见图 8.1），决定于 $(u_2 - u_1)/\alpha$. 方程 (8.1.9) 对 ξ 微分可得到

$$v(\xi) \equiv \frac{\mathrm{d}u}{\mathrm{d}\xi} = -\frac{(u_1 - u_2)^2}{8a}\mathrm{sech}^2\left(\frac{u_1 - u_2}{4\alpha}\right)(\xi - \xi_0)$$

(8.1.13)

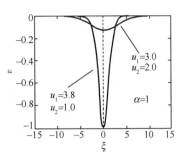

图 8.2　Burgers 方程的
"孤立波"解

显然，当 $\xi \to \pm\infty$ 时，$v(\xi) \to 0$. 回到 (x, t) 变量，上式表示向 x 方向传播的"孤立"波，如图 8.2 所示. 值得指出的是，从方程 (8.1.10) 可见，"孤立"波传播的速度与振幅有关，这也是非线性本征模式的典型特性.

8.1.2　KdV 方程及孤立波

KdV 方程首先由 Kortweg 和 de Vries 在 1895 年研究浅水表面波时导出，20 世纪 60 年代又在等离子物理问题中出现，因此对其研究比较成熟. KdV 方程的标准形式为

$$\frac{\partial u}{\partial t} - 6u\frac{\partial u}{\partial x} + \frac{\partial^3 u}{\partial x^3} = 0$$

(8.1.14)

其它形式的 KdV 方程均可通过适当的变换化成以上形式. 下面求方程 (8.1.14) 的行波解，将方程 (8.1.3) 代入得到

$$\frac{\mathrm{d}^3 u}{\mathrm{d}\xi^3} - 6u\frac{\mathrm{d}u}{\mathrm{d}\xi} - c\frac{\mathrm{d}u}{\mathrm{d}\xi} = 0$$

(8.1.15)

积分一次得到

$$\frac{\mathrm{d}^2 u}{\mathrm{d}\xi^2} - 3u^2 - cu = \alpha$$

(8.1.16)

式中：a 为积分常数. 上式两边乘 $\mathrm{d}u/\mathrm{d}\xi$ 再积分得到

$$\frac{1}{2}\left(\frac{\mathrm{d}u}{\mathrm{d}\xi}\right)^2 = u^3 + \frac{c}{2}u^2 + au + b$$

(8.1.17)

式中：b 为积分常数. 因此

$$\xi - \xi_0 = \pm\int\frac{\mathrm{d}u}{\sqrt{2u^3 + cu^2 + 2au + 2b}}$$

(8.1.18)

寻求无限远处为零并且平滑下降的解，即满足无限远边界条件

$$u(\xi)\mid_{\xi \to \pm\infty} = 0, \quad \frac{\mathrm{d}u}{\mathrm{d}\xi}\bigg|_{\xi \to \pm\infty} = \frac{\mathrm{d}^2 u}{\mathrm{d}\xi^2}\bigg|_{\xi \to \pm\infty} = 0$$

(8.1.19)

由方程 (8.1.16) 和方程 (8.1.17)，可知 $a = b = 0$，故

$$\xi - \xi_0 = \pm\int\frac{\mathrm{d}u}{u\sqrt{2u + c}} = \frac{2}{\mathrm{i}\sqrt{c}}\arctan\left(\sqrt{\frac{2u + c}{-c}}\right)$$

(8.1.20)

于是得到

$$u(\xi) = -\frac{c}{2}\mathrm{sech}^2\left[\frac{\sqrt{c}}{2}(\xi - \xi_0)\right]$$

(8.1.21)

显然上式与方程(8.1.13)有相同的形式,称为 KdV 方程的"孤立波"解.

把 KdV 方程(8.1.14)写成形式

$$\frac{\partial u}{\partial t} + \frac{\partial}{\partial x}\left(-3u^2 + \frac{\partial^2 u}{\partial x^2}\right) = 0 \tag{8.1.22}$$

因此 u 为守恒量,即

$$\int_{-\infty}^{\infty} u\mathrm{d}x = 常数 \tag{8.1.23}$$

上式具有质量守恒的含义. 另一方面,方程(8.1.14)两边乘 u 得到

$$\frac{\partial u^2}{\partial t} + \frac{\partial}{\partial x}\left[-2u^3 - \frac{1}{2}\left(\frac{\partial u}{\partial x}\right)^2 + u\frac{\partial^2 u}{\partial x^2}\right] = 0 \tag{8.1.24}$$

因此 u^2 也为守恒量,即

$$\int_{-\infty}^{\infty} u^2\mathrm{d}x = 常数 \tag{8.1.25}$$

上式具有动量定恒的含义. 而质量和动量守恒是质点力学的基本守恒量,故"孤立波"解方程(8.1.21)具有类似粒子的性质,称为"孤子".

如果不使用无限远边界条件方程(8.1.19),并且令方程

$$u^3 + \frac{c}{2}u^2 + au + b = 0 \tag{8.1.26}$$

的 3 个根为 $u_1 \geqslant u_2 \geqslant u_3$,于是

$$\xi - \xi_0 = \pm\frac{1}{\sqrt{2}}\int\frac{\mathrm{d}u}{\sqrt{(u - u_1)(u - u_2)(u - u_3)}} \tag{8.1.27}$$

上式右边积分可用椭圆余弦函数表示成

$$u = u_2 - (u_2 - u_3)\mathrm{cn}^2\left[\sqrt{\frac{1}{2}(u_1 - u_3)}(\xi - \xi_0), k\right] \tag{8.1.28}$$

式中:k 为椭圆余弦函数的模,即

$$k = \sqrt{\frac{u_2 - u_3}{u_1 - u_3}} \tag{8.1.29}$$

椭圆函数定义为下列积分的反函数

$$u = \int_0^{\varphi}\frac{\mathrm{d}\varphi}{\sqrt{1 - k^2\sin^2\varphi}}, \quad u = \int_0^{x = \sin\varphi}\frac{\mathrm{d}x}{\sqrt{(1 - x^2)(1 - k^2x^2)}}$$

积分 $u = \int_0^{\varphi}\frac{\mathrm{d}\varphi}{\sqrt{1 - k^2\sin^2\varphi}}$ 的反演记为 $\varphi = am(u)$.

椭圆正弦函数 $\qquad\qquad \mathrm{sn}(u) = \sin\varphi = am(u) \tag{8.1.30}$

椭圆余弦函数 $\qquad\qquad \mathrm{cn}(u) = \sqrt{1 - \mathrm{sn}^2(u)} \tag{8.1.31}$

第三种椭圆函数

$$\mathrm{dn}(u) = \sqrt{1 - k^2\mathrm{sn}^2(u)} \tag{8.1.32}$$

椭圆余弦函数是周期为 $4K(k)$ 的周期函数,因此,方程(8.1.28)表示周期为 $2K(k)$ 的行波. 式中:$K(k)$ 为积分

$$K(k) = \int_0^1 \frac{\mathrm{d}x}{\sqrt{(1-x^2)(1-k^2x^2)}}$$

图 8.3 表示 KdV 方程的周期解方程(8.1.28). 周期解的形状与 k 的大小密切相关,图 8.4 表明 $k^2 = 0.999$ 时周期解的形状. k 增加(但小于 1),周期增加. 当严格有 $k=1$ 时,周期变成无限大,形成"孤立波"解,即当 $u_1 \to u_2, k \to 1, \mathrm{cn}(z,k) \to \mathrm{sech}z$,于是

$$u = u_2 - (u_2 - u_3)\,\mathrm{sech}^2\left[\sqrt{\frac{1}{2}(u_1 - u_3)}(\xi - \xi_0)\right] \tag{8.1.33}$$

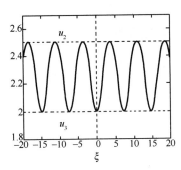

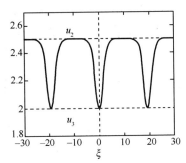

图 8.3　KdV 方程的周期解
$u_1 = 3.0, u_2 = 2.5, u_3 = 2.0.$

图 8.4　KdV 方程周期解的形状
$u_1 = 2.500, u_2 = 2.5, u_3 = 2.0.$

特别是当 $u_1 \to u_2 \to 0$,此时 $u_3 = -\dfrac{c}{2}$,"孤立波"解为方程(8.1.21). 当 $u_2 \to u_3, k \to 0$, $\mathrm{cn}(z,k) \to \cos z$,因此

$$u = u_2 - (u_2 - u_3)\cos^2\left[\sqrt{\frac{1}{2}(u_1 - u_3)}(\xi - \xi_0)\right] \tag{8.1.34}$$

8.1.3　非线性 Klein-Gordon 方程

非线性 Klein-Gordon 方程的一般形式为

$$\frac{\partial^2 u}{\partial t^2} - c_0^2 \frac{\partial^2 u}{\partial x^2} + \frac{\mathrm{d}V(u)}{\mathrm{d}u} = 0 \tag{8.1.35}$$

式中:c_0 为常数;$V(u)$ 为系统的势能. 取 $V(u) = V_0(1 - \cos u), (V_0 > 0)$,上式化为

$$\frac{\partial^2 u}{\partial t^2} - c_0^2 \frac{\partial^2 u}{\partial x^2} + V_0 \sin u = 0 \tag{8.1.36}$$

称为 Sine-Gordon 方程,在非线性光学中有重要的应用. 另两种重要的非线性 Klein-Gordon 方程为

$$\frac{\partial^2 u}{\partial t^2} - c_0^2 \frac{\partial^2 u}{\partial x^2} + \alpha u - \beta u^2 = 0 \tag{8.1.37}$$

和

$$\frac{\partial^2 u}{\partial t^2} - c_0^2 \frac{\partial^2 u}{\partial x^2} + \alpha u - \beta u^3 = 0 \tag{8.1.38}$$

前面已在第六章第二节用微扰法讨论过上式的解.

首先求方程(8.1.36)的行波解,以方程(8.1.3)形式的行波解代入方程(8.1.36)可以得到

$$(c^2 - c_0^2)\frac{\mathrm{d}^2 u}{\mathrm{d}\xi^2} + V_0 \sin u = 0 \tag{8.1.39}$$

分两种情况讨论:

① $c^2 > c_0^2$, 把方程(8.1.39)写成

$$\frac{\mathrm{d}^2 u}{\mathrm{d}\xi^2} + \gamma^2 \sin u = 0 \tag{8.1.40}$$

式中: $\gamma^2 = V_0/(c^2 - c_0^2) > 0$. 令 $v = \mathrm{d}u/\mathrm{d}\xi$, 上式可化成一阶方程组

$$\begin{cases} \dfrac{\mathrm{d}u}{\mathrm{d}\xi} = v \\ \dfrac{\mathrm{d}v}{\mathrm{d}\xi} = -\gamma^2 \sin u \end{cases} \tag{8.1.41}$$

即有 $v\mathrm{d}v = -\gamma^2 \sin u \mathrm{d}u$, 于是

$$\frac{1}{2}v^2 + \gamma^2(1 - \cos u) = h \tag{8.1.42}$$

式中: h 为积分常数. 上式即为

$$\left(\frac{\mathrm{d}u}{\mathrm{d}\xi}\right)^2 + 4\gamma^2 \sin^2\left(\frac{u}{2}\right) = 2h \tag{8.1.43}$$

因此

$$\xi - \xi_0 = \pm \frac{1}{2\gamma}\int \frac{\mathrm{d}u}{\sqrt{k^2 - \sin^2\left(\dfrac{u}{2}\right)}} \tag{8.1.44}$$

式中: $k = \sqrt{h/(2\gamma)^2} < 1$. 上式右边积分可用椭圆正弦函数表示为

$$\sin\left(\frac{u}{2}\right) = \pm k \sin[\gamma(\xi - \xi_0), k] \tag{8.1.45}$$

显然,上式代表一个周期解,如图8.5所示,图中"$+$"和"$-$"表示上式中分别取正号和负号. 当 $k \to 0$, 上式变成

$$\sin\left(\frac{u}{2}\right) = \pm k \sin[\gamma(\xi - \xi_0)] \tag{8.1.46}$$

为线性波. 考虑特殊情况 $k = 1$, 利用积分

$$\int \frac{\mathrm{d}u}{\sqrt{1 - \sin^2\left(\dfrac{u}{2}\right)}} = \ln\left[\frac{1 + \sin\left(\dfrac{u}{2}\right)}{1 - \sin\left(\dfrac{u}{2}\right)}\right]$$

由方程(8.1.44)得到

$$\left[\frac{1 + \sin\left(\dfrac{u}{2}\right)}{1 - \sin\left(\dfrac{u}{2}\right)}\right] = \exp[\pm 2\gamma(\xi - \xi_0)] \tag{8.1.47}$$

利用三角关系

$$\sqrt{\frac{1 + \sin\left(\dfrac{u}{2}\right)}{1 - \sin\left(\dfrac{u}{2}\right)}} = \tan\left(\frac{u}{4} + \frac{\pi}{4}\right) \tag{8.1.48}$$

可得

$$u = -\pi + 4\arctan \mid \exp[\pm \gamma(\xi - \xi_0)] \mid \tag{8.1.49}$$

方程(8.1.49)称为Sine-Gordon的广义"孤立波"解. 当分别取"+"和"-"时,如图8.6所示,前者称为正扭结波,后者称为反扭结波.

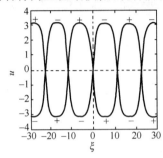

图 8.5 Sine-Gordon 方程的周期解:
$k = 0.9998, \gamma = 1$

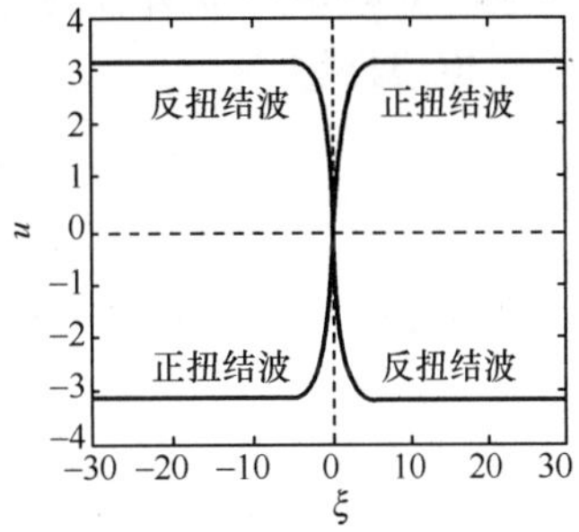

图 8.6 Sine-Gordon 方程的孤立
波解: $k = 1, \gamma = 1$

② $c^2 < c_0^2$,方程(8.1.43)为

$$\left(\frac{\mathrm{d}u}{\mathrm{d}\xi}\right)^2 = 2h + 4\delta^2 \sin^2 \frac{u}{2} \tag{8.1.50}$$

式中:$\delta^2 = V_0/(c_0^2 - c^2) > 0$. 于是

$$\xi - \xi_0 = \pm \frac{1}{2\delta} \frac{\mathrm{d}u}{\sqrt{\dfrac{h}{2\delta^2} + \sin^2\left(\dfrac{u}{2}\right)}} = \pm \frac{1}{2\delta} \frac{\mathrm{d}u}{\sqrt{k'^2 - \cos^2\left(\dfrac{u}{2}\right)}} \tag{8.1.51}$$

式中:$k' = 1 + h/(2\delta^2)$. 上式的周期解为

$$\cos\left(\frac{u}{2}\right) = \pm k' \mathrm{sn}[\delta(\xi - \xi_0), k'] \tag{8.1.52}$$

当 $k' \to 0$,上式变成

$$\cos\left(\frac{u}{2}\right) = \pm k' \sin[\delta(\xi - \xi_0)] \quad (0 < u < 2\pi) \tag{8.1.53}$$

同样,考虑特殊情况 $k' = 1$,利用积分

$$\int \frac{\mathrm{d}u}{\sqrt{1 - \cos^2\left(\dfrac{u}{2}\right)}} = -\ln\left[\frac{1 + \cos\left(\dfrac{u}{2}\right)}{1 - \cos\left(\dfrac{u}{2}\right)}\right] \tag{8.1.54}$$

由方程(8.1.51)得到

$$\left[\frac{1 + \cos\left(\dfrac{u}{2}\right)}{1 - \cos\left(\dfrac{u}{2}\right)}\right] = \exp[\pm 2\delta(\xi - \xi_0)] \tag{8.1.55}$$

利用三角关系

$$\sqrt{\frac{1 + \cos\left(\dfrac{u}{2}\right)}{1 - \cos\left(\dfrac{u}{2}\right)}} = \tan\left(\frac{u}{4}\right) \tag{8.1.56}$$

因此

$$u = 4\arctan\left\{\exp\left[\pm\delta(\xi - \xi_0)\right]\right\} \tag{8.1.57}$$

方程(8.1.49)和方程(8.1.57)即是 Sine-Gordon 方程的"孤立波"解,它们是行波,在空间以速度 c 传播. Sine-Gordon 方程还存在另一种"驻波"形式的"孤立波"解,不失一般性,把方程(8.1.36)写成

$$\frac{\partial^2 u}{\partial x^2} - \frac{\partial^2 u}{\partial t^2} = \sin u \tag{8.1.58}$$

事实上,只要对方程(8.1.36)作变换

$$t' = \sqrt{V_0}\, t, \quad x' = \frac{\sqrt{V_0}}{c_0} x \tag{8.1.59}$$

即可把方程(8.1.36)化成方程(8.1.58). 受方程(8.1.49)和方程(8.1.57)的启发,来寻找方程(8.1.58)如下形式的"驻波"解

$$u = 4\arctan\left[\frac{w(x)}{v(t)}\right] \tag{8.1.60}$$

即 $\tan\left(\dfrac{u}{4}\right) = \dfrac{w(x)}{v(t)}$,利用三角函数关系

$$\sin u = \frac{4\tan\left(\dfrac{u}{4}\right)\left[1 - \tan^2\left(\dfrac{u}{4}\right)\right]}{\left[1 + \tan^2\left(\dfrac{u}{4}\right)\right]^2} \tag{8.1.61}$$

将方程(8.1.60)代入方程(8.1.58)得到

$$(w^2 + v^2)\left(\frac{w''}{w} + \frac{v''}{v}\right) - 2\left[(w')^2 + (v')^2\right] = v^2 - w^2 \tag{8.1.62}$$

为了得到分离变量的形式,上式对 x 和 t 分别微分,得到

$$(w^2 + v^2)\left(\frac{w''}{x}\right) + 2ww'\left(\frac{w''}{w} + \frac{v''}{v}\right) - 4w'w'' = -2ww' \tag{8.1.63}$$

和

$$(w^2 + v^2)\left(\frac{v''}{v}\right)' + 2vv'\left(\frac{w''}{w} + \frac{v''}{v}\right) - 4v'v'' = -2vv' \tag{8.1.64}$$

上两式分别除以 ww' 和 vv' 得到

$$\frac{(w^2 + v^2)}{ww'}\left(\frac{w''}{w}\right)' + 2\left(-\frac{w''}{w} + \frac{v''}{v}\right) = -2 \tag{8.1.65}$$

140

和

$$\frac{(w^2 + v^2)}{vv'}\left(\frac{v''}{v}\right)' + 2\left(\frac{w''}{w} - \frac{v''}{v}\right) = -2 \tag{8.1.66}$$

方程(8.1.65)加方程(8.1.66)并且除以$(w^2 + v^2)$,得到

$$\frac{1}{ww'}\left(\frac{w''}{w}\right)' = -\frac{1}{vv'}\left(\frac{v''}{v}\right)' \tag{8.1.67}$$

上式左边是x的函数,而右边是t的函数,恒等条件是方程两边等于同一常数(令为$4a$),故有

$$\left(\frac{w''}{w}\right)' = 4\alpha ww'; \quad \left(\frac{v''}{v}\right)' = 4\alpha vv' \tag{8.1.68}$$

积分一次得到

$$\frac{w''}{w} = 2\alpha w^2 + \beta_1, \quad \frac{v''}{v} = -2\alpha v^2 + \beta_2 \tag{8.1.69}$$

式中:β_1和β_2为积分常数. 上两式两边分别乘ww''和vv'并进一步积分,得到

$$(w')^2 = \alpha w^4 + \beta_1 w^2 + \gamma_1$$
$$(v')^2 = -\alpha v^4 + \beta_2 v^2 + \gamma_2 \tag{8.1.70}$$

式中:γ_1和γ_2为积分常数. 四个常数β_1、β_2、γ_1和γ_2并非完全独立,对方程(8.1.62)的二次微分引进了两个常数,因此四个积分常数中,只有两个是独立的. 将方程(8.1.69)和方程(8.1.70)代入方程(8.1.62)得

$$[1 - (\beta_1 - \beta_2)](w^2 - v^2) = 2(\gamma_1 + \gamma_2) \tag{8.1.71}$$

由于w和v分别是x和t的函数,上式恒成立的条件是

$$\beta_1 - \beta_2 = 1, \quad \gamma_1 + \gamma_2 = 0$$

取$\beta_2 = -\beta$和$\gamma_1 = \gamma$,于是$\beta_1 = 1 - \beta$和$\gamma_2 = -\gamma$,方程(8.1.70)即变成

$$\omega' = \sqrt{\alpha w^4 + (1 - \beta)w^2 + \gamma}$$
$$v' = \sqrt{-\alpha v^4 - \beta v^2 - \gamma} \tag{8.1.72}$$

即

$$x - x_0 = \pm \int \frac{1}{\sqrt{\alpha w^4 + (1 - \beta)w^2 + \gamma}} dw$$

$$t - t_0 = \pm \int \frac{1}{\sqrt{-\alpha v^4 - \beta v^2 - \gamma}} dv \tag{8.1.73}$$

因此,w和v可用椭圆函数表示. 考虑比较简单的情况$\gamma = 0$和$\alpha = -1$,进一步假定$0 < \beta < 1$,此时

$$x - x_0 = \pm \int \frac{1}{w\sqrt{(1 - \beta) - w^2}} dw = \mp \frac{1}{\sqrt{1 - \beta}} \mathrm{arsech} \frac{w}{1 - \beta}$$

即有

$$w(x) = \sqrt{1-\beta}\,\mathrm{sech}[\,\sqrt{1-\beta}(x-x_0)\,] \tag{8.1.74}$$

对时间部分,直接从方程(8.1.70)可推得

$$\left[\left(\frac{1}{v}\right)'\right]^2 = 1 - \beta\left(\frac{1}{v}\right)^2 \tag{8.1.75}$$

于是

$$\pm(t-t_0) = \frac{1}{\sqrt{\beta}}\mathrm{arcsin}\frac{\sqrt{\beta}}{v} \tag{8.1.76}$$

即有

$$\frac{1}{v(t)} = \pm\frac{1}{\sqrt{\beta}}\sin[\sqrt{\beta}(t-t_0)] \tag{8.1.77}$$

将方程(8.1.74)和方程(8.1.77)代入方程(8.1.60)得到 Sine-Gordon 方程的一个"驻波"解

$$u(x,t) = 4\mathrm{arctan}\left\{\pm\sqrt{\frac{1-\beta}{\beta}}\frac{\sin\sqrt{\beta V_0}\,t}{\cosh[\,\sqrt{(1-\beta)V_0}\,x/c_0]}\right\} \tag{8.1.78}$$

显然上式表示一个周期为 $2\pi/\sqrt{\beta V_0}$ 的周期解,在 x 轴的上下振荡,像在不断地呼吸,同时看起来像"孤子"和"反孤子"的一对振荡,因此把 Sine-Gordon 方程的这种解称为"呼吸孤子"解,简称为"呼吸子".

对非线性 Klein-Gordon 方程(8.1.37)和方程(8.1.38),可求出它们的行波解以及"孤波"解,解的性质与系数 α 和 β 以及行波速度 c 有关. 方程(8.1.37)解的情况为:

① $c^2 > c_0^2$ 且 $(\alpha<0,\beta<0)$,或 $c^2 < c_0^2$ 且 $(\alpha>0,\beta>0)$

$$u(\xi) = \begin{cases} \dfrac{3\alpha}{2\beta}\mathrm{sech}^2\chi(\xi-\xi_0) & (0 \leqslant u \leqslant 3\alpha/\beta) \\[3mm] -\dfrac{3\alpha}{2\beta}\mathrm{csch}^2\chi(\xi-\xi_0) & (u \leqslant 0) \end{cases} \tag{8.1.79}$$

② $c^2 > c_0^2$ 且 $(\alpha<0,\beta>0)$,或 $c^2 < c_0^2$ 且 $(\alpha>0,\beta<0)$

$$u(\xi) = \begin{cases} -\dfrac{3\alpha}{2\beta}\mathrm{sech}^2\chi(\xi-\xi_0) & (0 \leqslant u \leqslant -3\alpha/\beta) \\[3mm] \dfrac{3\alpha}{2\beta}\mathrm{csch}^2\chi(\xi-\xi_0) & (u \leqslant 0) \end{cases} \tag{8.1.80}$$

式中:$x \equiv \sqrt{\dfrac{|\alpha/(c^2-c_0^2)|}{2}}$. 方程(8.1.79)和方程(8.1.80)即是方程(8.1.37)的"孤波"解. 同样,方程(8.1.38)解的情况为:

① $c^2 > c_0^2$ 且 $(\alpha>0,\beta>0)$,或 $c^2 < c_0^2$ 且 $(\alpha<0,\beta<0)$

$$u(\xi) = \pm k\sqrt{\frac{2\alpha}{\beta(1+k^2)}}\mathrm{sn}[\sigma_1(k)(\xi-\xi_0),k] \tag{8.1.81}$$

142

式中

$$\sigma_1(k) = \sqrt{\frac{\alpha}{(1+k^2)(c^2-c_0^2)}}$$

而模数 k 由下式决定

$$1 + k^2 = \frac{\alpha}{c^2 - c_0^2} \qquad (8.1.82)$$

当 $k \to 1$,方程(8.1.81)变成"冲击波"解

$$u(\xi) = \pm\sqrt{\frac{\alpha}{\beta}}\tanh[\sigma_1(1)(\xi-\xi_0)] \qquad (8.1.83)$$

② $c^2 > c_0^2$ 且 $(\alpha<0, \beta<0)$,或 $c^2<c_0^2$ 且 $(\alpha>0, \beta>0)$

$$u(\xi) = \pm\sqrt{\frac{2\alpha}{\beta(2-k^2)}}\mathrm{dn}[\sigma_2(k)(\xi-\xi_0), k] \qquad (8.1.84)$$

式中

$$\sigma_2(k) = \sqrt{\frac{-\alpha}{(2-k^2)(c^2-c_0^2)}}$$

模数 k 由下式决定

$$2 - k^2 = \frac{\alpha}{c^2 - c_0^2} \qquad (8.1.85)$$

当 $k \to 1$,方程(8.1.84)变成"孤波"解

$$u(\xi) = -\sqrt{\frac{\alpha}{\beta}}\mathrm{sech}[\sigma_2(1)(\xi-\xi_0)] \qquad (8.1.86)$$

③ $c^2 > c_0^2$ 且 $(\alpha<0, \beta>0)$,或 $c^2<c_0^2$ 且 $(\alpha>0, \beta<0)$

$$u(\xi) = \pm\sqrt{\frac{-2\alpha}{\beta(2-k^2)}}\frac{\mathrm{cn}[\sigma_3(k)(\xi-\xi_0), k]}{\mathrm{sn}[\sigma_3(k)(\xi-\xi_0), k]} \qquad (8.1.87)$$

式中

$$\sigma_3(k) = \sigma_2(k)$$

模数 k 的方程与方程(8.1.85)相同,当 $k \to 1$,方程(8.1.87)变成"孤波"解

$$u(\xi) = \pm\sqrt{\frac{-2\alpha}{\beta}}\mathrm{csch}[\sigma_3(1)(\xi-\xi_0)] \qquad (8.1.88)$$

8.1.4 非线性 Schrodinger 方程

非线性 Schrodinger 方程,简称 NLS 方程,是描述非线性波调制(即非线性波包)的方程,其一般形式为

$$\mathrm{i}\frac{\partial u}{\partial t} + \alpha\frac{\partial^2 u}{\partial x^2} + \beta|u|^2 u = 0 \qquad (8.1.89)$$

有意思的是 NLS 方程具有单频解

$$u = A\exp[\mathrm{i}(kx - \omega t)] \tag{8.1.90}$$

式中:A、k 和 ω 分别为平面波的振幅、波数和频率. 将上式代入方程(8.1.89)得到 k 与 ω 的关系到,即色散关系

$$\omega = \alpha k^2 - \beta \mid A \mid^2 \tag{8.1.91}$$

与线性波不同的是,上述色散关系与振幅 A 有关,而群速度(即能量传播速度)与振幅 A 无关

$$c_g \equiv \frac{\mathrm{d}\omega}{\mathrm{d}k} = 2\alpha k \tag{8.1.92}$$

因 NLS 方程的非线项描述非线性的调制作用,故求方程(8.1.89)的包络形式解

$$u(x,t) = \varphi(\xi)\exp[\mathrm{i}(kx - \omega t)], \quad \xi = x - ct \tag{8.1.93}$$

代入方程(8.1.89)得到

$$\alpha \frac{\mathrm{d}^2\varphi}{\mathrm{d}\xi^2} + \mathrm{i}(2\alpha k - c)\frac{\mathrm{d}\varphi}{\mathrm{d}\xi} + (\omega - \alpha k^2)\varphi + \beta \mid \varphi \mid^2 \varphi = 0 \tag{8.1.94}$$

通常 φ 是实函数,故选择 $c = c_g = 2\alpha k$,因此

$$\alpha \frac{\mathrm{d}^2\varphi}{\mathrm{d}\xi^2} + (\omega - \alpha k^2)\varphi^2 + \beta\varphi^3 = 0 \tag{8.1.95}$$

两边乘 $\mathrm{d}\varphi/\mathrm{d}\xi$ 再对 ξ 积分得到

$$\alpha\left(\frac{\mathrm{d}\varphi}{\mathrm{d}\xi}\right)^2 + (\omega - \alpha k^2)\varphi^2 + \frac{\beta}{2}\varphi^4 = h \tag{8.1.96}$$

式中:h 为积分常数. 分三种情况讨论上述方程的解:

令 $\qquad\qquad\qquad\qquad \gamma \equiv -(\omega - \alpha k^2)$

① $\gamma/\beta > 0, \gamma/\alpha < 0$,得到周期解

$$\varphi(\xi) = \pm\kappa\sqrt{\frac{2\gamma}{\beta(1 + \kappa)^2}}\,\mathrm{sn}[\rho_1(\kappa)(\xi - \xi_0), \kappa] \tag{8.1.97}$$

式中

$$\rho_1(\kappa) = \sqrt{\frac{-\gamma}{\alpha(1 + \kappa^2)}}$$

模数 κ 由下式决定

$$1 + \kappa^2 = -\frac{\gamma}{\alpha} \tag{8.1.98}$$

当 $\kappa \to 1$,方程(8.1.97)变成"冲击波"解

$$\varphi(\xi) = \pm\sqrt{\frac{\gamma}{\beta}}\,\mathrm{th}[\rho_1(1)(\xi - \xi_0)] \tag{8.1.99}$$

② $\gamma/\beta > 0, \gamma/\alpha > 0$,得到周期解

$$\varphi(\xi) = \pm\kappa\sqrt{\frac{2\gamma}{\beta(2 - \kappa^2)}}\,\mathrm{dn}[\rho_2(\kappa)(\xi - \xi_0), \kappa] \tag{8.1.100}$$

144

式中

$$\rho_2(\kappa) = \sqrt{\frac{\gamma}{\alpha(2 - \kappa^2)}}$$

模数 κ 由下式决定

$$2 - \kappa^2 = \frac{\gamma}{\alpha} \qquad (8.1.101)$$

当 $\kappa \to 1$，方程$(8.1.100)$ 变成"弧波"解

$$\varphi(\xi) = -\sqrt{\frac{2\gamma}{\beta}} \mathrm{sech}[\rho_2(1)(\xi - \xi_0)] \qquad (8.1.102)$$

上式可由方程$(8.1.96)$ 直接令积分常数 $h = 0$ 得到

$$\xi - \xi_0 = \pm \sqrt{\frac{2\alpha}{\beta}} \int \frac{\mathrm{d}\varphi}{\varphi \sqrt{(2\gamma/\beta) - \varphi^2}} \qquad (8.1.103)$$

如果 $\gamma/\beta > 0$，即

$$\xi - \xi_0 = \pm \sqrt{\frac{\alpha}{\gamma}} \ln\left[\frac{\sqrt{\frac{2\gamma}{\beta} - \varphi^2} - \sqrt{\frac{2\gamma}{\beta}}}{\varphi}\right] \qquad (8.1.104)$$

有"孤波"解

$$\varphi(\xi) = -\sqrt{\frac{2\gamma}{\beta}} \mathrm{sech} \sqrt{\frac{\gamma}{\alpha}}(\xi - \xi_0) \qquad (8.1.105)$$

即为方程$(8.1.102)$.

③$\gamma/\beta < 0, \gamma/\alpha > 0$，得到周期解

$$\varphi(\xi) = \pm \sqrt{\frac{-2\gamma}{\beta(2 - \kappa^2)}} \frac{\mathrm{cn}[\rho_3(\kappa)(\xi - \xi_0), \kappa]}{\mathrm{sn}[\rho_3(\kappa)(\xi - \xi_0), \kappa]} \qquad (8.1.106)$$

式中

$$\rho_3(\kappa) = \rho_2(\kappa)$$

模数 κ 的决定方程与方程$(8.1.101)$ 相同. 当 $\kappa \to 1$，方程$(8.1.106)$ 变成"弧波"解

$$u(\xi) = \pm \sqrt{-\frac{2\gamma}{\beta}} \mathrm{csch}[\rho_3(1)(\xi - \xi_0)] \qquad (8.1.107)$$

将方程$(8.1.105)$ 代入方程$(8.1.93)$

$$u(x,t) = -\sqrt{\frac{2\gamma}{\beta}} \mathrm{sech} \sqrt{\frac{\gamma}{\alpha}}(\xi - \xi_0) \exp[\mathrm{i}(kx - \omega t)] \qquad (8.1.108)$$

上式称为 NLS 方程的包张"孤立波"解. 显然包络"孤立波"的振幅为

$$\alpha \equiv \sqrt{\frac{2\gamma}{\beta}} \qquad (8.1.109)$$

因此 $\gamma = \dfrac{\alpha^2\beta}{2}$，由 γ 的定义,可得到包络"孤立波"解的色散关系

$$\omega = \alpha k^2 - \gamma = ak^2 - \frac{\beta a^2}{2} \tag{8.1.110}$$

而方程(8.1.91)是简单的单频波方程(8.1.90)的色散关系.

8.2 Hopf-Cole 变换和 Hirota 方法

自变量变换或函数变换是求解偏微分方程的基本方法. 如在第三章第一节中利用自变量变换式把方程(3.1.1)变成了较简单的形式方程(3.1.1),从而得到了包含任意函数的解方程(3.1.7). 傅里叶积分式实质上可看做对自变量变换($x \to \lambda$)和函数变换($u \to U$). 对线性微分方程,不论是自变量变换,还是函数变换,一般都是线性变换,但是通过线性变换不可能把非线性偏微分方程简单化,只有通过非线性变换才能实现. 本节介绍两种特殊的非线性变换方法,即 Hopf-Cole 变换和 Hirota 方法.

8.2.1 Burgers 方程的 Hopf-Cole 变换

为了方便,重写 Burgers 方程如下

$$\frac{\partial u}{\partial t} + u\frac{\partial u}{\partial x} - a\frac{\partial^2 u}{\partial x^2} = 0 \tag{8.2.1}$$

显然 Burgers 方程是在线性扩散方程的基础上增加了一项非线性项,因此希望通过非线性变换与线性扩散方程

$$\frac{\partial v}{\partial t} - \alpha\frac{\partial^2 v}{\partial x^2} = 0 \tag{8.2.2}$$

联系起来. 为此,令

$$u = \frac{\partial w}{\partial x} \tag{8.2.3}$$

代入方程(8.2.1)并积分一次得到(令积分常数为零)

$$\frac{\partial w}{\partial t} + \frac{1}{2}\left(\frac{\partial w}{\partial x}\right)^2 - \alpha\frac{\partial^2 w}{\partial x^2} = 0 \tag{8.2.4}$$

因为要寻求形式 $w \to 0$(当 $x \to \pm\infty$)的解,故取积分常数为零. 进一步设非线性变换为

$$v = f(w) \tag{8.2.5}$$

为了寻找恰当的非线性函数 $f(w)$,将上式代入方程(8.2.2)得到

$$\frac{\partial w}{\partial t} - \frac{\alpha f}{f'}\left(\frac{\partial w}{\partial x}\right)^2 - \alpha\frac{\partial^2 w}{\partial x^2} = 0 \tag{8.2.6}$$

对照方程(8.2.4),只要取

$$\alpha\frac{f'}{f} = -\frac{1}{2} \tag{8.2.7}$$

上式的解为

$$f(w) = a + b\exp\left(-\frac{w}{2\alpha}\right) \tag{8.2.8}$$

146

式中:a 和 b 为积分常数,最简单的情况为 $a = 0$ 和 $b = 1$. 因而得到

$$w = -2\alpha\ln f = -2\alpha\ln v \qquad (8.2.9)$$

因此在非线性变换下

$$u = -2\alpha\frac{\partial\ln v}{\partial x} \qquad (8.2.10)$$

Burgers 方程(8.2.1) 变成线性扩散方程(8.2.2),上式称为 Hopf-Cole 变换. 因此如果知道方程(8.2.2) 的一个解,通过变换方程(8.2.10)可求 Burgers 方程方程(8.2.1) 的解.

[例 **8.2.1**] 已知方程(8.2.2) 的行波解

$$v(x,t) = 1 + \exp[k(x - ct)]\,(k = -c/\alpha) \qquad (8.2.11)$$

代入变换方程(8.2.10) 得到 Burgers 方程的一个解

$$u(x,t) = -2\alpha\frac{\partial}{\partial x}\ln\{1 + \exp[k(x - ct)]\}$$

$$= c\left(1 - \tanh\frac{c}{2\alpha}\xi\right) \qquad (8.2.12)$$

显然上式与方程(8.1.9) 一致,只要取 $u_1 - u_2 = 2c$ 和 $u_1 + u_2 = 2c$ 即得 $u_1 = 2c$ 和 $u_2 = 0$.

[例 **8.2.2**] 已知方程(8.2.2) 的行波解

$$v(x,t) = 1 + \sum_{i=1}^{N} a_i\exp[k_i(x - c_i t)]\left(k_i = -\frac{c_i}{\alpha}\right) \qquad (8.2.13)$$

式中:a_i 和 c_i 为常数,代入变换方程(8.2.10) 得到 Burgers 方程的一个解

$$u(x,t) = -2\alpha\frac{\partial}{\partial x}\ln\left\{1 + \sum_{i=1}^{N} a_i\exp[k_i(x - c_i t)]\right\}$$

$$= -2\alpha\frac{\sum_{i=1}^{N} a_i k_i\exp[k_i(x - c_i t)]}{1 + \sum_{i=1}^{N} a_i\exp[k_i(x - c_i t)]} \qquad (8.2.14)$$

[例 **8.2.3**] 由方程(1.4.11),已知方程(8.2.2) 的一个解($t > 0$)

$$v(x,t) = 1 + \frac{1}{\sqrt{2\pi\alpha t}}\exp\left(-\frac{x^2}{4\alpha t}\right) \qquad (8.2.15)$$

代入变换方程(8.2.10) 得到 Burgers 方程的一个解

$$u(x,t) = -2\alpha\frac{\partial}{\partial x}\ln\left[1 + \frac{1}{\sqrt{4\pi\alpha t}}\exp\left(1 - \frac{x^2}{4\alpha t}\right)\right]$$

$$= \frac{x}{t}\cdot\left[1 + \frac{1}{\sqrt{4\pi\alpha t}}\exp\left(-\frac{x^2}{4\alpha t}\right)\right]^{-1} \qquad (8.2.16)$$

[例 **8.2.4**] 考虑 Burgers 方程的初值问题

$$\frac{\partial u}{\partial t} + u\frac{\partial u}{\partial x} - \alpha\frac{\partial^2 u}{\partial x^2} = 0 \quad [x \in (-\infty, \infty), t > 0]$$

$$u(x,t)\mid_{t=0} = u_0(x) \quad x \in (-\infty, \infty) \tag{8.2.17}$$

由 Hopf-Cole 变换方程(8.2.10),上述初值问题化为线性扩散方程的初值问题

$$\frac{\partial v}{\partial t} - \alpha \frac{\partial^2 v}{\partial x^2} = 0 \quad [x \in (-\infty, \infty), t > 0]$$

$$v(x,t)\mid_{t=0} = v_0(x) \equiv \exp\left(-\frac{1}{2a}\int_0^x u_0(x)\,dx\right) \tag{8.2.18}$$

由傅里叶变换法得到

$$v(x,t) = \int_{-\infty}^{\infty} G(x-s,t)v_0(s)\,ds \tag{8.2.19}$$

式中

$$G(x-s,t) = \frac{1}{\sqrt{4\pi\alpha t}}\exp\left[-\frac{(x-s)^2}{4\alpha t}\right] \tag{8.2.20}$$

因此方程(8.2.17)的解为

$$u(x,t) = \int_{-\infty}^{\infty} \frac{(x-s)}{t}\exp\left[-\frac{(x-s)^2}{4\alpha t}\right]v_0(s)\,ds \times$$

$$\left\{\int_{-\infty}^{\infty} \exp\left[-\frac{(x-s)^2}{4\alpha t}\right]v_0(s)\,ds\right\}^{-1} \tag{8.2.21}$$

可见,由于非线性项的存在,Burgers 方程的解十分丰富,除第一节介绍的行波解外,还可以找到各种形式的解. 这些"数学"形式的解有无物理意义,应该由具体的物理问题决定.

8.2.2 KdV 方程的广义 Hopf-Cole 变换

重写 KdV 方程如下

$$\frac{\partial u}{\partial t} - 6u\frac{\partial u}{\partial x} + \frac{\partial^3 u}{\partial x^3} = 0 \tag{8.2.22}$$

比较 KdV 方程与 Burgers 方程,前者仅比后者高一阶导数,理应存在类似的 Hopf Cole 变换使 KdV 方程线性化. 事实上,令

$$u = \frac{\partial w}{\partial x}, w = -2\frac{\partial \ln v}{\partial x} \tag{8.2.23}$$

即广义 Hopf-Cokle 变换

$$u = -2\frac{\partial^2 \ln v}{\partial x^2} \tag{8.2.24}$$

上式的导出过程将在后面给出. 将方程(8.2.23)第一式代入方程(8.2.22)并且积分一次(令积分常数为零)

$$\frac{\partial w}{\partial t} - 3\left(\frac{\partial w}{\partial x}\right)^2 + \frac{\partial^3 w}{\partial x^3} = 0 \tag{8.2.25}$$

将方程(8.2.23)第二式代入上式

148

$$\frac{\partial^2 \ln v}{\partial x \partial t} - 6\left(\frac{\partial^2 \ln v}{\partial x^2}\right)^2 + \frac{\partial^4 \ln v}{\partial x^4} = 0 \tag{8.2.26}$$

上式微分展开后,两边乘 v^2 得到

$$v \cdot \frac{\partial}{\partial x}\left(\frac{\partial v}{\partial t} + \frac{\partial^3 v}{\partial x^3}\right) - \frac{\partial v}{\partial x}\left(\frac{\partial v}{\partial t} + \frac{\partial^3 v}{\partial x^3}\right) + 3\left[\left(\frac{\partial^2 v}{\partial x^2}\right)^2 - \frac{\partial v}{\partial x}\frac{\partial^3 v}{\partial x^3}\right] = 0 \tag{8.2.27}$$

上式尽管仍然是非线性的,而且比原方程更复杂,但有一个特点:方程的每一项中未知函数或它的导数均出现两次,因此称为 KdV 方程的双线性形式.

尽管方程(8.2.27)比方程(8.2.22)复杂,但是如果取

$$\frac{\partial v}{\partial t} + \frac{\partial^3 v}{\partial x^3} = 0 \tag{8.2.28}$$

$$\left(\frac{\partial^2 v}{\partial x^2}\right)^2 - \frac{\partial v}{\partial x}\frac{\partial^3 v}{\partial x^3} = 0 \tag{8.2.29}$$

方程(8.2.27)同样能满足. 上式可写成

$$\left(\frac{\partial v}{\partial x}\right)^2 \frac{\partial}{\partial x}\left[\frac{\partial^2 v}{\partial x^2}\left(\frac{\partial v}{\partial x}\right)^{-1}\right] = 0 \tag{8.2.30}$$

即

$$\frac{\partial^2 v}{\partial x^2}\left(\frac{\partial v}{\partial x}\right)^{-1} = 常数(-\eta) \tag{8.2.31}$$

故

$$\eta \frac{\partial v}{\partial x} + \frac{\partial^2 v}{\partial x^2} = 0 \tag{8.2.32}$$

因此,如果 v 同时满足两个线性方程(8.2.28)和方程(8.2.32),通过广义 Hopf-Cole 变换方程(8.2.24)形成的 u 一定是 KdV 方程的一个解. 但反之结论不一定成立,即这一条件仅仅是充分条件.

[**例 8.2.5**] 同时满足方程(8.2.28)和方程(8.2.32)的一个解为

$$v = 1 + \exp[2(kx - \omega t)] \quad (\omega = 4k^3, \eta = -2k) \tag{8.2.33}$$

由方程(8.2.24)

$$w = -2\frac{\partial}{\partial x}\ln\{1 + \exp[2(kx - \omega t)]\}$$

$$= -2\exp[2(kx - \omega t)]\operatorname{sech}(kx - \omega t) \tag{8.2.34}$$

$$u = \frac{\partial w}{\partial x} = -k^2 \operatorname{sech}^2 k(x - 4k^2 t) \tag{8.2.35}$$

与方程(8.2.21)比较,相当于取 $c = 4k^2$.

直接求解方程(8.2.27)能给出 KdV 方程更丰富的解,为此引进形式参数 ε,作级数展开

$$v = 1 + \sum_{i=1}^{\infty} \varepsilon^i v_i \tag{8.2.36}$$

如果上述级数是截断的,即 N 项后的 $v_i = 0 (i \geqslant N + 1)$,只要令 $\varepsilon = 1$,就求得了方程 (8.2.27) 的解. 将上式代入方程 (8.2.27) 并按 ε 的幂次分类,得到

$$\frac{\partial}{\partial x}\left(\frac{\partial v_1}{\partial t} + \frac{\partial^3 v_1}{\partial x^3}\right) = 0 \tag{8.2.37}$$

$$\frac{\partial}{\partial x}\left(\frac{\partial v_2}{\partial t} + \frac{\partial^3 v_2}{\partial x^3}\right) = \left(-v_1 \frac{\partial}{\partial x} + \frac{\partial v_1}{\partial x}\right)\left(\frac{\partial v_1}{\partial t} + \frac{\partial^3 v_1}{\partial x^3}\right) - $$
$$3\left[\left(\frac{\partial^2 v_1}{\partial x^2}\right)^2 - \frac{\partial v_1}{\partial x}\frac{\partial^3 v_1}{\partial x^3}\right] \tag{8.2.38}$$

$$\frac{\partial}{\partial x}\left(\frac{\partial v_3}{\partial t} + \frac{\partial^3 v_3}{\partial x^3}\right) = \left(-v_1 \frac{\partial}{\partial x} + \frac{\partial v_1}{\partial x}\right)\left(\frac{\partial v_2}{\partial t} + \frac{\partial^3 v_2}{\partial x^3}\right) - $$
$$3\left(2\frac{\partial^2 v_1}{\partial x^2}\frac{\partial^2 v_2}{\partial x^2} - \frac{\partial v_1}{\partial x}\frac{\partial^3 v_2}{\partial x^3} - \frac{\partial v_2}{\partial x}\frac{\partial^3 v_1}{\partial x^3}\right)$$
$$\cdots \tag{8.2.39}$$

取方程 (8.2.37) 的解为

$$v_1 = a_1 \exp[2(k_1 x - \omega_1 t)] + a_2 \exp[2(k_2 x - \omega_2 t)] \tag{8.2.40}$$

式中:$\omega_1 = 4k_1^3$ 和 $\omega_2 = 4k_2^3$;(a_1, a_2) 为振幅的常数. 将上式代入方程 (8.2.38),右边第一项为零,于是得到

$$\frac{\partial}{\partial x}\left(\frac{\partial v_2}{\partial t} + \frac{\partial^3 v_2}{\partial x^3}\right) = 48k_1 k_2 (k_1 - k_2)^2 a_1 a_2 \exp[2(k_1 + k_2)x - (\omega_1 + \omega_2)t] \tag{8.2.41}$$

不难求得上式的一个特解

$$v_2 = \left(\frac{k_1 - k_2}{k_1 + k_2}\right)^2 a_1 a_2 \exp[2(k_1 + k_2)x - (\omega_1 + \omega_3)t] \tag{8.2.42}$$

将上式和方程 (8.2.40) 代入方程 (8.2.39),经过繁杂的数学运算,可以得到

$$\frac{\partial}{\partial x}\left(\frac{\partial v_3}{\partial t} + \frac{\partial^3 v_3}{\partial x^3}\right) = 0 \tag{8.2.43}$$

取上式的特解为 $v_3 = 0$,同理可得 $v_i = 0 (i \geqslant 3)$. 因此级数方程 (8.2.36) 是截断的,只要令 $\varepsilon = 1$,就求得了方程 (8.2.27) 的一个解

$$v = 1 + a_1 \exp(2\theta_1) + a_2 \exp(2\theta_2) + a_3 \exp[2(\theta_1 + \theta_2)] \tag{8.2.44}$$

式中

$$a_3 = \left(\frac{k_1 - k_2}{k_1 + k_2}\right)^2 a_1 a_2;\ \theta_1 = k_1 x - \omega_1 t;\ \theta_2 = k_2 x - \omega_2 t \tag{8.2.45}$$

由方程 (8.2.23) 得

$$w = -2\frac{\partial}{\partial x}\ln\{1 + a_1 \exp(2\theta_1) + a_2 \exp(2\theta_2) + a_3 \exp[2(\theta_1 + \theta_2)]\}$$

150

$$= -4\frac{a_1k_2\exp(2\theta_1) + a_2k_2\exp(2\theta_2) + a_3(k_1 + k_2)\exp[2(\theta_1 + \theta_2)]}{1 + a_1\exp(2\theta_1) + \alpha_2\exp(2\theta_2) + a_3\exp[2(\theta_1 + \theta_2)]}$$

$$(8.2.46)$$

上式称为 KdV 方程的双"孤波"解,如图 8.7 所示. 图中取值为 $k_1 = 1, k_2 = 2, a_1 = a_2 = 3$. 图 8.7 表明了 3 个时刻 $t = 0, t = 0.15$ 和 $t = 0.5, u$ 与 x 的关系. 初始时刻 $(t = 0)$,只有一个"孤波",$t > 0$ 时一个"孤波"分裂成两个. 随着时间增长,两个"孤波"彼此分开. 由于振幅大的"孤波"有较大的速度,因此,两个"孤波"分开距离随时间增加.

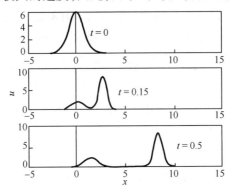

图 8.7　KdV 方程的双"孤波"解

8.2.3　KdV-Burgers 方程的广义 Hopf-Cole 变换

KdV-Burgers 方程是 KdV 方程与 Burgers 方程的组合

$$\frac{\partial u}{\partial t} + u\frac{\partial u}{\partial x} - \alpha\frac{\partial^2 u}{\partial x^2} + \beta\frac{\partial^3 u}{\partial x^3} = 0 \qquad (8.2.47)$$

当 $\beta = 0$,上式即为 Burgers 方程,当 $\alpha = 0$. 上式通过自变量和函数的线性变:$x' = \beta^{-1/3}x$ 和 $u' = (-\beta^{-1/3}u)/6$,可化成方程(8.2.22) 的 KdV 标准形式. 上式的广义 Hopf-Cole 为

$$u = \frac{\partial w}{\partial x}, w = -\frac{12}{5}\alpha\ln v + 12\beta\frac{\partial\ln v}{\partial x} \qquad (8.2.48)$$

将变换方程(8.2.48) 第一式代入方程(8.2.47) 并且积分一次(令积分常数为零) 得到

$$\frac{\partial w}{\partial t} + \frac{1}{2}\left(\frac{\partial w}{\partial x}\right)^2 - \alpha\frac{\partial^2 w}{\partial x^2} + \beta\frac{\partial^3 w}{\partial x^3} = 0 \qquad (8.2.49)$$

变换方程(8.2.48) 第二式代入上式,整理后得到 KdV-Burgers 方程的双线性形式为

$$\left(\frac{\alpha}{5}v - \beta v\frac{\partial}{\partial x} + \beta\frac{\partial v}{\partial x}\right)\left(\frac{\partial v}{\partial t} - \alpha\frac{\partial^2 v}{\partial x^2} + \beta\frac{\partial^3 v}{\partial x^3}\right) -$$

$$3\beta^3\left[\left(\frac{\partial^2 v}{\partial x^2}\right)^2 - \frac{\partial v}{\partial x}\frac{\partial^3 v}{\partial x^3}\right] - \frac{\alpha}{5}\frac{\partial v}{\partial x}\left(\frac{\alpha}{5}\cdot\frac{\partial v}{\partial x} + \beta\frac{\partial^2 v}{\partial x^2}\right) = 0 \qquad (8.2.50)$$

显然,如果取 v 同时满足

$$\left(\frac{\partial^2 v}{\partial x^2}\right)^2 - \frac{\partial v}{\partial x}\cdot\frac{\partial^3 v}{\partial x^3} = 0 \qquad (8.2.51)$$

$$\frac{\partial v}{\partial t} - \alpha \frac{\partial^2 v}{\partial x^2} + \beta \frac{\partial^3 v}{\partial x^3} = 0 \tag{8.2.52}$$

$$\frac{\alpha}{5} \cdot \frac{\partial v}{\partial x} + \beta \frac{\partial^2 v}{\partial x^2} = 0 \tag{8.2.53}$$

那么方程(8.2.50)也能满足. 方程(8.2.51)与方程(8.2.29)同样处理,得到

$$\frac{\partial^2 v}{\partial x^2} = \eta \frac{\partial v}{\partial x} \tag{8.2.54}$$

因此,如果 v 同时满足三个线性方程(8.2.52) ~ 方程(8.2.54),通过广义 Hopf-Cole 变换方程(8.2.48)形成的 u 一定是 KdV-Burgers 方程的一个解.

[**例 8.2.6**] 线性方程(8.2.52) ~ 方程(8.2.54) 的一个共同解为

$$v = 1 + \exp(kx - \omega t) \tag{8.2.55}$$

且 $\eta = k = -\alpha/(5\beta)$ 和 $\omega = -\alpha k^2 + \beta k^3$. 代入方程(8.2.48)得到

$$w = -\frac{12\alpha}{5}\ln[1 + \exp(kx - \omega t)] +$$

$$6\beta k \exp\left[\frac{1}{2}(kx - \omega t)\right]\mathrm{sech}\left[\frac{1}{2}(kx - \omega t)\right] \tag{8.2.56}$$

以及

$$u = 2c - \frac{3\alpha^2}{25\beta}\left[1 + \mathrm{th}\left(\frac{\alpha}{10\beta}\xi\right)\right]^2 \quad (\xi = x - ct) \tag{8.2.57}$$

式中:相速度 $c \equiv \omega/k = -\alpha k + \beta k^2 = 6\alpha^2/(25\beta)$. 方程(8.2.57)即为 KdV-Burgers 方程的一个冲击波解.

8.2.4 Hirota 方法

以上我们找到了 Burgers 方程、KdV 方程以及 KdV-Burgers 的 Hopf-Cole 变换或广义 Hopf-Cole 变换,通过这些非线性变换,把非线性方程化成容易求解的线性方程,得到了这 3 个方程的更多解. 问题是,对一般的非线性方程这样的非线性变换是否存在?能否把原方程化为方程(8.2.27)或方程(8.2.50)这种双线性形式?本节介绍 Hirota 方法,其基本思想是:在函数变换中同时引进两个未知函数,然后通过选择其中一个函数或选择两个函数间某种关系使原非线性方程化成双线性形式求解.

为了运算方便,Hirota 引进双线性算子(bilinear operator)

$$D_t^m D_x^n(f \cdot g) \equiv \left(\frac{\partial}{\partial t} - \frac{\partial}{\partial t'}\right)^m \left(\frac{\partial}{\partial x} - \frac{\partial}{\partial x'}\right)^n f(x,t)g(x',t') \Big|_{\substack{x'=x \\ t'=t}} \tag{8.2.58}$$

式中:m 和 n 为非负整数,例如

$$D_t(f \cdot g) \equiv D_t^1 D_x^0(f \cdot g) = \left(\frac{\partial}{\partial t} - \frac{\partial}{\partial t'}\right)f(x,t)g(x',t') \Big|_{\substack{x'=x \\ t'=t}}$$

$$= g\frac{\partial f}{\partial t} - f\frac{\partial g}{\partial t} \tag{8.2.59}$$

$$D_x(f \cdot g) \equiv D_t^0 D_x^1(f \cdot g) = \left(\frac{\partial}{\partial x} - \frac{\partial}{\partial x'}\right) f(x,t) g(x',t') \mid_{\substack{x'=x \\ t'=t}}$$

$$= g\frac{\partial f}{\partial x} - f\frac{\partial g}{\partial x} \tag{8.2.60}$$

$$D_x^2(f \cdot g) \equiv D_t^0 D_x^2(f \cdot g) = \left(\frac{\partial}{\partial x} - \frac{\partial}{\partial x'}\right)^2 f(x,t) g(x',t') \mid_{\substack{x=x \\ t'=t}}$$

$$= g\frac{\partial^2 f}{\partial x^2} - 2\frac{\partial f}{\partial x}\frac{\partial g}{\partial x} + f\frac{\partial^2 g}{\partial x^2} \tag{8.2.61}$$

$$D_x^3(f \cdot g) \equiv D_t^0 D_x^3(f \cdot g) = \left(\frac{\partial}{\partial x} - \frac{\partial}{\partial x'}\right)^3 f(x,t) g(x',t') \mid_{\substack{x'=x \\ t'=t}}$$

$$= g\frac{\partial^3 f}{\partial x^3} + 3\frac{\partial f}{\partial x}\frac{\partial^2 g}{\partial x^2} - 3\frac{\partial^2 f}{\partial x^2}\frac{\partial g}{\partial x} - f\frac{\partial^3 g}{\partial x^3} \tag{8.2.62}$$

$$D_t D_x(f \cdot g) \equiv D_t^1 D_x^1(f \cdot g)$$

$$= \left(\frac{\partial}{\partial t} - \frac{\partial}{\partial t'}\right)\left(\frac{\partial}{\partial x} - \frac{\partial}{\partial x'}\right) f(x,t) g(x',t') \mid_{\substack{x'=x \\ t'=t}}$$

$$= g\frac{\partial^2 f}{\partial x \partial t} - \frac{\partial f}{\partial t}\frac{\partial g}{\partial x} - \frac{\partial g}{\partial t}\frac{\partial f}{\partial x} + f\frac{\partial^2 g}{\partial x \partial t} \tag{8.2.63}$$

需要注意的是,f 和 g 不能随便交换次序,例如由方程(8.2.59),得到

$$D_t(f \cdot g) = - D_t(g \cdot f) \tag{8.2.64}$$

显然,有关系 $\qquad D_t(f \cdot f) = 0, D_x(f \cdot f) = 0, D_x^3(f \cdot f) = 0 \tag{8.2.65}$

$$D_x^2(f \cdot f) = 2\left[f\frac{\partial^2 f}{\partial x^2} - \left(\frac{\partial f}{\partial x}\right)^2\right] \tag{8.2.66}$$

$$D_t D_x(f \cdot f) = 2\left(f\frac{\partial^2 f}{\partial x \partial t} - \frac{\partial f}{\partial t}\frac{\partial f}{\partial x}\right)^2 \tag{8.2.67}$$

以 KdV 方程(8.2.22) 或方程(8.2.25) 为例,来阐明 Hirota 方法的基本过程. 引进两个未知函数 g 和 f,作函数变换

$$w(x,t) = \frac{g(x,t)}{f(x,t)} \tag{8.2.68}$$

显然有

$$w_t = \left(\frac{g}{f}\right)_t = \frac{g_t f - g f_t}{f^2} = \frac{D_t(g \cdot f)}{f^2} \tag{8.2.69}$$

$$w_x = \left(\frac{g}{f}\right)_x = \frac{g_x f - g f_x}{f^2} = \frac{D_x(g \cdot f)}{f^2} \tag{8.2.70}$$

得到以上两式,已利用了方程(8.2.59) 和方程(8.2.60). 同样可得

$$w_{xx} = \left(\frac{g}{f}\right)_{xx} = \frac{D_x^2(g \cdot f) - 2(\ln f)_{xx} g f}{f^2} \tag{8.2.71}$$

$$w_{xxx} = \left(\frac{g}{f}\right)_{xxx} = \frac{D_x^3(g \cdot f) - 6(\ln f)_{xx} D_x(g \cdot f)}{f^2} \tag{8.2.72}$$

在方程(8.2.71)中取 $g = f$ 时,得到

$$2(\ln f)_{xx} = \frac{D_x^2(f \cdot f)}{f^2} \qquad (8.2.73)$$

将以上各式代入方程(8.2.25)并两边乘 f^2 得到

$$D_t(g \cdot f) - 3\left[\frac{D_x(g \cdot f)}{f}\right]^2 + D_x^3(g \cdot f) -$$

$$3\frac{D_x^2(f \cdot f)}{f^2}D_x(g \cdot f) = 0 \qquad (8.2.74)$$

上式引进任意常数 λ. 化为

$$\left[D_t(g \cdot f) + 3\lambda D_x(g \cdot f) + D_x^3(g \cdot f)\right] -$$

$$3\frac{D_x(g \cdot f)}{f^2}\left[D_x(g \cdot f) + \lambda f^2 + D_x^2(f \cdot f)\right] = 0 \qquad (8.2.75)$$

由于 g 和 f 的未知函数,可以要求 g 和 f 满足

$$(D_t + 3\lambda D_x + D_x^3)(g \cdot f) = 0$$

$$(D_x^2 + \lambda)(f \cdot f) + D_x(g \cdot f) = 0 \qquad (8.2.76)$$

上式第二式中取 $\lambda = 0$ 得到

$$D_x(g \cdot f) = -D_x^2(f \cdot f) = -2f^2(\ln f)_{xx} \qquad (8.2.77)$$

由方程(8.2.70),并结合上式可得

$$\frac{D_x(g \cdot f)}{f^2} = \left(\frac{g}{f}\right)_x = -2(\ln f)_{xx} = -2\left(\frac{1}{f} \cdot \frac{\partial f}{\partial x}\right)_x$$

因此取 g 和 f 的关系

$$g = -2\frac{\partial f}{\partial x} \qquad (8.2.78)$$

得

$$w(x,t) = -2\frac{\partial \ln f}{\partial x}$$

显然,上式就是方程(8.2.23). 将方程(8.2.78)代入方程(8.2.76)得到(注意: $\lambda = 0$)

$$(D_t + D_x^3)(f_x \cdot f) = 0 \qquad (8.2.79)$$

利用关系

$$D_t D_x(f \cdot f) = 2D_t(f_x \cdot f)$$

$$D_x^4(f \cdot f) = 2D_x^3(f_x \cdot f)$$

方程(8.2.79)可简化为

$$D_x(D_t + D_x^3)(f \cdot f) = 0 \qquad (8.2.80)$$

方程(8.2.80)就是要求得的 KdV 方程的双线性形式. 方程(8.2.27)是在已知广义 Hopf-Cole 变换方程(8.2.23)的情况下导出的,而方程(8.2.80)是采用 Hirota 方法得到

154

且同时得到了 Hopf-Cole 变换.

与方程(8.2.36)类似,引进形式参数 ε,作级数展开

$$f = \sum_{i=0}^{\infty} \varepsilon^i f_i \tag{8.2.81}$$

代入方程(8.2.80)并按 ε 的幂次分类,得到

$$D_x(D_t + D_x^3)(f_0 \cdot f_0) = 0$$
$$D_x(D_t + D_x^3)(f_1 \cdot f_0) = 0$$
$$2D_x(D_t + D_x^3)(f_2 \cdot f_0) = -D_x(D_t + D_x^3)(f_1 \cdot f_1)$$
$$D_x(D_t + D_x^3)(f_3 \cdot f_0) = -D_x(D_t + D_x^3)(f_2 \cdot f_1) \tag{8.2.82}$$

显然,方程(8.2.82)第一式仍是非线性的,但 $f_0 = $ 常数是它的一个特解,而其方程都是线性的.

[**例 8.2.7**]　NLS 方程

$$i\frac{\partial u}{\partial t} + \frac{\partial^2 u}{\partial x^2} + 2 \mid u \mid^2 u = 0 \tag{8.2.83}$$

对一般的 NLS 方程(8.1.89)可通过线性变换

$$x \to \sqrt{\alpha}x, u \to \sqrt{2\beta^{-1}}u$$

化成方程(8.2.83)形式. 作函数变换

$$u = \frac{g}{f} \tag{8.2.84}$$

式中:f 为实函数. 方程(8.2.83)的双线性形式为

$$\begin{cases} (iD_t + D_x^2)(g \cdot f) = 0 \\ D_x^2(f \cdot f) - 2 \mid g \mid^2 = 0 \end{cases} \tag{8.2.85}$$

[**例 8.2.8**]　Sine-Gordon 方程

$$\frac{\partial^2 u}{\partial x^2} - \frac{\partial^2 u}{\partial t^2} = \sin u \tag{8.2.86}$$

作函数变换

$$\tan\left(\frac{u}{4}\right) = \frac{g}{f} \tag{8.2.87}$$

利用三角函数关系方程(8.1.61),可以求得双线性形式为

$$\begin{cases} (D_x^2 - D_t^2 - 1)(f \cdot g) = 0 \\ (D_x^2 - D_t^2)[(f \cdot f) - (g \cdot g)] = 0 \end{cases} \tag{8.2.88}$$

习 题 八

1. 求下列方程的行波解:

(1)Boussinesq 方程

$$\frac{\partial^2 u}{\partial t^2} - c_0^2 \frac{\partial^2 u}{\partial x^2} - \alpha \frac{\partial^4 u}{\partial x^4} - \beta \frac{\partial^2 u^2}{\partial t^2} = 0 \quad (\alpha, \beta > 0)$$

（2）mKdV 方程

$$\frac{\partial u}{\partial t} + \alpha u^2 \frac{\partial u}{\partial x} + \beta \frac{\partial^3 u}{\partial x^3} = 0$$

2. 求下列方程的行波解：

（1）Fisher 方程

$$\frac{\partial u}{\partial t} - \alpha \frac{\partial u}{\partial x} - k u (1 - u) = 0$$

（2）KdV-Burgers 方程

$$\frac{\partial u}{\partial t} + u \frac{\partial u}{\partial x} - \alpha \frac{\partial^2 u}{\partial x^2} + \beta \frac{\partial^3 u}{\partial x^3} = 0 \quad (\alpha, \beta > 0)$$

提示：设

$$u(\xi) = \frac{B \exp[b(\xi - \xi_0)]}{\{1 + \exp[a(\xi - \xi_0)]\}^2}$$

式中：B、b 和 a 为待定常数；ξ_0 为积分常数.

3. 作函数变换 $\tan \dfrac{u}{4} = \dfrac{g}{f}$ 证明 Sine-Gordon 方程

$$\frac{\partial^2 u}{\partial x^2} - \frac{\partial^2 u}{\partial t^2} = \sin u$$

的双线性形式为

$$\begin{cases} (D_x^2 - D_t^2 - 1)(f \cdot g) = 0 \\ (D_x^2 - D_t^2)[(f \cdot f) - (g \cdot g)] = 0 \end{cases}$$

4. 作函数变换 $u = g/f$，其中 f 为实函数. 证明 NLS 方程

$$\mathrm{i} \frac{\partial u}{\partial t} + \frac{\partial^2 u}{\partial x^2} + 2|u|^2 u = 0$$

的双线性形式为

$$\begin{cases} \mathrm{i} D_t + D_x^2 (g \cdot f) = 0 \\ D_x^2 (f \cdot f) - 2|g|^2 = 0 \end{cases}$$

第九章　格林函数法

到目前为止,我们已系统地介绍了用分离变量法与积分变换法求解数学物理方程定解问题的基本步骤. 本章将介绍用格林(Green)函数法求解拉普拉斯方程边值问题的要点与步骤,把拉普拉斯方程第一边值问题的解,通过格林函数以积分的形式表示出来. 格林函数,又称点源影响函数,是数学物理中的一个重要概念. 格林函数代表一个点源在一定的边界条件和(或)初始条件下所产生的场. 知道了点源的场,就可以用叠加的方法计算出任意源所产生的场. 应指出的是:格林函数法不仅可用于求解一些偏微分方程边值问题或初边值问题,特别重要的是,它在偏微分方程理论研究中起着非常重要的作用.

9.1　格林公式

在研究拉普拉斯方程或泊松方程边值问题时,要经常利用格林公式,它是高等数学中高斯公式的直接推广.

设 Ω 为 R^3 中的区域, $\partial\Omega$ 充分光滑. 设 k 为非负整数,以下用 $C^k(\Omega)$ 表示在 Ω 上具有 k 阶连续偏导的实函数全体, $C^k(\overline{\Omega})$ 表示在 $\overline{\Omega}$ 上具有 k 阶连续偏导的实函数全体. 如 $u \in C^1(\Omega) \cap C(\overline{\Omega}) C(\overline{\Omega}) = C^0(\overline{\Omega}))$,表示 $u(x,y,z)$ 在 Ω 具有一阶连续偏导数而在 $\overline{\Omega}$ 上连续. 另外,为书写简单起见,下面将函数的变量略去. 如将 $P(x,y,z)$ 简记为 $P, \frac{\partial}{\partial x}P(x,y,z)$ 简记为 $\frac{\partial P}{\partial x}$ 或 P_x 等.

设 $P(x,y,z), Q(x,y,z)$ 和 $R(x,y,z) \in C^1(\overline{\Omega})$,则成立如下的高斯公式

$$\iiint_{\Omega}\left(\frac{\partial P}{\partial x} + \frac{\partial Q}{\partial y} + \frac{\partial R}{\partial z}\right)\mathrm{d}V = \iint_{\partial\Omega}P\mathrm{d}y\mathrm{d}z + Q\mathrm{d}y\mathrm{d}x + R\mathrm{d}x\mathrm{d}y \tag{9.1.1}$$

或者

$$\iiint_{\Omega}\left(\frac{\partial P}{\partial x} + \frac{\partial Q}{\partial y} + \frac{\partial R}{\partial z}\right)\mathrm{d}V = \iint_{\partial\Omega}(P\cos\alpha + Q\cos\beta + R\cos\gamma)\mathrm{d}s \tag{9.1.2}$$

如果引入哈密尔顿算子: $\nabla = \left(\frac{\partial}{\partial x}, \frac{\partial}{\partial y}, \frac{\partial}{\partial z}\right)$,并记 $\boldsymbol{F} = (P,Q,R)$,则高斯公式具有如下简洁形式

$$\iiint_{\Omega}\nabla\cdot\boldsymbol{F}\mathrm{d}v = \iint_{\partial\Omega}\boldsymbol{F}\cdot\boldsymbol{n}\mathrm{d}s \tag{9.1.3}$$

式中: $\boldsymbol{n} = (\cos\alpha, \cos\beta, \cos\gamma)$ 为 $\partial\Omega$ 的单位外法向量.

哈密尔顿算子是一个向量性算子,它作用于向量函数 $\boldsymbol{F} = (P,Q,R)$ 时,其运算定

义为

$$\nabla \cdot \mathbf{F} = \left(\frac{\partial}{\partial x}, \frac{\partial}{\partial y}, \frac{\partial}{\partial z}\right) \cdot (P, Q, R) = \frac{\partial P}{\partial x} + \frac{\partial Q}{\partial y} + \frac{\partial R}{\partial z}$$

形式上相当于两个向量作点乘运算,此即向量 $\mathbf{F}$ 的散度 div$\mathbf{F}$. 而作用于数量函数 $f(x,y,z)$ 时,其运算定义为

$$\nabla f = \left(\frac{\partial}{\partial x}, \frac{\partial}{\partial y}, \frac{\partial}{\partial z}\right)f = \left(\frac{\partial f}{\partial x}, \frac{\partial f}{\partial y}, \frac{\partial f}{\partial z}\right)$$

形式上相当于向量的数乘运算,即数量函数 f 的梯度 grad$f$.

设 $u(x,y,z), v(x,y,z) \in C^2(\bar{\Omega})$,在式(9.1.3)中取 $\mathbf{F} = u\nabla v$ 得

$$\iiint_{\Omega} \nabla \cdot (u\nabla v) \mathrm{d}V = \iint_{\partial\Omega} u\nabla v \cdot \vec{n} \mathrm{d}s \qquad (9.1.4)$$

直接计算可得

$$\nabla \cdot (u\nabla v) = u\Delta v + \nabla u \nabla v \qquad (9.1.5)$$

式中:$\Delta v = v_{xx} + v_{yy} + v_{zz}$. 将方程(9.1.5)代入到方程(9.1.4)中并整理得

$$\iiint_{\Omega} u\Delta v \mathrm{d}V = \iint_{\partial\Omega} u\frac{\partial v}{\partial n} \mathrm{d}s - \iiint_{\Omega} \nabla u \cdot \nabla v \mathrm{d}V \qquad (9.1.6)$$

方程(9.1.6)称为格林第一公式.

在方程(9.1.6)中将函数 u, v 的位置互换得

$$\iiint_{\Omega} v\Delta u \mathrm{d}V = \iint_{\partial\Omega} v\frac{\partial u}{\partial n} \mathrm{d}s - \iiint_{\Omega} \nabla v \cdot \nabla u \mathrm{d}V \qquad (9.1.7)$$

用方程(9.1.6)减去方程(9.1.7)得

$$\iiint_{\Omega} (u\Delta v - v\Delta u) \mathrm{d}V = \iint_{\partial\Omega} \left(u\frac{\partial v}{\partial n} - v\frac{\partial u}{\partial n}\right) \mathrm{d}s \qquad (9.1.8)$$

方程(9.1.8)称为格林第二公式.

设点 $P_0(\xi, \eta, \zeta) \in \Omega$, 点 $P(x,y,z) \in R^3, r_{P_0 P} = |P_0 - P| = \sqrt{(x-\xi)^2 + (y-\eta)^2 + (z-\zeta)^2}$. 引入函数 $\Gamma(P, P_0) = \frac{1}{4\pi r_{P_0 P}}$,注意 $\Gamma(P, P_0)$ 是关于 6 个变元 (x,y,z) 和 (ξ, η, ς) 的函数且 $\Gamma(P, P_0) = \Gamma(P_0, P)$. 如无特别说明,对 b 求导均指关于变量 (x,y,z) 的偏导数. 直接计算可得 $\Delta\Gamma(P, P_0) = 0, P \neq P_0$. 即 $\Gamma(P, P_0)$ 在 R_3 中除点 P_0 外处处满足拉普拉斯方程.

设 $\varepsilon > 0$ 充分小使得 $\bar{B} = \bar{B}(P_0, \varepsilon) = \{P(x,y,z) \mid |P - P_0| \leqslant \varepsilon\} \subset \Omega$. 记 $G = \Omega \setminus \bar{B}$,则 $\partial G = \partial\Omega \cup \partial\bar{B}$. 在格林第二公式中取 $v = \Gamma(P, P_0), \Omega = G$. 由于在区域 G 内有 $\Delta\Gamma = 0$,故有

$$-\iiint_{G} \Gamma\Delta u \mathrm{d}V = \iint_{\partial G} \left(u\frac{\partial\Gamma}{\partial n} - \Gamma\frac{\partial u}{\partial n}\right) \mathrm{d}s$$

或者

$$-\iiint_{G} \Gamma\Delta u \mathrm{d}V = \iint_{\partial\Omega} \left(u\frac{\partial\Gamma}{\partial n} - \Gamma\frac{\partial u}{\partial n}\right) \mathrm{d}s + \iint_{\partial B} \left(u\frac{\partial\Gamma}{\partial n} - \Gamma\frac{\partial u}{\partial n}\right) \mathrm{d}s \qquad (9.1.9)$$

在球面 ∂B 上,
$$\frac{\partial\Gamma}{\partial n} = -\frac{\partial\Gamma}{\partial r} = -\frac{\partial\left(\frac{1}{4\pi r_{P_0 P}}\right)}{\partial r} = \frac{1}{4\pi r^2}$$

因此

$$\iint_{\partial B} u \frac{\partial \Gamma}{\partial n} \mathrm{d}s = \frac{1}{4\pi} \iint_{\partial B} \frac{u}{\varepsilon^2} \mathrm{d}s = u(\bar{x}, \bar{y}, \bar{z}) \tag{9.1.10}$$

式中：$P(\bar{x}, \bar{y}, \bar{z}) \in \partial B.$

同理可得

$$\iint_{\partial B} \Gamma \frac{\partial u}{\partial n} \mathrm{d}s = \frac{1}{4\pi\varepsilon} \iint_{\partial B} \frac{\partial u}{\partial n} \mathrm{d}s = \varepsilon \frac{\partial u}{\partial n}(x', y', z') \tag{9.1.11}$$

式中：$P(x', y', z') \in \partial B.$

将方程(9.1.10)和方程(9.1.11)代入到方程(9.1.9)中并令 $\varepsilon \to 0^+$，此时有

$$P(\bar{x}, \bar{y}, \bar{z}) \to P_0(\xi, \eta, \zeta), \varepsilon \frac{\partial u}{\partial n}(x', y', z') \to 0$$

并且区域 G 趋向于区域 Ω，因此可得

$$-\iiint_{\Omega} \Gamma \Delta u \mathrm{d}V = \iint_{\partial\Omega} \left(u \frac{\partial \Gamma}{\partial n} - \Gamma \frac{\partial u}{\partial n} \right) \mathrm{d}s + u(\xi, \eta, \zeta)$$

即

$$u(\xi, \eta, \zeta) = \iint_{\partial\Omega} \left(\Gamma \frac{\partial u}{\partial n} - u \frac{\partial \Gamma}{\partial n} \right) \mathrm{d}s - \iiint_{\Omega} \Gamma \Delta u \mathrm{d}V \tag{9.1.12}$$

方程(9.1.12)称为格林第三公式. 它表明函数 u 在 Ω 内的值可用 Ω 内的 Δu 值与边界 $\partial\Omega$ 上 u 及 $\frac{\partial u}{\partial n}$ 的值表示.

注1   在二维情形,格林第一公式和格林第二公式成立. 而对于格林第三公式,需要取 $\Gamma(P, P_0) = \frac{1}{2\pi}\ln\frac{1}{r}$, 式中 $P_0(\xi, \eta) \in \Omega, P(x, y) \in R^2, r = r_{P_0P} = |P_0 - P| = \sqrt{(x-\xi)^2 + (y-\eta)^2}$. 此时格林第三公式也成立.

9.2   拉普拉斯方程基本解和格林函数

基本解在研究偏微分方程时起着重要的作用. 本节介绍拉普拉斯方程的基本解,并在一些特殊区域上由基本解生成格林函数,由此给出相应区域上拉普拉斯方程或泊松方程边值问题解的表达式. 下面以狄利克雷问题为例介绍拉普拉斯方程的基本解和格林函数方法的基本思想.

9.2.1   基本解

设 $P_0(\xi, \eta, \zeta) \in \Omega$，若在点 P_0 放置一单位正电荷,则该电荷在空间产生的电位分布为(舍去常数 ε_0)

$$u(x, y, z) = \Gamma(P, P_0) = \frac{1}{4\pi r_{P_0P}} \tag{9.2.1}$$

易证：$\Gamma(P, P_0)$ 在 $R^3 \setminus \{P_0\}$ 满足 $-\Delta u = 0$. 进一步还可以证明,在广义函数的意义下 $\Gamma(P, P_0)$ 满足方程

$$-\Delta u = \delta(P, P_0) \tag{9.2.2}$$

式中：$\delta(P,P_0) = \delta(x-\xi)\delta(y-\eta)\delta(z-\zeta)$. $\Gamma(P,P_0)$ 称为三维拉普拉斯方程的基本解.

当 $n = 2$ 时，二维拉普拉斯方程的基本解为

$$\Gamma(P,P_0) = \frac{1}{2\pi}\ln\frac{1}{r_{P_0 P}} \tag{9.2.3}$$

式中：$P_0(\xi,\eta), P(x,y) \in R^2, r_{P_0 P} = \sqrt{(x-\xi)^2 + (y-\eta)^2}$. 同理可证，$\Gamma(P,P_0)$ 在平面上除点 $P_0(\xi,\eta)$ 外满足方程 $-\Delta u = 0$，而在广义函数意义下 $\Gamma(P,P_0)$ 满足方程

$$-\Delta u = \delta(P,P_0) \tag{9.2.4}$$

式中：$\delta(P,P_0) = \delta(x-\xi)\delta(y-\eta)$.

根据拉普拉斯方程的基本解的物理意义可以由方程(9.2.2)和方程(9.2.4)直接求出方程(9.2.1)和方程(9.2.3). 另外，也可以利用傅里叶变换求解方程(9.2.2)和方程(9.2.4)而得到拉普拉斯方程的基本解.

9.2.2　格林函数

考虑如下定解问题：

$$\begin{cases} -\Delta u = f(x,y,z), & (x,y,z) \in \Omega \tag{9.2.5} \\ u(x,y,z) = \varphi(x,y,z), & (x,y,z) \in \partial\Omega \tag{9.2.6} \end{cases}$$

设 $P_0(\xi,\eta,\zeta) \in \Omega, u(x,y,z) \in C^2(\Omega) \cap C^1(\overline{\Omega})$ 是定解问题方程(9.2.5) ~ 方程(9.2.6)的解，则由格林第三公式可得

$$u(\xi,\eta,\zeta) = \iint_{\partial\Omega}\left(\Gamma\frac{\partial u}{\partial n} - u\frac{\partial\Gamma}{\partial n}\right)\mathrm{d}s - \iiint_{\Omega}\Gamma\Delta u\,\mathrm{d}V \tag{9.2.7}$$

在方程(9.2.7)的右端，其中有两项可由定解问题方程(9.2.5) ~ 方程(9.2.6)的边值和自由项求出，即有

$$\iint_{\partial\Omega}u\frac{\partial\Gamma}{\partial n}\mathrm{d}s = \iint_{\partial\Omega}\varphi\frac{\partial\Gamma}{\partial n}\mathrm{d}s, \qquad \iiint_{\Omega}\Gamma\Delta u\,\mathrm{d}V = -\iiint_{\Omega}f\Gamma\,\mathrm{d}V$$

而在 $\iint_{\partial\Omega}\Gamma\frac{\partial u}{\partial n}\mathrm{d}s$ 中，$\frac{\partial u}{\partial n}$ 在边界 $\partial\Omega$ 上的值是未知的. 因此须做进一步处理.

若要求解诺伊曼问题，即将方程(9.2.6)中边界条件换为 $\frac{\partial u}{\partial n} = \varphi(x,y,z)$. 此时，在方程(9.2.7)右端第二项 $\iint_{\partial\Omega}u\frac{\partial\Gamma}{\partial n}\mathrm{d}s$ 中，u 在边界 $\partial\Omega$ 上的值是未知的，而其余两项可由相应定解问题的边值和自由项求出.

如何由方程(9.2.7)得到定解问题方程(9.2.5)和方程(9.2.6)的解? 格林的想法就是要消去方程(9.2.7)右端第一项 $\iint_{\partial\Omega}\Gamma\frac{\partial u}{\partial n}\mathrm{d}s$. 为此，要用下面的格林函数取代方程(9.2.7)中的基本解.

设 h 为如下定解问题的解

$$\begin{cases} -\Delta h = 0, & (x,y,z) \in \Omega \tag{9.2.8} \\ h = -\Gamma, & (x,y,z) \in \partial\Omega \tag{9.2.9} \end{cases}$$

在格林第二公式中取 $v = h$，得

$$- \iiint_{\Omega} h \Delta u \mathrm{d}V = \iint_{\partial \Omega} \left(u \frac{\partial h}{\partial n} - h \frac{\partial u}{\partial n} \right) \mathrm{d}s$$

或者

$$0 = \iint_{\partial \Omega} \left(h \frac{\partial u}{\partial n} - u \frac{\partial h}{\partial n} \right) \mathrm{d}s - \iiint_{\Omega} h \Delta u \mathrm{d}V \tag{9.2.10}$$

将方程(9.2.7)和方程(9.2.10)相加得

$$u(\xi, \eta, \zeta) = \iint_{\partial \Omega} \left(G \frac{\partial u}{\partial n} - u \frac{\partial G}{\partial n} \right) \mathrm{d}s - \iiint_{\Omega} G \Delta u \mathrm{d}V \tag{9.2.11}$$

式中:$G(P, P_0) = \Gamma + h$.

由方程(9.2.2)和问题方程(9.2.8)和方程(9.2.9)可得,$G(P, P_0)$是如下定解问题的解

$$\begin{cases} -\Delta G = \delta(P, P_0), & P(x, y, z) \in \Omega & (9.2.12) \\ G(P, P_0) = 0, & P(x, y, z) \in \partial \Omega & (9.2.13) \end{cases}$$

$G(P, P_0)$称为拉普拉斯方程在区域Ω的格林函数.

由于G在$\partial \Omega$上恒为零,由方程(9.2.11)可得

$$u(\xi, \eta, \zeta) = -\iint_{\partial \Omega} u \frac{\partial G}{\partial n} \mathrm{d}s - \iiint_{\Omega} G \Delta u \mathrm{d}V = -\iint_{\partial \Omega} \varphi \frac{\partial G}{\partial n} \mathrm{d}s + \iiint_{\Omega} G f \mathrm{d}V. \tag{9.2.14}$$

因此,若求出了区域Ω的格林函数$G(P, P_0)$,则方程(9.2.14)便是定解问题方程(9.2.5)和方程(9.2.6)的解.

9.3 半空间及圆域上的狄利克雷问题

由第二节讨论可知,只要求出了给定区域Ω上的格林函数,就可以得到该区域泊松方程狄利克雷问题的解. 对一般区域,求格林函数并非易事. 但对于某些特殊区域,格林函数可借助于基本解的物理意义利用对称法而得出. 下面以半空间和圆域为例介绍此方法.

9.3.1 半空间上狄利克雷问题

设$\Omega = \{(x, y, z) \mid z > 0\}$,$\partial \Omega = \{(x, y, z) \mid z = 0\}$. 考虑定解问题

$$\begin{cases} -\Delta u = f(x, y, z), & (x, y, z) \in \Omega & (9.3.1) \\ u(x, y, 0) = \varphi(x, y), & (x, y) \in R^2 & (9.3.2) \end{cases}$$

设$P_0(\xi, \eta, \zeta) \in \Omega$,则$P_1(\xi, \eta, -\zeta)$为$P_0$关于$\partial \Omega$的对称点. 若在$P_0, P_1$两点各放置一个单位正电荷,则由三维拉普拉斯方程的基本解知,它们在空间产生的电位分别为

$$\Gamma(P, P_0) = \frac{1}{4\pi r_0}, \Gamma(P, P_1) = \frac{1}{4\pi r_1}$$

式中:$r_0 = |P_0 - P|$,$r_1 = |P_1 - P|$. 由于P_0和P_1关于$\partial \Omega$对称,且$P_1 \notin \Omega$,故有

$$\begin{cases} -\Delta [\Gamma(P, P_0) - \Gamma(P, P_1)] = \delta(P, P_0), P \in \Omega \\ \Gamma(P, P_0) - \Gamma(P, P_1) = 0, P \in \partial \Omega. \end{cases}$$

即$G(P, P_0) = \Gamma(P, P_0) - \Gamma(P, P_1)$为上半空间的格林函数,且有

$$G(P, P_0) = \Gamma(P, P_0) - \Gamma(P, P_1) = \frac{1}{4\pi} \left(\frac{1}{r_0} - \frac{1}{r_1} \right)$$

$$= \frac{1}{4\pi}\Big[\frac{1}{\sqrt{(x-\xi)^2 + (y-\eta)^2 + (z-\zeta)^2}} -$$

$$\frac{1}{\sqrt{(x-\xi)^2 + (y-\eta)^2 + (z+\zeta)^2}} \Big] \quad (9.3.3)$$

直接计算可得

$$\frac{\partial G}{\partial n}\Big|_{\partial\Omega} = -\frac{\partial G}{\partial z}\Big|_{z=0} = -\frac{1}{2\pi} \frac{\zeta}{[(x-\xi)^2 + (y-\eta)^2 + \zeta^2]^{3/2}} \quad (9.3.4)$$

将方程(9.3.3)和方程(9.3.4)代入到方程(9.2.14)得

$$u(\xi,\eta,\zeta) = -\iint_{\partial\Omega}\varphi\frac{\partial G}{\partial n}\mathrm{d}s + \iiint_{\Omega}Gf\mathrm{d}\nu$$

$$= \frac{1}{2\pi}\int_{-\infty}^{\infty}\int_{-\infty}^{\infty}\frac{\varphi(x,y)\zeta\mathrm{d}x\mathrm{d}y}{[(x-\xi)^2 + (y-\eta)^2 + \zeta^2]^{3/2}} +$$

$$\int_{0}^{\infty}\int_{-\infty}^{\infty}\int_{-\infty}^{\infty}G(P,P_0)f(x,y,z)\mathrm{d}x\mathrm{d}y\mathrm{d}z$$

上式便是定解问题方程(9.3.1)和方程(9.3.2)的解.

9.3.2 圆域上狄利克雷问题

设 $\Omega = \{(x,y) \mid x^2 + y^2 < R^2\}$,则 $\partial\Omega = \{(x,y) \mid x^2 + y^2 = R^2\}$. 考虑圆域 Ω 上的狄利克雷问题

$$\begin{cases} -\Delta u = f(x,y), & (x,y) \in \Omega & (9.3.5) \\ u(x,y) = g(x,y), & (x,y) \in \partial\Omega & (9.3.6) \end{cases}$$

设 $P_0(\xi,\eta) \in \Omega, P_1(\bar{\xi},\bar{\eta})$ 为 $P_0(\xi,\eta)$ 关于圆周 $\partial\Omega$ 的对称点,即 $|OP_0||OP_1| = R^2$,如图 9.1 所示. 由于 $|OP_0||OP_1| = R^2$,因此对任意 $M \in \partial\Omega$ 有

$$\triangle_{OP_0M} \sim \triangle_{OMP_1}$$

$$\frac{r_{P_0M}}{r_{P_1M}} = \frac{|OP_0|}{R}$$

$$\frac{1}{r_{P_0M}} = \frac{R}{|OP_0|}\frac{1}{r_{P_1M}}$$

因此有

$$\frac{1}{2\pi}\ln\frac{1}{r_{P_0M}} - \frac{1}{2\pi}\ln\frac{R}{|OP_0|}\frac{1}{r_{P_1M}} = 0 \quad (9.3.7)$$

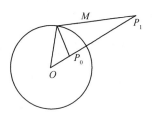

图 9.1　圆对称点示意图

上式说明函数

$$G(P,P_0) = \frac{1}{2\pi}\ln\frac{1}{r_{P_0P}} - \frac{1}{2\pi}\ln\frac{R}{|OP_0|}\frac{1}{r_{P_1P}} \quad (9.3.8)$$

在 $\partial\Omega$ 上恒为零. 又由于 $P_1 \notin \Omega$,故有

$$\begin{cases} -\Delta G(P,P_0) = \delta(P,P_0), & P \in \Omega \\ G(P,P_0) = 0, & P \in \partial\Omega. \end{cases}$$

即 $G(P;P_0)$ 是圆域上的格林函数.

引入极坐标 $P(\rho,\theta)$, 设 $P_0(\xi,\eta) = P_0(\rho_0,\theta_0)$, 则 $P_1(\bar\xi,\bar\eta) = P_1\left(\dfrac{R^2}{\rho_0},\theta_0\right)$. 用 α 表示 OP_0 与 OP 的夹角, 则有 $\cos\alpha = \cos\theta_0\cos\theta + \sin\theta_0\sin\theta = \cos(\theta_0 - \theta)$ 利用余弦定理可得

$$r_{P_0P} = \sqrt{\rho_0^2 + \rho^2 - 2\rho_0\rho\cos\alpha} \tag{9.3.9}$$

$$r_{P_1P} = \frac{1}{\rho_0}\sqrt{R^4 + \rho_0^2\rho^2 - 2\rho_0\rho R^2\cos\alpha} \tag{9.3.10}$$

将方程式(9.3.9)和方程式(9.3.10)代入到函数方程(9.3.8)中并整理得

$$G(P,P_0) = -\frac{1}{4\pi}\ln\frac{\rho_0^2R^2 + \rho^2R^2 - 2\rho_0\rho R^2\cos(\theta_0 - \theta)}{R^4 + \rho_0^2\rho^2 - 2\rho_0\rho R^2\cos(\theta_0 - \theta)} \tag{9.3.11}$$

直接计算可得

$$\left.\frac{\partial G}{\partial n}\right|_{\partial\Omega} = \left.\frac{\partial G}{\partial\rho}\right|_{\rho = R} = -\frac{1}{2\pi R}\frac{R^2 - \rho_0^2}{R^2 + \rho_0^2 - 2\rho_0 R\cos(\theta_0 - \theta)} \tag{9.3.12}$$

记 $\varphi(\theta) = g(R\cos\theta,R\sin\theta)$, 则有

$$
\begin{aligned}
u(\rho_0,\theta_0) &= -\int_{\partial\Omega}\varphi\frac{\partial G}{\partial n}\mathrm{d}s + \iint_\Omega G f\mathrm{d}\sigma \\
&= \frac{1}{2\pi}\int_0^{2\pi}\frac{(R^2 - \rho_0^2)\varphi(\theta)}{R^2 + \rho_0^2 - 2R\rho_0\cos(\theta_0 - \theta)}\mathrm{d}\theta - \\
&\quad \frac{1}{4\pi}\int_0^{2\pi}\int_0^R f(\rho\cos\theta,\rho\sin\theta)\ln\frac{\rho_0^2R^2 + \rho^2R^2 - 2\rho_0\rho R^2\cos(\theta_0 - \theta)}{R^4 + \rho_0^2\rho^2 - 2\rho_0\rho R^2\cos(\theta_0 - \theta)}\rho\mathrm{d}\rho\mathrm{d}\theta
\end{aligned}
$$
$$\tag{9.3.13}$$

方程(9.3.13)便是定解问题方程(9.3.5)和方程(9.3.6)的解.

当 $f = 0$ 时, 方程(9.3.13)称为圆域上调和函数的泊松公式.

利用复变函数的保角映射, 可以将许多平面区域变换为圆域或半平面. 因此, 与保角映射结合使用, 可以扩大对称法以及格林函数法的应用范围.

9.4* 一维热传导方程和波动方程半无界问题

9.4.1 一维热传导方程半无界问题

为简单起见, 仅考虑以下齐次方程定解问题:

$$
\begin{cases}
u_t - a^2 u_{xx} = 0 & (0 < x < \infty, t > 0) & (9.4.1) \\
u(0,t) = 0 & (t \geqslant 0) & (9.4.2) \\
u(x,0) = \varphi(x) & (0 < x < \infty) & (9.4.3)
\end{cases}
$$

该定解问题称为半无界问题, 这是一个混合问题, 边界条件为方程(9.4.2). 类似于上节泊松方程在半空间和圆域上狄利克雷问题的求解思想, 也要以热方程的基本解为基础, 使用对称法求出定解问题方程(9.4.1) ~ 方程(9.4.3)的格林函数, 并利用所得到的格林函数给出该问题的解.

一维热传导方程的基本解为 $\Gamma(x,t) = \dfrac{1}{2a\sqrt{\pi t}}\mathrm{e}^{-\frac{x^2}{4a^2t}}H(t)$. $\Gamma(x,t)$ 是如下问题

的解:

$$\begin{cases} u_t - a^2 u_{xx} = 0 & (-\infty < x < \infty, t > 0) & (9.4.4) \\ u(x,0) = \delta(x) & (-\infty < x < \infty) & (9.4.5) \end{cases}$$

相当于在初始时刻 $t = 0$, 在 $x = 0$ 点处放置一单位点热源所产生的温度分布. 若将上面定解问题中的初始条件换为 $u(x,0) = \delta(x - \xi)$, 只要利用平移变换 $x' = x - \xi$ 可得此时问题方程(9.4.4) 和方程(9.4.5) 的解为 $\Gamma(x - \xi, t)$.

为求解定解问题方程(9.4.1) ~ 方程(9.4.3), 先考虑 $\varphi(x) = \delta(x - \xi)$, 式中 ξ 为 x 轴正半轴上的任意一点. 此时, 相当于在 $x = \xi$ 点处放置一单位点热源. 则此单位点热源在 x 轴正半轴上产生的温度分布, 如果满足边界条件方程(9.4.2), 它便是问题方程(9.4.1) ~ 方程(9.4.3) 的解, 即为该问题的格林函数. 为此, 设想再在 $x = -\xi$ 点, 此点为 $x = \xi$ 关于坐标原点的对称点, 在此处放置一单位单位负热源, 这时在 $x = \xi$ 点处置放的单位点热源产生的温度分布 $\Gamma(x - \xi, t)$ 和在 $x = -\xi$ 处放置的单位负热源产生的温度分布 $-\Gamma(x + \xi, t)$ 在 $x = 0$ 处相互抵消, 从而在 $x = 0$ 处的温度恒为零. 因此, 问题方程(9.4.1) ~ 方程(9.4.3) 的格林函数为

$$G(x - \xi, t) = \Gamma(x - \xi, t) - \Gamma(x + \xi, t) \quad (9.4.6)$$

利用叠加原理可得原问题的解为

$$u(x,t) = \int_0^\infty \varphi(\xi) \, G(x - \xi, t) \mathrm{d}\xi. \quad (9.4.7)$$

若将方程(9.4.2) 中的边界条件换为 $u(0,t) = g(t)$ 或 $u_x(0,t) = 0$, 请考虑如何求解相应的定解问题.

9.4.2 一维波动方程半无界问题

考虑以下齐次方程定解问题:

$$\begin{cases} u_{tt} - a^2 u_{xx} = 0 & (0 < x < \infty, t > 0) & (9.4.8) \\ u(0,t) = 0 & (t \geqslant 0) & (9.4.9) \\ u(x,0) = 0, \quad u_t(x,0) = \psi(x) & (0 < x < \infty) & (9.4.10) \end{cases}$$

一维波动方程的基本解 $\Gamma(x,t)$ 为

$$\Gamma(x;t) = \begin{cases} \dfrac{1}{2a} & (|x| < at) \\ 0 & (|x| \geqslant at) \end{cases}$$

完全类似于9.4.1节的分析, 可得该问题的格林函数为

$$G(x - \xi, t) = \Gamma(x - \xi, t) - \Gamma(x + \xi, t) \quad (9.4.11)$$

式中: $\xi > 0$. 因此, 该定解问题的解便可表示为

$$u(x,t) = \int_0^\infty \psi(\xi) \, G(x - \xi, t) \mathrm{d}\xi. \quad (9.4.12)$$

注意到 $\Gamma(x - \xi, t)$ 的具体表示式为

$$\Gamma(x - \xi; t) = \begin{cases} \dfrac{1}{2a} & (|x - \xi| < at) \\ 0 & (|x - \xi| \geqslant at) \end{cases}$$

类似地有

$$\Gamma(x+\xi;t) = \begin{cases} \dfrac{1}{2a} & (|x+\xi| < at) \\ 0 & (|x+\xi| \geqslant at) \end{cases}$$

将上面两式代入到方程(9.4.12)中并整理可得

$$u(x,t) = \begin{cases} \dfrac{1}{2a}\displaystyle\int_{x-at}^{x+at}\psi(\xi)\mathrm{d}\xi & (x-at \geqslant 0) \\ \dfrac{1}{2a}\displaystyle\int_{at-x}^{x+at}\psi(\xi)\mathrm{d}\xi & (x-at < 0) \end{cases}$$

若将方程(9.4.9)中的边界条件换为 $u_x(0,t) = 0$,此定解问题又将如何求解,有兴趣的可以试试.

对一维波动方程半无界问题,除上面使用的格林函数法以外,也可以用延拓法或特征线法求解.相比之下,格林函数法最简单.

类似于本章前两节,对一维热传导方程和波动方程初边值问题,也可以建立起解的格林公式表达式,相当于9.2中的方程(9.2.14),并以此为基础而给出上面方程(9.4.7)和方程(9.4.12)两式的严格证明.由于本章主要是通过对一些比较简单的偏微分方程定解问题的求解,重点介绍格林函数法的基本思想和一些特殊区域格林函数的具体求法,故略去了方程(9.4.7)和方程(9.4.12)两式的推导过程.

9.5 试探函数法

对于实际中提出的某些定解问题,根据问题的物理意义和几何特征,可假设解具有某种形式并代入试探,这就叫作试探法.仅以下面的例题来说明这种方法.

[**例9.5.1**] 设一半径为 R 的无限长均匀圆柱体,已知其圆柱面上的温度分布为 $R^2\sin(2\theta)$,试求圆柱内温度的稳定分布.

解:由于圆柱面上给定的温度与 z 无关,因而垂直于 z 轴的各个圆片有相同的温度分布,故所给空间问题可化为平面问题.因为边界形状是个圆周,采用极坐标较方便,所以就在极坐标下求解所述问题

$$\begin{cases} \dfrac{\partial^2 u}{\partial r^2} + \dfrac{1}{r}\cdot\dfrac{\partial u}{\partial r} + \dfrac{1}{r^2}\cdot\dfrac{\partial^2 u}{\partial \theta^2} = 0 & (r < R) \\ u\big|_{r=R} = R^2\sin(2\theta) \end{cases}$$

设它的解为 $u(r,\theta) = Ar^2\sin(2\theta) + B$,这里 A,B 为待定常数.容易验证函数 $u(r,\theta) = Ar^2\sin(2\theta) + B$ 是满足方程的,现在我们由边界条件确定常数 A 和 B,由于 $u\big|_{r=R} = AR^2\sin2\theta + B = R^2\sin2\theta$,于是,得 $A = 1$, $B = 0$. 故得原问题的解为 $u(r,\theta) = r^2\sin2\theta$(柱坐标系).或者原问题的解记为 $u(x,y) = 2xy$(直角坐标系).

[**例9.5.2**] 解下列问题

$$\begin{cases} \dfrac{\partial^2 u}{\partial r^2} + \dfrac{1}{r}\cdot\dfrac{\partial u}{\partial r} + \dfrac{1}{r^2}\cdot\dfrac{\partial^2 u}{\partial \theta^2} = 0 & (r < R) \\ \dfrac{\partial u}{\partial r}\bigg|_{r=R} = R\cos3\theta + R^3\sin5\theta \end{cases}$$

解:仿照[例 9.5.1],设解为 $u(r,\theta) = Ar^3\cos3\theta + Br^5\sin5\theta + C$,这里 A,B,C 为待定常数. 这个函数显然满足方程,为了使它也满足边界条件,由边界条件得

$$\frac{\partial u}{\partial r}\bigg|_{r=R} = 3AR^2\cos3\theta + 5BR^4\sin5\theta + C = R\cos3\theta + R^3\sin5\theta$$

于是,得 $A = \dfrac{1}{3R}$,$B = \dfrac{1}{5R}$,$C = 0$. 因此,原问题的解为 $u(r,\theta) = \dfrac{1}{3R}r^3\cos3\theta + \dfrac{1}{5R}r^5\sin5\theta$.

[**例 9.5.3**] 求由两个同心球面导体 $r = R_1$ 和 $r = R_2$ 作成的电容器内的电位分布,使得内球面 $r = R_1$ 保持定常电位 v_0,外球面 $r = R_2$ 接地.

解:由于区域为球壳所以采用球坐标比较方便,在球坐标系下上述问题归结为

$$\begin{cases} \Delta u(r,\theta) = 0 \quad (R_1 < r < R_2) \\ u\big|_{r=R_1} = v_0, \ u\big|_{r=R_2} = 0 \end{cases}$$

由边界条件知球内球电位的分布仅与 r 有关,即电位函数是球对称的,而电位与 r 成反比,可设 $u(r) = \dfrac{A}{r} + B$,这里 A,B 为待定常数. $u(r) = \dfrac{A}{r} + B$ 在球壳 $R_1 < r < R_2$ 内满足方程. 为了确定常数 A,B,由边界条件得

$$\frac{A}{R_1} + B = v_0, \ \frac{A}{R_2} + B = 0. \ \text{则} \ A = \frac{R_1R_2}{R_2 - R_1}v_0, B = -\frac{R_1}{R_2 - R_1}v_0.$$

因此所求的电位是 $u(r) = \dfrac{R_1R_2}{R_2 - R_1}\left(\dfrac{1}{r} - \dfrac{1}{R_2}\right)v_0$.

下面讨论泊松方程的试探函数法,如果知道泊松方程的一个特解,则通过函数代换,就可把泊松方程的边值问题化成拉普拉斯方程的问题. 泊松方程的特解需要凭自己的判断找出,在有些情况下难得到的. 如果自由项是自变量的一个 n 次多项式,则可取方程的特解为自变量的一个 $n + 2$ 次多项式,将其代入方程并比较等式两边对应项的系数,来确定其中的常数. 举例如下:

[**例 9.5.4**] 求方程 $\dfrac{\partial^2 u}{\partial x^2} + \dfrac{\partial^2 u}{\partial y^2} = xy$ 的特解.

解:由于 $f(x,y) = xy$ 是自变量 x,y 的一个二次多项式,为了计算上的方便,不妨取它的特解为 $w(x,y) = Ax^3y + Bxy^3$,代入方程,得 $6(A + B)xy = xy$,由此推得 $6(A + B) = 1$,

取 $A = \dfrac{1}{6}$,$B = 0$ 则得特解 1:$w_1(x,y) = \dfrac{1}{6}x^3y$;

取 $A = 0$,$B = \dfrac{1}{6}$ 则得特解 2:$w_2(x,y) = \dfrac{1}{6}xy^3$;

取 $A = \dfrac{1}{12}$,$B = \dfrac{1}{12}$ 则得特解 3:$w_3(x,y) = \dfrac{1}{12}x^3y + \dfrac{1}{12}xy^3$.

当然还可以求出很多其它的特解,一般我们取特解 3 作为特解,因为它是对称的,使用起来比较方便一些.

[**例 9.5.5**] 求下列问题的解:

$$\begin{cases} \dfrac{\partial^2 u}{\partial r^2} + \dfrac{1}{r} \cdot \dfrac{\partial u}{\partial r} + \dfrac{1}{r^2} \cdot \dfrac{\partial^2 u}{\partial \theta^2} = 2r^2 \sin\theta\cos\theta - 4 \quad (r < R) \\ u\big|_{r=R} = R^2 + R^4 \sin 2\theta \end{cases}$$

解：设特解为 $w(x,y) = Ar^4 \sin\theta\cos\theta + Br^2$，代入方程，得 $12Ar^2 \sin\theta\cos\theta + 4B = 2r^2 \sin\theta\cos\theta - 4$，得 $A = \dfrac{1}{6}$，$B = -1$，特解为 $w(x,y) = \dfrac{1}{6}r^4 \sin\theta\cos\theta - r^2$.

设原问题解为 $u(r,\theta) = \dfrac{1}{6}r^4 \sin\theta\cos\theta - r^2 + C$，代入条件 $\dfrac{1}{6}R^4 \sin\theta\cos\theta - R^2 + C = \dfrac{1}{6}R^4 \sin\theta\cos\theta + R^2$，得 $C = 2R^2$.

所以原问题解为 $u(r,\theta) = \dfrac{1}{6}r^4 \sin\theta\cos\theta - r^2 + 2R^2$.

[**例 9.5.6**]　求下列问题的解：
$$\begin{cases} \Delta u(x,y,z) = -6 \quad (x^2 + y^2 + z^2 < R^2) \\ u\big|_{x^2+y^2+z^2=R^2} = R^2 \end{cases}$$

解：设原问题解为 $u(x,y,z) = A + B(x^2 + y^2 + z^2)$，代入方程，得 $6B = -6$，$B = -1$. 代入条件，得 $A - R^2 = R^2$，$A = 2R^2$.

所以原问题解为 $u(x,y,z) = 2R^2 - (x^2 + y^2 + z^2)$.

习 题 九

1. 设 $\Omega \subset R^3$ 为有界区域，$\partial\Omega$ 充分光滑，$u \in C^2(\Omega) \cap C^1(\overline{\Omega})$. 证明：

（1）$\iiint\limits_{\Omega} \Delta u \, dV = \iint\limits_{\partial\Omega} \dfrac{\partial u}{\partial n} ds$

（2）$\iiint\limits_{\Omega} u\Delta u \, dV = \iint\limits_{\partial\Omega} u\dfrac{\partial u}{\partial n} ds - \iiint\limits_{\Omega} |\nabla u|^2 dV$

2. 设 $\Omega \subset R^3$ 为有界区域，$\partial\Omega$ 充分光滑，$u \in C^2(\Omega) \cap C^1(\overline{\Omega})$ 满足下面问题：
$$\begin{cases} \Delta u = u_{xx} + u_{yy} + u_{zz} = 0 \quad (x,y,z) \in \Omega \\ u(x,y,z) = 0 \quad (x,y,z) \in \partial\Omega. \end{cases}$$

证明：$u(x,y,z) \equiv 0$，并由此推出泊松方程狄利克雷问题解的唯一性. 若将定解问题中的边界条件换为 $\dfrac{\partial u}{\partial n} = 0 \quad (x,y,z) \in \partial\Omega$，问 $u(x,y,z)$ 在 Ω 中等于什么？泊松方程诺依曼问题的解是否具有唯一性？

3. （1）验证：$\Delta\Gamma = 0, P \neq P_0$，其中 $\Gamma(P,P_0) = \dfrac{1}{4\pi}\dfrac{1}{\sqrt{(x-\xi)^2 + (y-\eta)^2 + (z-\zeta)^2}}$，$n = 3$. $\Gamma(P,P_0) = \dfrac{1}{2\pi}\ln\dfrac{1}{\sqrt{(x-\xi)^2 + (y-\eta)^2}}$，$n = 2$.

（2）设 $u = u(r)$，$r = \sqrt{x^2 + y^2}$，求 $u_{xx} + u_{yy} = 0, r \neq 0$，并且满足 $u(1) = 0$，$\displaystyle\int_{\partial B(0,\delta)} \nabla u \cdot \boldsymbol{n} \, \mathrm{d}s = -1$ 的解，其中 $B(0,\delta)$ 是以原点为圆心 δ 为半径的圆形域，$\vec{n}$ 为 $\partial B(0,\delta)$ 的单位外法向量.

（3）设 $u = u(r)$，$r = \sqrt{x^2 + y^2 + z^2}$，求 $u_{xx} + u_{yy} + u_{zz} = 0, r \neq 0$，并且满足 $\displaystyle\lim_{r \to \infty} u(r) = 0$，$\displaystyle\iint_{\partial B(0,\delta)} \nabla u \cdot \vec{n} \, \mathrm{d}s = -1$ 的解，其中 $B(0,\delta)$ 是以原点为球心 δ 为半径的球形域，$\vec{n}$ 为 $\partial B(0,\delta)$ 的单位外法向量.

4. 设 $\Omega \subset R^2$ 有界区域，$\partial\Omega$ 充分光滑，$u \in C^2(\Omega) \cap C^1(\bar{\Omega})$. 证明：

$$u(\xi, \eta) = \int_{\partial\Omega} \left(\Gamma \frac{\partial u}{\partial n} - u \frac{\partial \Gamma}{\partial n} \right) \mathrm{d}s - \iint_{\Omega} \Gamma \Delta u \, \mathrm{d}\sigma$$

其中 $P_0(\xi, \eta) \in \Omega$，$\Gamma(P, P_0)$ 如第 4 题所示.

5. 设 $\Omega \subset R^3$ 有界区域，$\partial\Omega$ 充分光滑，考虑定解问题

$$\begin{cases} -\Delta u = f(x, y, z) & (x, y, z) \in \Omega \\ \dfrac{\partial u}{\partial n} = \varphi(x, y, z) & (x, y, z) \in \partial\Omega. \end{cases}$$

证明该问题可解的必要条件为 $\displaystyle\iiint_{\Omega} f \mathrm{d}V + \iint_{\partial\Omega} \varphi \mathrm{d}s = 0$.

6*. 证明上半空间拉普拉斯方程狄利克雷问题的格林函数 $G(P, P_0)$ 满足

$$0 < G(P, P_0) < \frac{1}{4\pi r_{P_0 P}} \quad ((x, y) \in R^2, z > 0, \quad P \neq P_0).$$

对平面上圆域拉普拉斯方程狄利克雷问题的格林函数 $G(P, P_0)$，给出类似结果.

7. 利用对称法求二维拉普拉斯方程狄利克雷问题在上半平面的格林函数，并由此求解下面定解问题：$\begin{cases} -\Delta u = 0 & x \in (-\infty, \infty), y > 0 \\ u(x, 0) = \varphi(x) & x \in (-\infty, \infty). \end{cases}$

8. 求二维拉普拉斯方程在下列区域上狄利克雷问题的格林函数.

（1）$\Omega = \{(x, y) \mid x > y\}$. （2）$\Omega = \{(x, y) \mid x > 0, y > 0\}$.

9. 设 $\Omega = \{(x, y) \mid x^2 + y^2 < R^2, y > 0\}$. 考虑半圆域狄利克雷问题.

$$\begin{cases} -\Delta u = 0 & (x, y) \in \Omega \\ u(x, y) = \varphi(x, y) & (x, y) \in \partial\Omega. \end{cases}$$

应用对称法求区域 Ω 上的格林函数.

10*. 证明在广义函数的意义下，$\Gamma(P, 0) = \dfrac{1}{2\pi} \ln \dfrac{1}{r}$ 满足 $-\Delta u = \delta(x)\delta(y)$，其中 $r = \sqrt{x^2 + y^2}$，$\Delta u = u_{xx} + u_{yy}$.

11*. 设 $u(x, y)$ 为平面上区域 Ω 上的调和函数，$P_0(x_0, y_0) \in \Omega$ 且 $B(P_0, R) \subset \Omega$. 证明调和函数的平均值公式

$$u(x_0, y_0) = \frac{1}{2\pi R} \int_{\partial B(P_0, R)} u(x, y) \mathrm{d}s = \frac{1}{\pi R^2} \iint_{B(P_0, R)} u(x, y) \mathrm{d}x\mathrm{d}y.$$

12. 求下面定解问题的解：

$(1)\begin{cases}\dfrac{\partial^2 u}{\partial r^2} + \dfrac{1}{r}\dfrac{\partial u}{\partial r} + \dfrac{1}{r^2}\dfrac{\partial^2 u}{\partial\theta^2} = u \quad (r < 1) \\[3mm] u\Big|_{r=R} = 2\cos3\theta\end{cases}$

$(2)\begin{cases}\dfrac{\partial^2 u}{\partial r^2} + \dfrac{1}{r}\dfrac{\partial u}{\partial r} + \dfrac{1}{r^2}\dfrac{\partial^2 u}{\partial\theta^2} = 0 \quad (r < R) \\[3mm] \dfrac{\partial u}{\partial r}\Big|_{r=R} = R\cos2\theta + 2R\sin3\theta\end{cases}$

$(3)\begin{cases}\dfrac{\partial^2 u}{\partial r^2} + \dfrac{1}{r}\dfrac{\partial u}{\partial r} + \dfrac{1}{r^2}\dfrac{\partial^2 u}{\partial\theta^2} = 0 \quad (r < R) \\[3mm] u\Big|_{r=R} = R^2\cos\theta + 5R^3\cos4\theta\end{cases}$

$(4)\begin{cases}u_{xx} + u_{yy} = -8 \quad (x^2 + y^2 < R^2) \\[3mm] u\Big|_{x^2+y^2=R^2} = R^2\end{cases}$

$(5)\begin{cases}u_{xx} + u_{yy} + u_{zz} = -6 \\[3mm] u\Big|_{x^2+y^2+z^2=a^2} = a^2\end{cases}$

附录 I 线性常微分方程解法索引(十三法)

I.1 分离变量法

[**例 I.1**]   求微分方程 $(1 + e^x)yy' = e^x$ 的通解,并求满足初始条件 $y(0) = 1$ 的特解.

解: $2yy' = \dfrac{2e^x}{1 + e^x}$ 得解为 $y^2 = 2\ln(1 + e^x) + c$,又 $y(0) = 1$,所以 $c = 1 - 2\ln 2$,于是特解为 $y^2 = 1 + 2\ln\left(\dfrac{1 + e^x}{2}\right)$.

I.2 常数变易法

[**例 I.2**]   求微分方程 $(x + 1)y' - ny = e^x(x + 1)^{n+1}$ 的通解.

解:原对应的齐次线性方程 $(x + 1)y' - ny = 0$,由分离变量法得其通解为 $y = c(x + 1)^n$.

令 $y = c(x)(x + 1)^n$ 代入原方程,得

$(x + 1)\left[c'(x)(x + 1)^n + n\, c(x)(x + 1)^{n-1} \right] - n\, c(x)(x + 1)^n = e^x(x + 1)^{n+1}$

所以 $c(x) = e^x + c$,于是原方程通解为 $y = c\,(x + 1)^n + e^x(x + 1)^n$.

I.3 变量代换法

[**例 I.3**]   求微分方程 $x^2 y' - (x - y)y = 0$ 的通解.

解:作代换 $y = x\, u$,则方程化为 $x^2(u\mathrm{d}x + x\mathrm{d}u) - (x - xu)xu = 0$,则 $x\mathrm{d}u = u^2\mathrm{d}x$,$\dfrac{\mathrm{d}u}{a^2} = \dfrac{\mathrm{d}x}{x}$,两边积分,得 $\dfrac{1}{u} = -\ln x + c$.

所以原方程通解为 $y = \dfrac{x}{c - \ln x}$.

I.4 积分因子法(全微分法)

[**例 I.4**]   求下列微分方程的通解:

(1) $\left[\sin(xy) + xy\cos(xy) \right] \mathrm{d}x + x^2\cos(xy)\, \mathrm{d}y = 0$

(2) $y(1 + xy)\, \mathrm{d}x + x(1 - xy)\mathrm{d}y = 0$

解:(1)(全微分法)令 $P = \sin(xy) + xy\cos(xy)$,$Q = x^2\cos(xy)$,则

$$\frac{\partial P}{\partial y} = 2x\cos(xy) - x^2 y\sin(xy) \ , \ \frac{\partial Q}{\partial x} = 2x\cos(xy) - x^2 y\sin(xy) = \frac{\partial P}{\partial y}$$

原方程为全微分方程，而

$$F(x,y) = \int_{(0,0)}^{(x,y)} \left[\sin(xy) + xy\cos(xy) \right] \, \mathrm{d}x + x^2\cos(xy) \, \mathrm{d}y$$

$$= \int_0^x 0\mathrm{d}x + 0 + \int_0^y \left[\sin(xy) + xy\cos(xy) \right] 0 + x^2\cos(xy) \, \mathrm{d}y = x\sin(xy)$$

所以通解为 $x\sin(xy) = c$.

（2）（积分因子法）可验证 $\dfrac{\partial P}{\partial x} \neq \dfrac{\partial Q}{\partial y}$. 两边乘以积分因子 $\dfrac{1}{x^2 y^2}$ 并将原方程化为 $\dfrac{\mathrm{d}(xy)}{x^2 y^2} +$

$\dfrac{\mathrm{d}x}{x} - \dfrac{\mathrm{d}y}{y} = 0$，两边积分，得 $-\dfrac{1}{xy} + \ln\dfrac{x}{y} = C_1$.

所以原方程通解为 $Cy\mathrm{e}^{\frac{1}{xy}} - x = 0 (C = \mathrm{e}^{C_1})$.

I.5　特征根解法

［例 I.5］　求下列微分方程的通解：

（1）$y'' + 3y' + 2y = 0$　（2）$y'' - 6y' + 13y = 0$

（3）$4y'' - 20y' + 25y = 0$

解：（1）特征方程为 $r^2 + 3r + 2 = 0$，可得特征根 $r_1 = -1, r_2 = -2$.

所以原方程通解为 $y = c_1 \mathrm{e}^{-x} + c_2 \mathrm{e}^{-2x}$.

（2）特征方程为 $r^2 - 6r + 13 = 0$，可得特征根 $r_{1,2} = 3 \pm 2i$.

所以原方程通解为 $y = \mathrm{e}^{3x}(c_1\cos 2x + c_2\sin 2x)$.

（3）特征方程为 $4r^2 - 20r + 25 = 0$，可得特征根 $r_1 = r_2 = \dfrac{5}{2}$.

所以原方程通解为 $y = (c_1 + c_2 x) \mathrm{e}^{\frac{5}{2}x}$.

I.6　待定系数法（二阶线性非齐次方程特解 y^* 的求法）

［例 I.6］　求微分方程 $y'' + 3y' + 2y = 2x\sin x$ 的通解.

解：设 $y^* = (ax + b)\sin x + (cx + d)\cos x$ 代入原方程，比较系数我们得

$a = \dfrac{1}{5}, b = \dfrac{6}{25}, c = -\dfrac{3}{5}, d = \dfrac{17}{25}$，则 $y^* = \left(\dfrac{1}{5}x + \dfrac{6}{25}\right)\sin x + \left(-\dfrac{3}{5}x + \dfrac{17}{25}\right)\cos x$，

又齐次方程通解为 $\bar{y} = c_1 \mathrm{e}^{-x} + c_2 \mathrm{e}^{-2x}$，所以原方程通解为

$$y = c_1 \mathrm{e}^{-x} + c_2 \mathrm{e}^{-2x} + \left(\frac{1}{5}x + \frac{6}{25}\right)\sin x + \left(-\frac{3}{5}x + \frac{17}{25}\right)\cos x$$

I.7　拉普拉斯变换法

［例 I.7］　求微分方程 $y'' + 4y = 4x$ 的满足初始条件 $y(0) = 1$，$y'(0) = 5$ 的解.

解:两边取拉普拉斯变换 $L[y'' + 4y] = L[4x]$,式中: $L[y] = \int_0^{+\infty} y \, e^{-px} dx$.

经过计算得 $\qquad p^2 L[y] - p - 5 + 4L[y] = \dfrac{4}{p^2}$

$$L[y] = p - 5 + 4L[y] = \frac{1}{p^2 + 4}\Big[p + 5 + \frac{4}{p^2}\Big] = \frac{p}{p^2 + 4} + \frac{4}{p^2 + 4} + \frac{1}{p^2}$$

所以原方程解为 $y = L^{-1}\Big[\dfrac{p}{p^2 + 4} + \dfrac{4}{p^2 + 4} + \dfrac{1}{p^2}\Big] = \cos 2x + 2\sin 2x + x$.

I.8 变动参数法

[**例 I.8**] 求微分方程 $y'' - y' = \dfrac{1}{1 + e^x}$ 的通解.（朗斯基法）

解:对应的齐次方程通解为 $y = c_1 + c_2 e^x, y_1 = 1, y_2 = e^x, y'_1 = 0, y'_2 = e^x$,因此设 $y = v_1 \times 1 + v_2 \times e^x$.

由朗斯基行列式 $\qquad W(y_1, y_2) = \begin{vmatrix} y_1 & y_2 \\ y'_1 & y'_2 \end{vmatrix} = \begin{vmatrix} 1 & e^x \\ 0 & e^x \end{vmatrix} = e^x$

所以 $v_1 = \displaystyle\int_0^x \dfrac{-y_2 \dfrac{1}{1 + e^x}}{W(y_1, y_2)} dx = -\int_0^x \dfrac{1}{1 + e^x} dx = \ln(1 + e^{-x}) - \ln 2$

$$v_2 = \int_0^x \frac{y_1 \dfrac{1}{1 + e^x}}{W(y_1, y_2)} dx = -\int_0^x \frac{1}{e^x(1 + e^x)} dx = \ln(1 + e^{-x}) - e^x + 1 - \ln 2$$

特解为 $y^* = \ln(1 + e^{-x}) - \ln 2 + e^x[\ln(1 + e^{-x}) - e^x + 1 - \ln 2]$.

所以原方程通解为 $y = c_1 + c_2 e^x + (e^x + 1)\ln(1 + e^{-x})$.

I.9 留数计算法

[**例 I.9**] 求下列微分方程的通解:

(1) $y'' + y = 4x\cos x$ \qquad (2) $y'' - \dfrac{1}{x+1}y' + \dfrac{1}{(x+1)^2}y = F(x)$

解:(1) 特征函数为 $g(z) = z^2 + 1$,根为 $z = \pm i$,设 $f(z)$ 为任意函数,

所以原方程通解为 $y = \mathop{\text{Res}}\limits_{z=i}\Big(\dfrac{f(z)}{z^2 + 1} e^{zx}\Big) + \mathop{\text{Res}}\limits_{z=-i}\Big(\dfrac{f(z)}{z^2 + 1} e^{zx}\Big)$

$+ \mathop{\text{Res}}\limits_{z=i}\Big(\dfrac{e^{zx}}{z^2 + 1}\displaystyle\int_0^x e^{-zt} \cdot 4t\cos t \, dt\Big) + \mathop{\text{Res}}\limits_{z=-i}\Big(\dfrac{e^{zx}}{z^2 + 1}\displaystyle\int_0^x e^{-zt} \cdot 4t\cos t \, dt\Big)$

$= \Big(\dfrac{e^{ix}f(i)}{2i} + \dfrac{e^{-ix}f(-i)}{-2i}\Big) + \dfrac{e^{ix}}{2i}\displaystyle\int_0^x e^{-it} \cdot 4t\cos t \, dt + \dfrac{e^{-ix}}{-2i}\displaystyle\int_0^x e^{it} \cdot 4t\cos t \, dt$

$= (c_1\cos x + c_2\sin x) + 4\displaystyle\int_0^x t \sin(x - t)\cos t \, dt$

$$= (c_1\cos x + c_2\sin x) + (x\cos x + x^2\sin x)$$

（2）特征函数为 $g(z) = z(z-1) - z + 1 = (z-1)^2$，根为 $z = 1$（重根）
所以原方程通解为

$$y = \operatorname*{Res}_{z=1}\left(\frac{f(z)(x+1)^z}{(z-1)^2}\right) + \operatorname*{Res}_{z=1}\left(\frac{1}{(z-1)^2}\int_0^x\left(\frac{x+1}{t+1}\right)^z(t+1)F(t)\,\mathrm{d}t\right)$$

$$= f'(1)(x+1) + f(1)(x+1)\ln(x+1) + \int_0^x(x+1)\ln\left(\frac{x+1}{t+1}\right)F(t)\,\mathrm{d}t$$

$$= (x+1)[c_1 + c_2\ln(x+1)] + (x+1)\int_0^x F(t)\ln\left(\frac{x+1}{t+1}\right)\mathrm{d}t$$

I.10　幂级数解法

[例 I.10]　求下列微分方程的解：

（1）$y' = x + y$　　　（2）$\begin{cases} y'' - 2xy' - 4y = 0 \\ y(0) = 0 , \ y'(0) = 1 \end{cases}$

解：（1）设解为 $y = \sum\limits_{n=0}^{+\infty} a_n x^n$，则 $y' = \sum\limits_{n=1}^{+\infty} na_n x^{n-1} = \sum\limits_{n=0}^{+\infty}(n+1)a_{n+1}x^n$，则代入原方程

得，$\sum\limits_{n=0}^{+\infty}(n+1)a_{n+1}x^n = x + \sum\limits_{n=1}^{+\infty} na_n x^{n-1}$，则 $a_1 = a_0$，$2a_2 = 1 + a_1$，$3a_3 = a_2$，$\cdots$，$(n+1)a_{n+1} = a_n\cdots$

所以 $a_1 = a_0$，$a_2 = \dfrac{1+a_0}{2!}$，$\cdots$，$a_n = \dfrac{1+a_0}{n!}$，$\cdots$

于是原方程解为 $y = \sum\limits_{n=0}^{+\infty} a_n x^n = a_0 + a_0 x + \sum\limits_{n=2}^{+\infty}\dfrac{1+a_0}{n!}x^n = -1 - x + (1+a_0)\sum\limits_{n=2}^{+\infty}\dfrac{x^n}{n!}$

$$= -1 - x + c\mathrm{e}^x \quad (c = 1 + a_0)$$

（2）设解为 $y = \sum\limits_{n=0}^{+\infty} a_n x^n$ 则由初始条件 $y(0) = 0$，$y'(0) = 1$，得 $a_0 = 0$，$a_1 = 1$，

将 $y = x + \sum\limits_{n=2}^{+\infty} a_n x^n$ 代入原方程，则

$$\sum_{n=2}^{+\infty} n(n-1)a_n x^{n-2} - 2x\left(1 + \sum_{n=2}^{+\infty} na_n x^{n-1}\right) - 4\left(x + \sum_{n=2}^{+\infty} a_n x^n\right) = 0$$

可得 $a_2 = 0$，$a_{2k} = 0$，$a_3 = 1$，$a_{2k+1} = \dfrac{1}{k!}$

于是原方程通解为　$y = x + \sum\limits_{k=1}^{+\infty}\dfrac{1}{k!}x^{2k+1} = x\mathrm{e}^{x^2}$

I.11　算子两方法

（一）第一常微分算子法（即导数定义法，主要是求非齐次方程特解 y^*）
（二）第二常微分算子法（即积分定义法，主要是求齐次方程通解 y）

记微分算子 $D = \dfrac{\mathrm{d}y}{\mathrm{d}x}$,则

(1) 微分算子的逆算子的导数形式定义:$\dfrac{1}{1 - D} = 1 + D + D^2 + D^3 + \cdots$

(2) 由于 $\dfrac{\mathrm{d}y}{\mathrm{d}x} = f(x)$ 的解为 $y = \int f(x)\mathrm{d}x$,即 $Dy = f(x)$ 的算子解为 $y = D^{-1}f(x)$. 因此微分算子的逆算子的积分形式定义 1:$\dfrac{1}{D}f(x) = D^{-1}f(x) = \int f(x)\mathrm{d}x$,又由于 $\dfrac{\mathrm{d}y}{\mathrm{d}x} = ky$ 的解为 $y = c\mathrm{e}^{kx}$,即 $(D - k)y = 0$ 的算子解为 $y = (D - k)^{-1}0$. 因此微分算子的逆算子的积分形式定义 2:$(D - k)^{-1}0 = c\mathrm{e}^{\int k\mathrm{d}x} = c\mathrm{e}^{kx}$.

[例 I.11] 求下列微分方程的通解:

(1) $y'' + 3y' + 2y = 2x\mathrm{e}^{-x}$

(2) $y'' - 2xy' - 4y = 0$

(3) $y'' + (\mathrm{e}^x + \cos x)y' + (1 + \cos x)\mathrm{e}^x y = 0$

解:(1) 方程的微分算子表示式 $(D^2 + 3D + 2)y = 2x\mathrm{e}^{-x}$,$(D + 1)(D + 2)y = 2x\mathrm{e}^{-x}$,利用导数形式定义求此方程特解为

$$y^* = \frac{1}{(D + 1)(D + 2)}(2x\mathrm{e}^{-x}) = 2\mathrm{e}^{-x}\frac{1}{(D - 1 + 1)(D - 1 + 2)}(x)$$

$$= 2\mathrm{e}^{-x}\frac{1}{D(1 + D)}x = 2\mathrm{e}^{-x}\frac{1}{D}(x - 1) = (x^2 - 2x)\mathrm{e}^{-x}$$

对应齐次方程 $(D^2 + 3D + 2)y = 0$ 的通解为 $y = c_1\mathrm{e}^{-x} + c_2\mathrm{e}^{-2x}$,所以原方程通解为 $y = c_1\mathrm{e}^{-x} + c_2\mathrm{e}^{-2x} + (x^2 - 2x)\mathrm{e}^{-x}$.

(2) 由[例 I.10](2) 方程有一非零解 $y_1 = x\mathrm{e}^{x^2}$,得

$$\frac{y_1'}{y_1} = \frac{\mathrm{e}^{x^2} + 2x^2\mathrm{e}^{x^2}}{x\mathrm{e}^{x^2}} = 2x + \frac{1}{x},\text{则 } D^2 - 2xD - 4 = \left(D + \frac{1}{x}\right)\left[D - \left(2x + \frac{1}{x}\right)\right]$$

所以原方程通解为

$$y = \left[\left[D - \left(2x + \frac{1}{x}\right)\right]^{-1}\left(D + \frac{1}{x}\right)^{-1} \cdot 0 = \left[D - \left(2x + \frac{1}{x}\right)\right]^{-1}\left[c_1\mathrm{e}^{-\int\frac{1}{x}\mathrm{d}x}\right]$$

$$= c_1\left[D - \left(2x + \frac{1}{x}\right)\right]^{-1}\frac{1}{x} = c_1\mathrm{e}^{\int\left(2x + \frac{1}{x}\right)\mathrm{d}x}\left[\int\frac{1}{x}\mathrm{e}^{-\int\left(2x + \frac{1}{x}\right)\mathrm{d}x}\mathrm{d}x + c_2\right]$$

$$= c_1 x\mathrm{e}^{x^2}\left[\int\frac{\mathrm{e}^{x^2}}{x^2}\mathrm{d}x + c_2\right]$$

(3) 令 $p(x) = \mathrm{e}^x + \cos x$,$q(x) = \mathrm{e}^x\cos x + (\mathrm{e}^x)'$,方程微分算子表示式为 $[D^2 + (\mathrm{e}^x + \cos x)D + (1 + \cos x)\mathrm{e}^x]y = 0$,分解算子,得

$$D^2 + (\mathrm{e}^x + \cos x)D + (1 + \cos x)\mathrm{e}^x = (D + \cos x)(D + \mathrm{e}^x)$$

所以原方程通解为 $y = (D + \mathrm{e}^x)^{-1}(D + \cos x)^{-1} \cdot 0 = (D + \mathrm{e}^x)^{-1}\left[c_1\mathrm{e}^{-\int\cos x\mathrm{d}x}\right]$

$$= c_1\mathrm{e}^{-\int\mathrm{e}^x\mathrm{d}x}\left[\int\mathrm{e}^{-\sin x}\mathrm{e}^{\int\mathrm{e}^x\mathrm{d}x}\mathrm{d}x + c_2\right] = c_1\mathrm{e}^{-\mathrm{e}^x}\left[\int\mathrm{e}^{\mathrm{e}^x - \sin x}\mathrm{d}x + c_2\right]$$

Ⅰ.12 矩阵特解法

[例 Ⅰ.12] 解微分方程
$$(18 + 36x + 30x^2 + 9x^3 + x^4)y + (18 + 24x + 9x^2 + -3x^3 - x^4)y'$$
$$- (12x + 18x^2 + 9x^3 + x^4)y'' + (3x^2 + 3x^3 + x^4)y''' = 0$$

解：方程系数矩阵

$$A = \begin{pmatrix} 18 & 18 & 0 & 0 \\ 36 & 24 & -12 & 0 \\ 30 & 9 & -18 & 3 \\ 9 & -3 & -9 & 3 \\ 1 & -1 & -1 & 1 \end{pmatrix} \diamondsuit \Lambda = \begin{pmatrix} 1 \\ \lambda \\ \lambda^2 \\ \lambda^3 \end{pmatrix}, 则 \Lambda' = \begin{pmatrix} 0 \\ 1 \\ 2\lambda \\ 3\lambda^2 \end{pmatrix}, \Lambda'' = \begin{pmatrix} 0 \\ 0 \\ 2 \\ 6\lambda \end{pmatrix}, \Lambda''' = \begin{pmatrix} 0 \\ 0 \\ 0 \\ 0 \end{pmatrix}$$

因为 $A_0(\lambda) = A\lambda$ 有最大公因式 $g_0(\lambda) = \lambda + 1$，因此方程有特解 e^{-t}，则

$$A_3(\lambda) = \begin{pmatrix} 0 \\ 0 \\ 0 \\ A\lambda \end{pmatrix} + C_3^1 \begin{pmatrix} 0 \\ 0 \\ A\lambda' \\ 0 \end{pmatrix} + C_3^2 \begin{pmatrix} 0 \\ A\lambda'' \\ 0 \\ 0 \end{pmatrix} + C_3^3 \begin{pmatrix} A\lambda''' \\ 0 \\ 0 \\ 0 \end{pmatrix} = \begin{pmatrix} O_4 \\ 15 & -30 & 15 & 0 \\ 15 & -27 & 9 & 3 \\ 6 & -9 & 0 & 3 \\ 1 & -1 & -1 & 1 \end{pmatrix} \begin{pmatrix} 1 \\ \lambda \\ \lambda^2 \\ \lambda^3 \end{pmatrix}$$

有最大公因式 $g_3(\lambda) = (\lambda - 1)^2$.

因此方程有特解 $t^3 e^t, t^4 e^t$，所以通解为 $y = c_1 e^{-t} + c_2 t^3 e^t + c_3 t^4 e^t$.

Ⅰ.13 方程组特征根解法

[例 Ⅰ.13] 解微分方程组：

$$\begin{cases} \dfrac{dx}{dt} = 3x - 2y & (1) \\ \dfrac{dy}{dt} = 2x - y & (2) \end{cases}$$

解： 特征行列式为 $\begin{vmatrix} 3 - \lambda & -2 \\ 2 & -1 - \lambda \end{vmatrix} = 0$ ，$\lambda = 1$（重根），所以 $x = (c_1 + c_2 t) e^t$，

代入方程（1），得 $y = \dfrac{1}{2}(2c_1 - c_2 + 2c_2 t) e^t$.

所以原方程通解为 $\begin{cases} x = (c_1 + c_2 t) e^t \\ y = \dfrac{1}{2}(2c_1 - c_2 + 2c_2 t) e^t. \end{cases}$

注：把上面方程组化为方程来解，即，由方程（1），得 $y = \dfrac{1}{2}(3x - x')$ 代入方程

（2）. $\left[\dfrac{1}{2}(3x - x')\right]^t = 2x - \dfrac{1}{2}(3x - x')$，得 $x'' - 2x^t + x = 0$ 解为 $x = (c_1 + ct_2)e^t$ 再代

入方程（1），得 $y = \dfrac{1}{2}(2c_1 - c_1 + 2c_2 t)e^t$

附录 II　特殊函数的图像

在 Matlab 中,有许多现成的特殊函数可以直接调用,在指令窗口中输入:

```
> > help matlab\specfun
```

在屏幕上就会显式已有的特殊函数名称如下所示:

```
Specialized math functions.

  airy          - Airy functions.

  besselj       - Bessel function of the first kind.

  bessely       - Bessel function of the second kind.

  besselh       - Bessel functions of the third kind (Hankel function).

  besseli       - Modified Bessel function of the first kind.

  besselk       - Modified Bessel function of the second kind.

  beta          - Beta function.

  betainc       - Incomplete beta function.

  betaincinv    - Inverse incomplete beta function.

  betaln        - Logarithm of beta function.

  ellipj        - Jacobi elliptic functions.

  ellipke       - Complete elliptic integral.

  erf           - Error function.

  erfc          - Complementary error function.

  erfcx         - Scaled complementary error function.

  erfinv        - Inverse error function.

  expint        - Exponential integral function.

  gamma         - Gamma function.

  gammainc      - Incomplete gamma function.

  gammaincinv - Inverse incomplete gamma function.

  gammaln - Logarithm of gamma function.

  psi           - Psi (polygamma) function.

  legendre      - Associated Legendre function.

  cross         - Vector cross product.

  dot           - Vector dot product.

Number theoretic functions.

  factor        - Prime factors.

  isprime       - True for prime numbers.

  primes        - Generate list of prime numbers.

  gcd           - Greatest common divisor.

  lcm           - Least common multiple.
```

```
rat        - Rational approximation.
rats       - Rational output.
perms      - All possible permutations.
nchoosek   - All combinations of N elements taken K at a time.
factorial  - Factorial function.

Coordinate transforms.
cart2sph   - Transform Cartesian to spherical coordinates.
cart2pol   - Transform Cartesian to polar coordinates.
pol2cart   - Transform polar to Cartesian coordinates.
sph2cart   - Transform spherical to Cartesian coordinates.
hsv2rgb    - Convert hue - saturation - value colors to red - green - blue.
rgb2hsv    - Convert red - green - blue colors to hue - saturation - value.
```

利用 Matlab 的帮助系统,就可以知道这些特殊函数的用法,从而计算各种特殊函数的值. 借助 Matlab 的符号计算工具箱,还可以调用另一个优秀的数学软件 Maple 中更多的特殊函数,下面给出一些例子.

II.1 Γ 函 数

取 Γ 函数中的自变量为实数,画出它的图像,可以从实数范围直观地看出,函数在全平面无零点,还可以看出它的奇点分布为 z = 0, -1, -2, …

计算函数的指令是 gamma,作图的方法很简单,在指令窗口中键入如下指令:

```
>> x = -3:0.01:3;
>> plot(x,y,'linewidth',4);
>> grid on
>> axis([-3 3 -5 5])
```

可以得到这个图像,如图 II.1 所示.

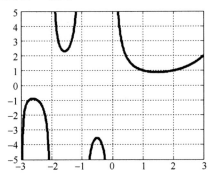

图 II.1 Γ 函数的图像

注:gamma 函数语法:

```
Y = gamma(A)
Y = gammainc(X,A)
Y = gammainc(X,A,tail)
```

```
Y = gammaln(A)
```

描述：

`Y = gamma(A)` returns the gamma function at the elements of A. A must be real.

`Y = gammainc(X,A)` returns the incomplete gamma function of corresponding elements of X and A. Arguments X and A must be real and the same size (or either can be scalar).

`Y = gammainc(X,A,tail)` specifies the tail of the incomplete gamma function when X is non-negative. The choices are for tail are 'lower' (the default) and 'upper'. The upper incomplete gamma function is defined as

```
1 - gammainc(x,a)
```

Note   When X is negative, Y can be inaccurate for abs(X) > A + 1.

`Y = gammaln(A)` returns the logarithm of the gamma function, gammaln(A) = log (gamma(A)). The gammaln command avoids the underflow and overflow that may occur if it is computed directly using log(gamma(A)).

Ⅱ.2　勒让德函数

Matlab 计算连带勒让德函数的指令为：

P = Legendre(N,X)

在给定的 N,X 的值之后，它将计算所有 N 阶连带勒让德函数在 X 处的函数值. 如果 X 是矢量，所得的结果 P 是矩阵，而 $P(m+1,i)$ 则是连带勒让德函数在 $P_l^{[m]}(x)$ 在 X 处的函数值.

语法：

```
P = legendre(n,X)
S = legendre(n,X,'sch')
N = legendre(n,X,'norm')
```

描述：

`P = legendre(n,X)` computes the associated Legendre functions of degree n and order m = 0,1,⋯,n, evaluated for each element of X. Argument n must be a scalar integer, and X must contain real values in the domain $-1 \leqslant x \leqslant 1$.

If X is a vector, then P is an (n+1) - by - q matrix, where q = length(X). Each element P(m+1,i) corresponds to the associated Legendre function of degree n and order m evaluated at X(i).

In general, the returned array P has one more dimension than X, and each element P(m+1,i,j,k,...) contains the associated Legendre function of degree n and order m evaluated at X(i,j,k,...). Note that the first row of P is the Legendre polynomial evaluated at X, i.e., the case where m = 0.

`S = legendre(n,X,'sch')` computes the Schmidt seminormalized associated Legendre functions.

`N = legendre(n,X,'norm')` computes the fully normalized associated Legendre functions.

[**例Ⅱ.2.1**]　在指令窗口输入：

```
> > legendre(2,0.0:0.1:0.2)
```

屏幕显示的矩阵是

```
ans =

    -0.5000    -0.4850    -0.4400
         0    -0.2985    -0.5879
    3.0000     2.9700     2.8800
```

它表示的结果是

	$x = 0$	$x = 0.1$	$x = 0.2$
$m = 0$	$P_2^0(0) = -0.5000$	$P_2^0(0.1) = -0.4850$	$P_2^0(0.2) = -0.4400$
$m = 1$	$P_2^1(0) = 0$	$P_2^1(0.1) = -0.2985$	$P_2^1(0.2) = -0.5879$
$m = 2$	$P_2^2(0) = 3.000$	$P_2^2(0.1) = 2.9700$	$P_2^2(0.2) = 2.8800$

[**例 Ⅱ.2.2**]　要画出前 6 个勒让德多项式的图像,可在指令窗中输入:

```
> > x =0:0.01:1;
> > y1 = legendre(1,x);
> > y2 = legendre(2,x);
> > y3 = legendre(3,x);
> > y4 = legendre(4,x);
> > y5 = legendre(5,x);
> > y6 = legendre(6,x);
> > plot(x,y1(1,:),x,y2(2,:),x,y3(1,:),x,y4(1,:),x,y5(1,:),x,y6(1,:))
> > title(' 勒让德多项式')
```

所得的图像如图 Ⅱ.2 所示:

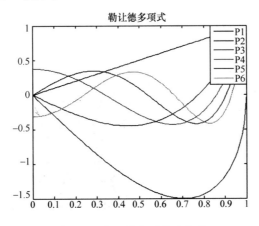

图 Ⅱ.2　勒让德多项式的图形

[**例 Ⅱ.2.3**]　同样可以画出所有 3 阶的连带勒让德函数的图形. 在指令窗中输入:

```
> > x =0:0.01:1;
> > y = legendre(3,x);
> > plot(x,y(1,:),'-',x,y(2,:),'-.',x,y(3,:),':',x,y(4,:),'--')
> > legend('P_3^0','P_3^1','P_3^2','P_3^3');
```

179

得到的图形如图Ⅱ.3所示：

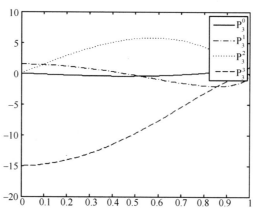

图Ⅱ.3　3阶连带勒让德函数的图形

[**例Ⅱ.2.4**]　勒让德函数实际上是以 $\cos\theta$ 为变量的函数，所以也可以在极坐标下作图，下面画出 $P_1^{(0,1)}$，$P_2^{(0,1,2)}$，$P_3^{(0,1,2,3)}$ 在极坐标下的图形，程序代码如下：

```
rho = legendre(1,cos(0:0.1:2*pi));
t = 0:0.1:2*pi;
rho1 = legendre(2,cos(0:0.1:2*pi));
rho2 = legendre(3,cos(0:0.1:2*pi));
subplot(3,4,1)
polar(t,rho(1,:))
subplot(3,4,2)
polar(t,rho(2,:))

subplot(3,4,5)
polar(t,rho(2,:))
subplot(3,4,6)
polar(t,rho(2,:))
subplot(3,4,7)
polar(t,rho(2,:))

subplot(3,4,9)
polar(t,rho(2,:))
subplot(3,4,10)
polar(t,rho(2,:))
subplot(3,4,11)
polar(t,rho(2,:))
subplot(3,4,12)
polar(t,rho(2,:))
```

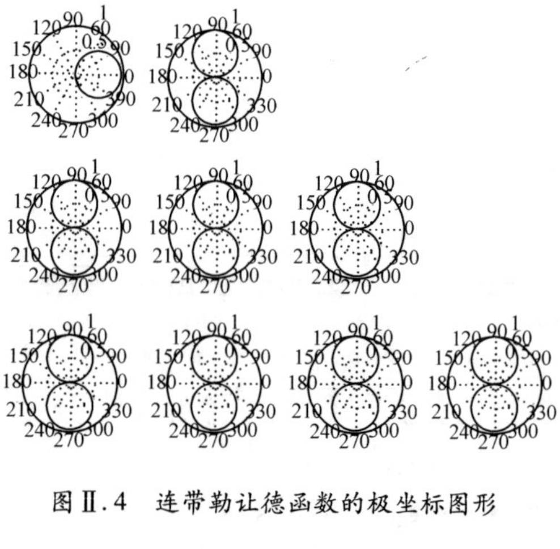

图Ⅱ.4　连带勒让德函数的极坐标图形

所得图形如图Ⅱ.4所示，第一行是 P_1 的两个图形，第二行是 P_2 的3个图形，第三行是 P_3 的4个图形.

Ⅱ.3　勒让德函数的母函数

[**例Ⅱ.3.1**]　利用勒让德函数的母函数公式,有

$$\frac{1}{\sqrt{1-2r\cos\theta+r^2}}=\sum_{l=0}^{\infty}r^l p_l(\cos\theta) \qquad (r<1)$$

$$\frac{1}{\sqrt{1-2r\cos\theta+r^2}}=\sum_{l=0}^{\infty}\frac{1}{r^{l+1}}p_l(\cos\theta) \qquad (r>1)$$

下面画出这两个等式两边在第一象限的图形,所用程序代码如下:

```
[X,Z]=meshgrid([0:0.1:3],[0:0.1:2]);
[Q,R]=cart2pol(X,Z);
R(find(R==1))=NaN;
u=1./sqrt(1-2.*R.*cos(Q)+R.^2);
meshc(X,Z,u)


Rin=R;
Rin(find(Rin>1))=NaN;
Rout=R;
Rout(find(Rout<1))=NaN;
Uin=1;                          % p0=1
Uout=1./Rout;
for k=1:20
    Leg=legendre(k,cos(Q));
    Legk=squeeze(Leg(1,:,:));
    uin=Rin.^k.*Legk;
    uout=1./Rout.^(k+1).*Legk;
    Uin=Uin+uin;
    Uout=Uout+uout;
end
figure
meshc(X,Z,Uin)
hold on
meshc(X,Z,Uout)
xlabel('x')
```

图形如图Ⅱ.5所示:

左边的图形可以看成是在极轴上 $z=1$ 处放有电量为 $4\pi\varepsilon$ 的电荷在空间产生的电势、不难想象,等势面应该是以极轴上 $z=1$ 为圆心的同心圆.而右边则可以看成是对 r 作展开,所得的系数就是勒让德函数.在作图时,是分成 $r<1$ 和 $r>1$ 两种情况来画图的.显然,只要取足够的项数,就可以得到与左边非常相似的图形,这一点从等值线可以看得更清楚.

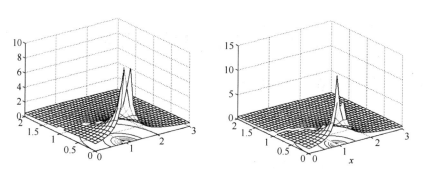

图 II.5 勒让德函数的母函数等式两边的图形

II.4 贝塞尔函数

Matlab 中有 5 种计算贝塞尔函数的指令:

```
ESSELJ(NU,Z)      Bessel function of the first kind
BESSELY(NU,Z)     Bessel function of the second kind
BESSELI(NU,Z)     Modified Bessel function of the first kind
BESSELK(NU,Z)     Modified Bessel function of the second kind
BESSELH(NU,K,Z)   Hankel function
AIRY(K,Z)         Airy function
```

计算指令	所计算的函数
besselj	计算第一类贝塞尔函数,简称贝塞尔(Bessel)函数
bessely	计算第二类贝塞尔函数,简称诺依曼(Neumann)函数
besselh	计算第三类贝塞尔函数,简称汉开尔(Hankel)函数
besseli	计算第一类虚宗量贝塞尔函数(虚宗量贝塞尔函数)
besselk	计算第二类虚宗量贝塞尔函数(虚宗量汉开尔函数)

[例 II.4.1] 下面的程序

```
>> [X,Y]=meshgrid(-4:0.025:2, -1.5:0.025:1.5);
>> H=besselh(0,1,X+i* Y);
>> contour(X,Y,abs(H),0:0.2:3.2),hold on
>> contour(X,Y,(180/pi)* angle(H), -180:10:180);hold off
```

可以产生 Abramowitz 和 Stegun 的数学手册(Handbook of Mathematical Functions)中第 359 页上的汉开尔函数 $H_0^{(1)}(z)$ 的模与相位的等值线,其图像如图 II.6 所示:

[例 II.4.2] 贝塞尔函数的图像

在指令窗口输入:

```
>> y=besselj(0:3,(0:0.2:10)');
>> figure(1)
>> plot((0:0.2:10)',y)
>> legend('J0','J1','J2','J3')
```

可以得到贝塞尔函数 $J_{0,1,2,3}$ 的曲线如图 II.7 所示:

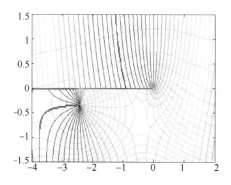

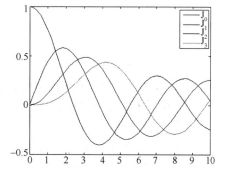

图Ⅱ.6　汉开尔函数 $H_0^{(1)}(z)$ 的模与相位的等值线　　　图Ⅱ.7　贝塞尔函数 $J_{0,1,2,3}$ 的图形

[**例Ⅱ.4.3**]　有时候需要寻找贝塞尔函数的零点,这个任务可以用内插法来解决.
例如要寻找 $0 \leqslant x \leqslant 50$ 之间的零点,可以用下面的程序:

```
x = 0:0.05:50;
y = besselj(0,x);
LD = [];
for k = 1:1000
    if y(k) * y(k + 1) < 0
        h = interp1(y(k:k + 1),x(k:k + 1),0);
        LD = [LD,h]
    end
end
LD
```

程序运行以后会在屏幕上显示 16 个零点的位置如下:

```
LD =
  Columns 1 through 6
    2.4049    5.5201    8.6537   11.7915   14.9309   18.0711
  Columns 7 through 12
   21.2116   24.3525   27.4935   30.6346   33.7758   36.9171
  Columns 13 through 16
   40.0584   43.1998   46.3412   49.4826
```

[**例Ⅱ.4.4**]　诺依曼函数的图形
在指令窗口中输入:

```
> > y = bessely(0:1,(0:0.2:10)');
> > plot((0:0.2:10)',y)
> > grid on
> > legend('N0','N1')
```

可得到诺依曼函数 $N_{0,1}$ 的曲线如图Ⅱ.8
所示:

[**例Ⅱ.4.5**]　虚宗量贝塞尔函数的图形
在指令窗口中输入:

```
> > plot((0.1:0.1:3)',I)
```

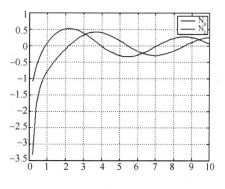

图Ⅱ.8　诺依曼函数 $N_{0,1}$ 的图形

183

```
>> I = besseli(0:1,(0.1:0.1:3)');
>> plot((0.1:0.1:3)',I)
>> grid on
>> legend('I0','I1')
```

可以得到虚宗量贝塞尔函数 $I_{0,1}$ 的曲线如图 II.9 所示：

[例 II.4.6] 虚宗量汉开尔函数

在指令窗口输入：

```
>> K = besselk(0:1,(0.1:0.1:3)');
>> plot((0.1:0.1:3)',K)
>> grid on
>> legend('K0','K1')
```

可得到虚宗量汉开尔函数 $K_{0,1}$ 的曲线如图 II.10 所示：

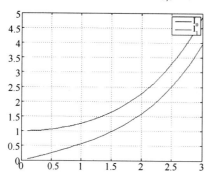

图 II.9　虚宗量贝塞尔函数 $I_{0,1}$ 的图形　　　图 II.10　虚宗量汉开尔函数 $K_{0,1}$ 的图形

[例 II.4.7] 球贝塞尔函数的图形

在指令窗口输入：

```
>> y1 = sqrt(pi/2./x).* besselj(1/2,x);
>> y2 = sqrt(pi/2./x).* besselj(3/2,x);
>> y3 = sqrt(pi/2./x).* besselj(5/2,x);
>> y4 = sqrt(pi/2./x).* besselj(7/2,x);
>> plot(x,y1,x,y2,x,y3,x,y4)
>> grid on
>> legend('j0','j1','j2','j3')
```

可得球贝塞尔函数 $j_{0,1,2,3}$ 的图形如图 II.11 所示（由于在 $x=0$ 处函数值是 $\dfrac{0}{0}$，所以作图不是从原点出发）．

[例 II.4.8] 球诺依曼函数的图形

在指令窗口输入：

```
>> x = 0.8:0.2:15;
>> y1 = sqrt(pi/2./x).* bessely(1/2,x);
>> y2 = sqrt(pi/2./x).* bessely(3/2,x);
>> y3 = sqrt(pi/2./x).* bessely(5/2,x);
>> y4 = sqrt(pi/2./x).* bessely(7/2,x);
```

```
> > plot(x,y1,x,y2,x,y3,x,y4)
> > axis([1 10 -0.5 0.4])
> > grid on
> > legend('n0','n1','n2','n3')
```

可得球诺依曼函数 $n_{0,1,2,3}$ 的图形如图 II.12 所示：

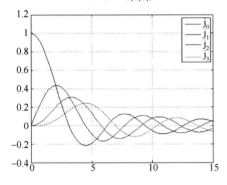

图 II.11　球贝塞尔函数 $j_{0,1,2,3}$ 的图形　　　图 II.12　球诺依曼函数 $n_{0,1,2,3}$ 的图形

注：球汉开尔函数的实部是球贝塞尔函数,而虚部是球诺依曼寒素,所以不必再画它们的图形.

[**例 II.4.9**]　贝塞尔函数的母函数

贝塞尔函数的母函数公式是 $\mathrm{e}^{\frac{x}{2}\left(z-\frac{1}{z}\right)} = \sum\limits_{m=-\infty}^{\infty} J_m(x)z^m \quad (0 < |z| < \infty)$

这是一个以 x 为参数的复函数展开式,给定一个 x 值,就可以按照前面介绍的复函数作图法画出它们两边的图形. 由于 $z=0$ 是函数的奇点,函数值变化剧烈,为了有较好的效果,我们选择了离原点稍远的区域画图,所用程序如下：

```
m = 30;
r = (0.3* m:m)'/m;
theta = pi* (-m:m)/m;
z = r* exp(i* theta);
z(find(z == 0)) = NaN;
figure
cplxmap(z,exp(z-1./z))
view(34,44)

w = 0;
for k = -20:20
    u = besselj(k,2).* z.^k;
    w = w + u;
end
figure
cplxmap(z,w)
view(34,44)
```

所得的图形如图 II.13 所示：

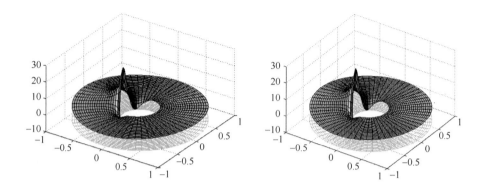

图 II.13　贝塞尔函数的母函数等式两边的图形

[**例 II.4.10**]　平面波用柱面波形式展开

平面波展开为柱面波的叠加是很有趣的广义傅里叶级数的例子,展开公式是

$$\mathrm{e}^{ik\rho\cos\varphi} = J_0(k\rho) + 2\sum_{m=1}^{\infty} i^m J_m(k\rho)\cos m\varphi$$

等式左边的各个分量代表的是不同 m 的柱面波. 这是柱面波与 z 无关,在水平面 XOY 内画出 $m = 0,1,2,\cdots,5$ 的分量的图形如图 II.14,图 II.15 以及图 II.16 所示.

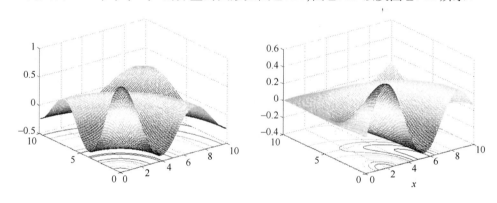

图 II.14　$m = 0,1$ 柱面波分量图

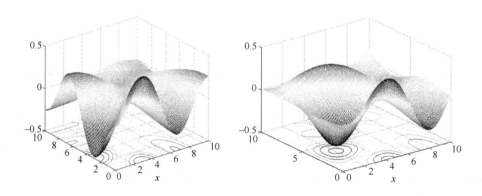

图 II.15　$m = 2,3$ 柱面波分量图

186

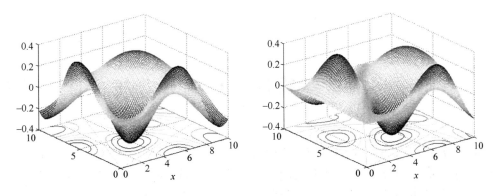

图 Ⅱ. 16 $m=4,5$ 柱面波分量图

仿真程序为：

```
[X,Y]=meshgrid(0.05:0.1:10);
[Q,R]=cart2pol(X,Y);
figure
zu=besselj(0,R);
meshc(X,Y,zu);
for k=1:5
    zu=besselj(k,R).* cos(k* Q);
    figure
    meshc(X,Y,zu);
    xlabel('x');
end
```

取上式两边的实部,令 $x=\rho\cos\varphi$,得

$$\cos(kx)=J_0(k\rho)+2\sum_{m=1}^{\infty}\mathrm{i}^{2n}J_{2n}(k\rho)\cos(2n\varphi)$$

等式右边分别取 $k=1,n$ 的最大值取 20,得到叠加后的图形如图 Ⅱ. 17 所示.

仿真程序：

```
[X,Y]=meshgrid(0.05:0.1:20);
[Q,R]=cart2pol(X,Y);
zu=besselj(0,R);
for k=2:2:20
    zuk=2* i^k* besselj(k,R).*
    cos(k* Q);
    zu=zu+zuk;
end
figure
meshc(X,Y,zu);
xlabel('x');
```

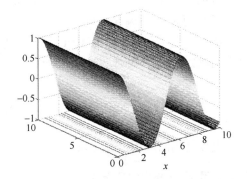

图 Ⅱ. 17 n 最大值取 20 时得到
柱面波叠加的图形

附录Ⅲ 数学物理方程的计算机仿真

偏微分方程定解问题有着广泛的应用前景。无论是理论上还是在工程应用上都是十分重要的,因为许多自然现象、工程问题通过数学建模后往往就得到一组偏微分方程。实际上,在高新技术领域,几乎处处都在与偏微分方程打交道。所以,解偏微分方程就成为摆在我们面前的一个艰巨而又重要的任务,而解偏微分方程恰恰是十分困难的,而且绝大多数偏微分方程都不能求得其实用的解析解。由于计算机技术飞速发展,我们现在可以借助计算机这一工具来求解偏微分方程,从而得到其数值(近似)解。本章将主要讲述如何用 Matlab 实现对偏微分方程的仿真求解。Matlab 的偏微分方程工具箱(PDE Toolbox)的出现,为偏微分方程的求解以及定性研究提供了捷径。主要步骤为:

(1) 设置 PDE 的定解问题,即设置二维定解区域、边界条件以及方程的形式和系数;

(2) 用有限元(FEM)求解 PDE,即网格的生成、方程的离散以及求出数值解;

(3) 解的可视化。

用 PDE Toolbox 可以求解的基本方程有椭圆方程、抛物方程、双曲方程、特征方程、椭圆方程组以及非线性椭圆方程。

具体操作有两个途径。

(1) 直接使用图形用户界面(Graphical User Interface, GUI)求解。

计算机仿真求解的偏微分方程类型分为以下几种。

椭圆型方程: $-\nabla \cdot (c\nabla u) + au = f$

抛物型方程: $d\dfrac{\partial u}{\partial t} - \nabla \cdot (c\nabla u) + au = f$

双曲型方程: $d\dfrac{\partial^2 u}{\partial t^2} - \nabla \cdot (c\nabla u) + au = f$

特征值问题: $-\nabla \cdot (c\nabla u) + au = \lambda du$,特征值偏微分方程中不含参数 f。

(2) 用 M 文件编程求解。

本章首先对可视化方法(GUI)求解作初步介绍,然后详细介绍用 M 文件编程求解几类基本偏微分方程,并对典型偏微分方程的解得静态(或初态)显式曲线分布进行了讨论。

Ⅲ.1 用偏微分方程工具箱求解偏微分方程

直接使用图形用户界面求解。

1.1 用 GUI 解 PDE 问题

用 GUI 解 PDE 问题主要采用下面两个步骤:

(1) Mesh:生成网格,自动控制网格参数;

（2）Solve：求解。设置初始边值条件后，能给出 t 时刻的解；可以求出区间内的特征值，求解后可以加密网格在求解。

1.2　计算结果的可视化

从 GUI 使用 Plot 方法实现可视化，用 Color、Height、Vector 等作图。对于含时方程，还可以生成解的动画。

例 1.　解热传导方程 $u_t - \Delta u = f$，边界条件是齐次类型（$u = 0$），定解区域自定。

解：启动 Matlab，输入命令 Pdetool 并回车，就进入 GUI，在 Opion 菜单下，选择 Grid 命令，打开栅格。栅格使用户容易确定所绘图形的大小，如图Ⅲ.1 所示。

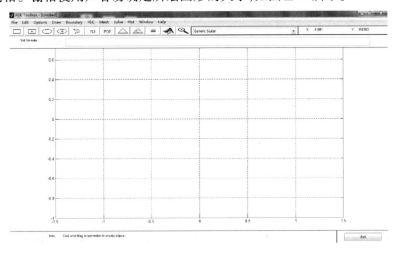

图Ⅲ.1　pdetool GUI 启动界面

（1）确定定解区域。本题为自定区域，自拟定解区域如图Ⅲ.2 所示，E1 – E2 + R1 – E3。具体用快捷工具分别画椭圆 E1、圆 E2、矩形 R1、圆 E3。然后在 Set Formula 栏中进行编辑并用算术运算符将图形对象名称连接起来（或或删去默认的表达式，直接输入 E1 – E2 + R1 – E3）。

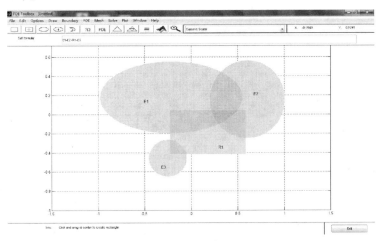

图Ⅲ.2　所讨论定解问题的区域

（2）选区边界。首先选取 Boundary 菜单中的 Boundary Mode 命令，进入边界模式；然后单击 Boundary 菜单中的 Remove All Subdomain Borders 选项，从而去掉子域边界，见图Ⅲ.3；单击 Boundary 菜单中的 Specify Boundary Conditions 选项，打开 Boundary Conditions 对话框，输入边界条件。本例取默认条件，即将全部边界设为齐次 Dirichlet 条件，边界显示为红色。如果想将几何与边界信息存储，可选择 Boundary 菜单中的 Export Decomposed Geometry，Boundary Cond's 命令，将它们分别存储在变量 g、b 中，并通过 Matlab 形成 M 文件。

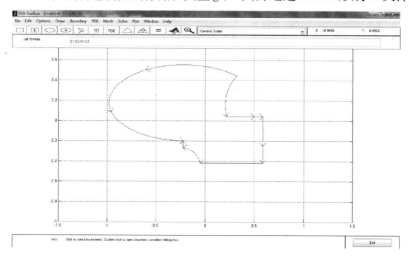

图Ⅲ.3 定解问题的边界

（3）设置方程类型。选择 PDE 菜单中的 PDE Mode 命令，进入 PDE 模式。再单击 PDE 菜单中 PDE Secification 选项，打开 PDE Secification 对话框，设置方程类型。本例取抛物型方程 $d\dfrac{\partial u}{\partial t} - \nabla \cdot (c\nabla u) + au = f$，故参数 c, a, f, d 分别是 $1, 0, 10, 1$。

（4）选择 Mesh 菜单中的 Initialize Mesh 命令，进行网格剖分。选择 Mesh 菜单中的 Refine Mesh 命令，使网格密集化，如图Ⅲ.4 所示。

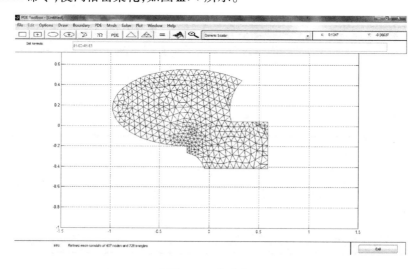

图Ⅲ.4 网格密集化

190

（5）解偏微分方程并显示图形解。选择 Solve 菜单中的 Solve PDE 命令，解偏微分方程并显示图形解，如图Ⅲ.5 所示。

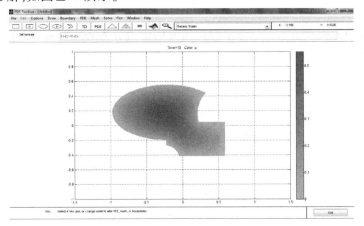

图Ⅲ.5 偏微分方程的图解图

（6）单击 Plot 菜单中的 Parameter 选项，打开 Plot Selection 对话框，选中 Color，Height（3 - D plot）和 Show Mesh 三项；再单击 Plot 按钮，显示三维图形解，如图Ⅲ.6 所示。

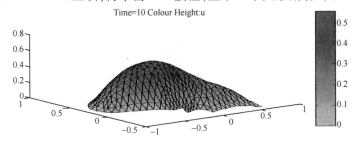

图Ⅲ.6 偏微分方程的三维图形解

（7）若要画等值线图和矢量图，再单击 Plot 菜单中的 Parameter 选项，在 Plot Selection 对话框中选中 Contour 和 Arrow 两项；然后单击 Plot 按钮，可显示解的等值线图和矢量场图，如图Ⅲ.7 所示。

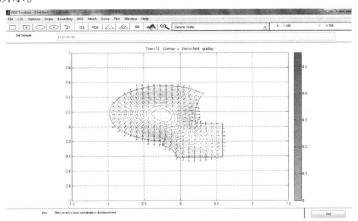

图Ⅲ.7 解的等值线图和矢量场图

Ⅲ.2　计算机仿真编程求解偏微分方程

求解偏微分方程除了 1.1 节介绍的直接使用偏微分方程工具箱外,还可以用编写程序(对于 Matlab 仿真,可以编写 M 文件)的方法求解偏微分方程。

2.1　双曲型:波动方程的求解

1. 求解双曲型方程

下面讨论标准波动方程的求解问题。波动方程属于双曲型方程,即

$$d\frac{\partial^2 u}{\partial t^2} - \nabla \cdot (c \nabla u) + au = f(a, c, d, f 是参数)$$

求解双曲型方程仿真语句如下。

(1) u1 = hyperbolic(u0, ut0, tlist, b, p, e, t, c, a, f, d)

其中:参数 c, a, f, d 决定了方程类型。b 代表了求解域的边界条件。B 既可以是边界条件矩阵,也可以是相应的 PDE 边界条件 M 文件名。

(2) [p, e, t] = initmesh(g)

其中,g 代表求解区域几何形状,是相应的 PDE 几何分类函数 M 文件名。

Initmesh 函数的作用是将求解区域进行三角形网格化,网格大小由区域的几何形状决定,输出的 p, e, t 都是网格数据。点阵 p 的第 1,2 行分别包含了网格中点的 x, y 坐标。E 是边缘矩阵,其各行的意义与求解步骤无直接关系,(从略)。t 是三角矩阵,其中的几行描述了区域的顶点。有时还会用到修正网格(精细化)命令。

(3) [p, e, t] = refinemesh(g, p, e, t)

此为一迭代过程,可得到更细小的网格,使结果更精确。其中,u0, ut0(ut,即 $\partial u/\partial t$)是初始条件,tlist 是 t = 0 时刻以后均匀的时间矩阵。

Hyperbolic 函数返回的是 u 在 tlist 中各个时间点,在区域各三角形网格处的值 u1。u1 的每行是由 p 中相应列上的坐标值所得的函数值,u1 的每一列是矩阵 tlist 中相应的时间项所对应的函数值。

2. 动画图形显示

为了将所得的解形象地表示出来,还要通过一些动画命令。为了加速绘图,首先把三角形网格转化为矩形网格。调用形式如下:

(1) uxy = tri2grid(p, t, u1, x, y)

p, t 是描述三角形网格的矩阵,x, y 是求解区域中矩形网格的坐标点(矩阵 x, y 必须都是递增顺序),u1 是各时刻三角形网格中的解。输出矩阵 uxy 是用线性插值法在矩形网格点上得出的相应 u 值。

(2) [uxy, tn, a2, a3] = tri2grid(p, t, u, x, y)

uxy, p, t, u, x, y 意义同上,tn 是网格点的指针矩阵,a2, a3 是内插法的系数。

(3) Uxy = tri2grid(p, t, u, tn, a2, a3)

用此命令之前,应先用一个命令 tri2grid 得出矩阵 tn, a2, a3。用此方法可以加快运算速度。

注意:如果矩形网格点在三角形网格之外,则结果中将会出现出错信息 NAN。

主要的绘图(包括动画)命令函数有:Moviein、Movie、Pedplot、Pdesurf 等,其具体应用见下面的例题。

例2. 用 Matlab 求解下面波动方程定解问题并动态显示解的分布。

$$
\begin{cases}
\dfrac{\partial^2 u}{\partial t^2} - \left(\dfrac{\partial^2 u}{\partial x^2} + \dfrac{\partial^2 u}{\partial y^2} \right) = 0 \\[3mm]
u\big|_{x=1} = u\big|_{x=-1} = 0, \ \dfrac{\partial u}{\partial y}\bigg|_{y=1} = \dfrac{\partial u}{\partial y}\bigg|_{y=-1} = 0 \\[3mm]
u(x,y,0) = a\tan\left[\sin\dfrac{\pi}{2}x \right], \ u_t(x,y,0) = 2\cos(\pi x)\exp\left[\cos\dfrac{\pi}{2}y \right]
\end{cases}
$$

其中,求解域是方形区域。

解:采用步骤如下:

(1)题目定义

```
g = 'squareg';                          %  定义单位方形区域
b = 'squareb1';                         %  定义零边界条件
c = 1;a = 0;f = 0;d = 1;
```

(2)初始化的粗糙网格化

```
[p,e,t] = initmesh('squareg');
```

(3)初始条件

```
x = p(1,:)';                            %  注意坐标向量都是列向量
y = p(2,:)';
u0 = atan(cos(3* pi* x));
ut0 = 5* sin(2* pi* x).* exp(cos(pi* y));
```

(4)在时间段 0~5 内的 31 个点上求解

```
n = 31;
tlist = linspace(0,5,n);                %  在 0~5 之间产生 n 个均匀的时间点
```

(5)求解此双曲问题

```
u1 = hyperbolic(u0,ut0,tlist,b,p,e,t,c,a,f,d);
```

得到如下结果:

```
2325 successful steps
394 failed attempts
5440 function evaluations
1 partial derivatives
805 LU decompositions
5439 solutions of linear systems
```

现在把解 u1 用动态图形表示出来。

(6)矩形网格插值

```
delta = -1:0.1:1;
[uxy, tn, a2, a3] = tri2grid(p, t, u1(:, 1), delta, delta);
gp = [tn; a2; a3];
```

（7）在 0~5 时间内动画显示

```
newplot;                              %  建立新的坐标系
newplot;
M=moviein(n);
umax=max(max(u1));
umin=min(min(u1));
for i=1:n,...                         %  注意'…'符号不可省略
if rem(i,10)==0,...    %  当 n 是 10 的整数倍时,在命令窗口打印出相应的数字
fprintf('%d',i);...
end,...
pdeplot(p,e,t,'xydata',u1(:,i),'zdata',u1(:,i),'zstyle',
'continuous','mesh','on','xygrid','on','gridparam',gp,'colorbar',
'off');...
axis([-1,1,-1,1 umin umax]); caxis([umin umax]);...
M(:,i)=getframe;...
if i==n,...
fprintf('done\n');...
end,...
end
```

运行结果如下:

```
10 20 30 done
```

若要显示持续不断的动画,则再加上如下语句:

```
nfps=5;
movie(M,10,nfps);
```

动态解图可以直接通过 Matlab 仿真程序执行看出,图Ⅲ.8 是动态图的某一瞬间的解得分布。

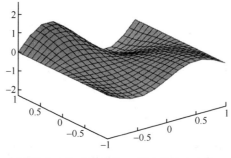

图Ⅲ.8　动画图的某一瞬间的解的分布

2.2　抛物型:热传导方程的求解

热传导方程属于抛物型方程,在 Matlab 中是指如下形式:

$$d\frac{\partial u}{\partial t} - \nabla \cdot (c\nabla u) + au = f$$

求解抛物型方程使用如下命令:

```
u=parabolic(u0,tlist,b,p,e,t,c,a,f,d)
```

194

parabolic 函数性质与 hyperbolic 大致相同。

例3. 求解下列热传导方程定解问题 $\begin{cases} \dfrac{\partial u}{\partial t} - (\dfrac{\partial^2 u}{\partial x^2} + \dfrac{\partial^2 u}{\partial y^2}) = 0 \\ u(x,y,t)\big|_{x=y=1} = u(x,y,t)\big|_{x=y=-1} = 0 \\ u(x,y,0) = \begin{cases} 1(r \leqslant 0.4) \\ 0(r > 0.4) \end{cases} \end{cases}$

求解域是长方形区域,其中空间坐标的个数有具体问题确定。

解:步骤如下:

(1) 题目定义

```
g = 'squareg';                    % 定义单位方形区域
b = 'squareb1';                   % 定义零边界条件
c = 1;a = 0;f = 1;d = 1;
```

(2) 网格化

```
[p,e,t] = initmesh(g);
```

(3) 定义初始条件

```
u0 = zeros(size(p,2),1);
ix = find(sqrt(p(1,:).^2 + p(2,:).^2) < 0.4);
u0(ix) = ones(size(ix));
```

(4) 在时间段是 0 ~ 0.1 的 20 个点上求解

```
nframes = 20;
tlist = linspace(0,0.1,nframes);
```

(5) 求解此抛物问题

```
u1 = parabolic(u0,tlist,b,p,e,t,c,a,f,d);
```

得到如下结果:

```
75 successful steps
1 failed attempts
154 function evaluations
1 partial derivatives
17 LU decompositions
153 solutions of linear systems
```

(6) 矩形网格插值

```
x = linspace(-1,1,31);
y = x;
[unused,tn,a2,a3] = tri2grid(p,t,u0,x,y);
```

(7) 动画显示结果

```
newplot;
Mv = moviein(nframes);
umax = max(max(u1));
umin = min(min(u1));
for j = 1:nframes, ...
    u = tri2grid(p,t,u1(:,j),tn,a2,a3);
```

用 tri2grid 的第三种形式,以最快速度插值:

```
i = find(isnan(u));
% isnan(is not a number)在不是数时返回1,是数时返回0,find是找出非零元素:
u(i) = zeros(size(i));...
surf(x,y,u);
caxis([umin,umax])
colormap(cool);...
axis([-1 1 -1 1 0 1]);...
Mv(:,j) = getframe;...
end
```

若要连续显示动画,则用如下语句:

```
nfps = 5;
movie(M,10,nfps);
```

某一瞬间的热传导方程解分布如图Ⅲ.9所示。

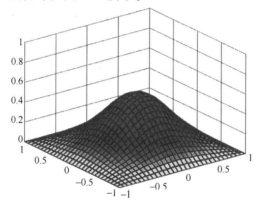

图Ⅲ.9 某一瞬间的热传导方程解分布

2.3 椭圆型:稳定场方程的求解

稳定场方程属于椭圆方程,下面求解含有源项的标准稳定场方程,也即是泊松方程。在 Matlab 中是指如下形式:

$$-\nabla \cdot (c\,\nabla u) + au = f$$

求解椭圆方程用命令:

```
U = assempde(b,p,e,t,c,a,f)
```

各输入量的意义同前。由于是稳定场方程,则输出的矩阵 u 是坐标矩阵 p 相应的解。

例4. 用 Matlab 求解下列泊松方程,并将计算机仿真解与精确解比较。

方程如下:

$$\begin{cases} -\Delta u = 1 \\ u\big|_{r=1} = 0 \end{cases}$$

解:满足边值条件的精确解为 $u = \dfrac{1}{4}(1 - x^2 - y^2)$。

计算机仿真:Matlab 求解步骤如下,并将仿真结果与精确解(解析解)进行比较:

196

（1）题目定义

```
g = 'circleg';
b = 'circleb1';
c = 1; a = 0; f = 1;
```

（2）初始的粗糙网格化

```
[p,e,t] = initmesh(g,'hmax',1);
```

hmax 是内部常数，每个三角形网格的大小不能超过 hmax；1 代表三角形网格个数增加的速度（一般在 1.3 左右）。

（3）迭代直至得到误差允许范围内的合理解

```
error = []; er = 1;
while er > 0.001,...
        [p,e,t] = refinemesh(g,p,e,t);...
        u = assempde(b,p,e,t,c,a,f);...
        exact = (1 - p(1,:).^2 - p(2,:).^2)'/4;...
        er = norm(u - exact,'inf');...
        error = [error,er];...
        fprintf('Error:% e. Number of nods:        % d \n',er,size(p,2));...
end
```

运行结果是：

```
Error:1.292265e - 002. Number of nods: 25
Error:4.079923e - 003. Number of nods: 81
Error:1.221020e - 003. Number of nods: 289
Error:3.547924e - 004. Number of nods: 1089
```

（4）把结果用图形表示，如图Ⅲ.10(a)、(b)所示。

```
pdeplot(p,e,t,'xydata',u,'zdata',u,'mesh','on','colorbar','off');
figure;
pdeplot(p,e,t,'xydata',u - exact,'zdata',u - exact,'mesh','on','colorbar',
'off');
```

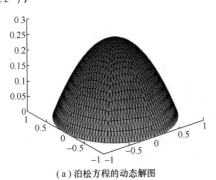
（a）泊松方程的动态解图

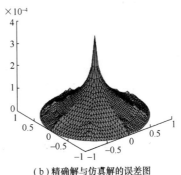
（b）精确解与仿真解的误差图

图Ⅲ.10　泊松方程的图形解

2.4　点源泊松方程的适应解

本小节介绍 δ 函数的适应性网格解法。

例5. 用 Matlab 求解含点源的泊松方程,并与精确解比较。

方程如下:

$$\begin{cases} -\nabla^2 u = \delta(x, y) \\ u|_{r=1} = 0 \end{cases}$$

解:在单位圆的第一类齐次边界条件下,精确解是 $u = -\dfrac{1}{2\pi}\ln r$。通过使用自适应网格,能准确地得到在除原点区域外其他各处的解。

（1）题目定义

```
g = 'circleg';
b = 'circleb1';
c = 1; a = 0;
f = 'circlef';
```

（2）网格定义

```
[u,p,e,t] = adaptmesh(g,b,c,a,f,'tripick','circlepick','maxt',2000,'par',1e-3);
```

运行结果如下:

```
Number of triangles: 254
Number of triangles: 503
Number of triangles: 753
Number of triangles: 1005
Number of triangles: 1235
Number of triangles: 1505
Number of triangles: 1787
Number of triangles: 2091
Maximum number of triangles obtained.
```

（3）修改成适应性网络

```
pdemesh(p,e,t);
figure(2);
```

运行结果得到图Ⅲ.11所示。

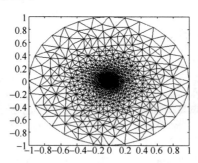

图Ⅲ.11　区域网格化

（4）求解及解得可视化

```
pdeplot(p,e,t,'xydata',u,'zdata',u,'mesh','off');
```

运行可得到图Ⅲ.12所示。

198

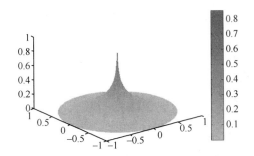

图Ⅲ.12 点源泊松方程的解图

（5）同精确解比较

```
x = p(1,:)';
y = p(2,:)';
r = sqrt(x.^2 + y.^2);
uu = - log(r)/(2* pi);
figure(3);
pdeplot(p,e,t,'xydata',u - uu,'zdata',u - uu,'mesh','off');
```

运行可得图Ⅲ.13所示。

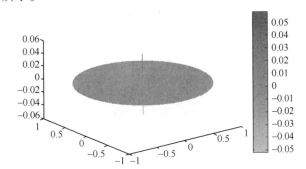

图Ⅲ.13 精确解与仿真解的误差图

2.5 亥姆霍兹方程的求解

亥姆霍兹方程在一般情况下可写成如下形式：

$$\Delta u + k^2 u = 0（k \text{ 的物理意义为波数}）$$

可见，亥姆霍兹方程的形式也是一般的泊松方程，在 Matlab 中写成

$$- \nabla \cdot (c \nabla u) + au = f$$

所以解亥姆霍兹方程也用函数 Assempde，只是物理图像不同而已。

例6. 求解下列的亥姆霍兹方程并绘出反射波图像。

$$\Delta u + k^2 u = 0$$

定义求解区域为一带有方洞的圆周，且定义入射到物体上的波满足狄利克莱条件。

解：设波从右侧过来。

（1）初始化参数

```
k = 60;
```

199

```
g = 'scatterg';
b = 'scatterb';
c = 1; a = - k^2; f = 0;
```
（2）产生及修正网格
```
[p,e,t] = initmesh(g);
[p,e,t] = refinemesh(g,p,e,t);
[p,e,t] = refinemesh(g,p,e,t);
```
（3）定义网格是解偏微分方程的网格
```
pdemesh(p,e,t);
```
（4）复杂振幅的求解
```
u = assempde(b,p,e,t,c,a,f);
```
（5）波形图的绘制

相因子的实部代表了瞬时波区,本题以零相位为例,使用 z 级缓冲区绘图。
```
h = newplot;
set(get(h,'Parent'),'Renderer','zbuffer');
pdeplot(p,e,t,'xydata',real(u),'zdata',real(u),'mesh','on');
colormap(cool)
```
运行结果如图Ⅲ.14 所示。

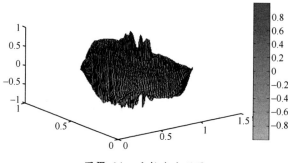

图Ⅲ.14　反射波波形图

Ⅲ.3　定解问题的计算机仿真显示

　　本节主要对定解问题的求解给出计算机仿真现实,直观明了地给出了解动态(或静态)分布,有利于对物理模型和物理意义的理解。

3.1　波动方程解的动态演示

　　例7. 讨论弦的一端 $x = 0$ 固定,$x = L$ 一端受迫做谐振动 $2\sin\omega t$,弦的初始位移和初始速度为零,给出弦振动的解图。

　　解:根据题意得定解问题为

$$\begin{cases} u_{tt} - a^2 u_{xx} = 0 \\ u(x,t)\big|_{x=0} = 0, u(x,t)\big|_{x=L} = 2\sin\omega t \\ u(x,t)\big|_{t=0} = 0, u_t(x,t)\big|_{t=0} = 0 \end{cases}$$

解析解为：$u = 2\dfrac{\sin(\omega x/a)}{\sin(\omega L/a)}\sin(\omega t) + \dfrac{4\omega}{aL}\sum_{n=1}^{\infty}\dfrac{(-1)^{n+1}}{\left(\dfrac{\omega}{a}\right)^2 - \left(\dfrac{n\pi}{L}\right)^2}\sin\dfrac{n\pi at}{L}\sin\dfrac{n\pi x}{L}$。

计算机仿真程序如下：

```
clear
a =1; l =1;
A =2.0; w =6;
x =0:0.05:1;
t =0:0.001:4.3;
[X,T] =meshgrid(x,t);
u0 =A* sin(w* X./a).* sin(w.* T)/sin(w* l/a);
u =0;
for n =1:100;
    uu = (-1)^(n +1)* sin(n* pi* X/l).* sin(n* pi* a* T/l)/(w* w/a/a -n* n*
        pi* pi/l/l);
    u =u +uu;
end
u =u0 +2* A* w/a/l.* u;
figure(1);
axis([0 1 -0.05 0.05])
h =plot(x,u(1,:),'linewidth',3);
set(h,'erasemode','xor');
for j =2:length(t);
    set(h,'ydata',u(j,:));
    axis([0 1 -0.05 0.05])
    drawnow
end
figure(2)
waterfall(X(1:50:3000,:),T(1:50:3000,:),u(1:50:3000,:));
xlabel('x');
ylabel('y');
```

运行上述程序，最后得到的解析解的瀑布图形分布如图Ⅲ.15所示。

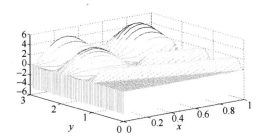

图Ⅲ.15　波动方程解析解的瀑布图形分布

3.2 热传导方程解的分布

例8. 讨论如下的有限长细杆的热传导方程定解问题：$\begin{cases} u_t = a^2 u_{xx} \\ u(x,t)\big|_{x=0} = u(x,t)\big|_{x=l} = 0 \\ u(x,t)\big|_{t=0} = \varphi(x) \end{cases}$

取 $l = 20, a = 10$，且 $\varphi(x) = \begin{cases} 0 & x < 10, x > 11 \\ 1 & 10 \leqslant x \leqslant 11 \end{cases}$。

解：定解问题的解析解（温度分布）为：

$$u(x,t) = \sum_{n=1}^{\infty} \frac{2}{n\pi} \left[\cos\frac{10n\pi}{20} - \cos\frac{30n\pi}{20} \right] e^{-(\frac{n\pi a}{20})^2 t} \sin\frac{n\pi}{20}x$$

将 10 个分波合成，计算机仿真程序如下，仿真的解析解分布如图 16 所示。

```
function slfc
N = 50;
t = 1e - 5:0.00001:0.005; x = 0:0.21:20;
w = rcdf(N,t(1));
h = plot(x,w,'linewidth',5);
axis([0 20 0 1.5]);
for n = 2:length(t)
    w = rcdf(N,t(n));
    set(h,'ydata',w);
    drawnow;
end
function u = rcdf(N,t)
x = 0:0.21:20; u = 0;
for k = 1:2* N
    cht = 2/k/pi* (cos(k* pi* 10/20) - cos(k* pi* 11/20))* sin(k* pi* x./20);
    u = u + cht* exp(-(k^2* pi^2* 20^2/400* t));
end
```

图Ⅲ.16 是其中的一个画面，图中 $0 \leqslant x \leqslant 20, 0 \leqslant u \leqslant 1.5$。

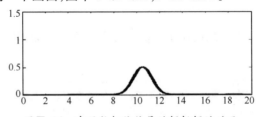

图Ⅲ.16　有限长杆热传导的解析解的动画

3.3 泊松方程解的分布

例9. 在矩形区域 $0 < x < a, -\frac{b}{2} < y < \frac{b}{2}$ 上，对满足泊松方程 $\Delta u = -x^2 y$，且边界上的值为零的定解问题的解，给出计算机仿真图形。

202

解:所讨论的定解问题即为

$$\begin{cases} \Delta u = -x^2 y \\ u(x,y)\mid_{x=0} = u(x,y)\mid_{x=a} = 0 \\ u(x,y)\mid_{x=-\frac{b}{2}} = u(x,y)\mid_{x=\frac{b}{2}} = 0 \end{cases}$$

方法1:其解可以用偏微分方程工具箱求得,即1.1节中的方法,然后画出其图形。

方法2:限于篇幅,这里直接给出其解析解的表达式,然后画出其解的图形分布(见图17)。

$$u = \frac{xy}{12}(a^3 - x^3) + \sum_{n=1}^{\infty} \frac{a^4 b\left[(-1)^n n^2 \pi^2 + 2 - 2(-1)^n\right]}{n^5 \pi^5 \sinh\left[n\pi b/(2a)\right]} \sinh\left(\frac{n\pi x}{a}\right) \sinh\left(\frac{n\pi y}{a}\right)$$

计算机仿真程序(程序中取 $a=8, b=8$):

```
syms a b
a = 8; b = 8;
[X,Y] = meshgrid(0:0.2:a, -b/2:0.2:b/2);
Z1 = 0;
for n = 1:1:10
    Z2 = a^4* b* ((-1)^n* n^2* pi^2 + 2 - 2* (-1)^n)* sinh(n* pi.* Y/a).* ...
        sin(n* pi.* X/a)/(n^5* pi^5* sinh(n* pi* b/(2* a)));
    Z1 = Z1 + Z2;
end
Z = Z1 + X.* Y.* (a^3 - X.^3)/12;
colormap(hot);
mesh(X,Y,Z);
view(119,7);
```

运行上述程序,可得图Ⅲ.17所示。

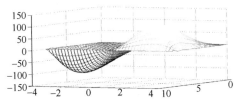

图Ⅲ.17 矩形域的泊松方程解的分布

3.4 格林函数解的分布

例10. 求圆域的格林函数在半径为 R 的圆外、距离圆心 r_0 处放置电量为 $4\pi\varepsilon_0 q$ 的点电荷,求圆域的格林函数及其所形成的静电场。

解:定解问题为

$$\begin{cases} \Delta G = -\delta(x-x_0, y-y_0) \\ G\mid_{\rho=R} = 0 \end{cases}$$

203

这里以 r_0 表示点电荷的位置,以 r 表示所计算的电场点。当点电荷在球外时,要求 $r > R$,$r_0 > R$;而当点电荷在球内时,要求 $r < R, r_0 < R$。这个问题的解可以用电像法求得,若以平面极坐标讨论,则格林函数可以表示为

$$G = \frac{1}{2\pi}\ln\frac{1}{R\sqrt{r_0^2 - 2r_0 r\cos\theta + r^2}} + \frac{1}{2\pi}\ln\rho_0\sqrt{\left(\frac{R^2}{r_0^2}\right)^2 - 2\left(\frac{R^2}{r_0}\right)r\cos\theta + r^2}$$

其中,第一项是原来的点电荷在空间产生的电场,第二项是电像的场。

计算机仿真程序(仿真的圆域外点电荷的电场分布,如图 18 所示):

```
[X,Y]=meshgrid(-10:0.1:10);
[Q,a]=cart2pol(X,Y);
a(a<=1)=NaN;
r0=2;R=1;
ar=R/r0;
g1=sqrt((R*ar)^2-2*R*ar.*a.*cos(Q)+a.^2);
g2=sqrt(r0^2-2*r0*a.*cos(Q)+a.^2);
G=1/2/pi*log(r0/R*g1./g2);
contour(X,Y,G,7,'g');
hold on
axis equal
tt=0:pi/10:2*pi;
plot(exp(i*tt),'r:');
[ex,ey]=gradient(-G);
sx=2+0.3*cos(tt);sy=0.3*sin(tt);
streamline(X,Y,ex,ey,sx,sy);
```

运行上述程序,可得图Ⅲ.18。

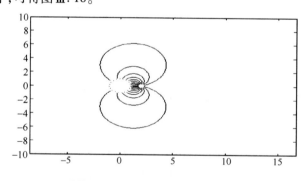

图Ⅲ.18　圆域外点电荷的电场分布

对上述程序稍加修改,可以画出圆域内点电荷的电场分布,如图Ⅲ.19 所示。这是有 $r < R, r_0 < R$。仿真程序如下:

```
[X,Y]=meshgrid(-3:0.1:3);
[Q,R]=cart2pol(X,Y);
R(R>=2)=NaN;
r0=1;a=2;
ar=a/r0;
```

```
g1 = sqrt((a* ar)^2 - 2* a* ar. * R. * cos(Q) + R. ^2);
g2 = sqrt(r0^2 - 2* r0* R. * cos(Q) + R. ^2);
G = 1/2/pi* log(r0/a* g1. /g2);
contour(X,Y,G,7,'g');
hold on
axis equal
tt = 0:pi/10:2* pi;
plot(2* exp(i* tt),'r:');
[ex,ey] = gradient(-G);
sx = 1 + 0.25* cos(tt); sy = 0.25* sin(tt);
streamline(X,Y,ex,ey,sx,sy);
```

运行上述程序,可得图Ⅲ.19。

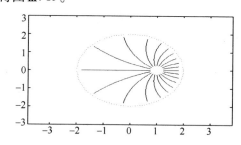

图Ⅲ.19　圆域内点电荷的电场分布

Ⅲ.4　本征函数系与本征振动

4.1　一维本征值问题

四种常见的本征函数系

1. 本征函数系 $\sin\dfrac{n\pi}{l}x$

2. 本征函数系 $\cos\dfrac{n\pi}{l}x$

3. 本征函数系 $\sin\dfrac{(n+1/2)\pi}{l}x$

4. 本征函数系 $\cos\dfrac{(n+1/2)\pi}{l}x$

例 11. 下面用程序画出这四种本征函数系的图像,程序如下:

```
x = 0:0.001:1;
A = sin(pi* [1:4]'* x);
B = cos(pi* (0:3)'* x);
C = sin(pi* (1/2:7/2)'* x);
D = cos(pi* (1/2:7/2)'* x);

subplot(4,1,1)
```

```
plot(x,A);
subplot(4,1,2)
plot(x,B);
subplot(4,1,3)
plot(x,C);
subplot(4,1,4)
plot(x,D);
```
所的图形如图Ⅲ.20所示。

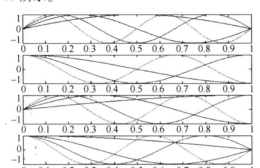

图Ⅲ.20 一维本征函数系的图形

注:在上面程序中,没有使用for循环来画不同的曲线,而是用矢量化编程来解决这个问题。在构造矩阵时,有比较巧妙地运用了矩阵乘法,而不是采用直接输入各个矩阵元素的方法,这些技巧都比较鲜明地体现了Matlab的优点。

4.2 二维本征值问题

例12. 矩形区域的本征模和本征振动

边长分别为b,c的四周固定的矩形膜的本征值问题是

$$u(x,y)_{xx} + u(x,y)_{yy} = \lambda u(x,y)$$

由此得到的本征模是

$$X_m(x)Y_m(y) = \sin\frac{n\pi x}{c}\sin\frac{m\pi y}{b}$$

$$\lambda_{mn} = \left(\frac{m\pi}{b}\right)^2 + \left(\frac{n\pi}{c}\right)^2$$

下面的程序是计算前9个本征值并画出前4个本征函数的图形,程序中是使用矩阵来计算本征值。

```
a=2;  b=1;
[m,n]=meshgrid(1:3);
L=((m*pi./b).^2+(n*pi./a).^2)
x=0:0.01:2;  y=0:0.01:1;
[X,Y]=meshgrid(x,y);
w11=sin(pi*Y./b).*sin(pi*X./a);
```

```
w12 = sin(2 * pi * Y. /b). * sin(pi * X. /a);
w21 = sin(pi * Y. /b). * sin(2 * pi * X. /a);
w22 = sin(pi * Y. /b). * sin(3 * pi * X. /a);
figure
subplot(2,2,1); mesh(X,Y,w11)
subplot(2,2,2); mesh(X,Y,w12)
subplot(2,2,3); mesh(X,Y,w21)
subplot(2,2,4); mesh(X,Y,w22)
```

可得从小到大排列的前 9 个本征值为

12.3370	41.9458	91.2938
19.7392	49.3480	98.6960
32.0762	61.6850	111.0330

和前面 4 个最小的本征值对应的本征函数的图形如图Ⅲ.21 所示。

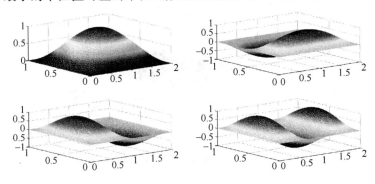

图Ⅲ.21　矩形膜的前四个本征函数图形

例 13. 一般说来,在波动问题中时间因子的形式为

$$T_{mn}(t) = C_{mn}\cos(\sqrt{\lambda_{mn}}at) + D_{mn}\sin(\sqrt{\lambda_{mn}}at)$$

本征膜与时间因子组合以后,就可以表示各个平面驻波分量的振动,下面程序表示是时间因子取 $\sin(\sqrt{\lambda_{mn}}at)$ 时所对应的平面驻波运动。

```
b = 2;  c = 1;
x = 0:0.02:b;  y = 0:0.02:c;
[X,Y] = meshgrid(x,y);
for m = 1:2
    for n = 1:3
        for i = 1:3
            a = sqrt((m * pi/c)^2 + (n * pi/b)^2);
            Z = (sin(a * i * 0.02 * pi)) * sin(m * pi * Y. /c). * sin(n * pi * X. /b);
            surf(X,Y,Z);

            t = ['本征振动', 'm = ', int2str(m), 'n = ', int2str(n)];
            title(t);
            axis([0,b,0,c, -1,1]);
```

```
        p(:,i)=getframe;
    end
    movie(p);
  end
end
```

下面给出本征膜的三个运动画面,如图Ⅲ.22(a),(b),(c)所示。

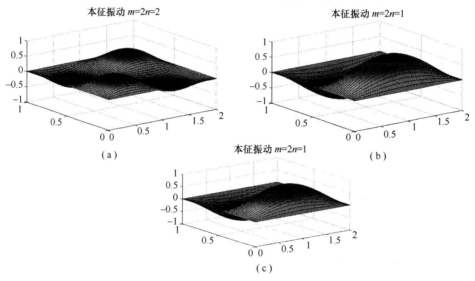

本征振动 $m=2n=2$

本征振动 $m=2n=1$

(a)

(b)

本征振动 $m=2n=1$

(c)

图Ⅲ.22 矩阵区域本征模的运动

附录Ⅳ　习题参考答案

习题一

8. （1）线性,非齐次,二阶；　　（2）非线性,一阶；
　　（3）非线性,一阶；　　　　　（4）线性,齐次,四阶；
　　（5）线性,非齐次,二阶；　　（6）非线性,三阶；
　　（7）非线性,二阶；　　　　　（8）线性,齐次,三阶；

15. $\begin{cases} u_{tt} = a^2 u_{xx} & 0 < x < l, \quad t > 0 \\ u(0,t) = 0, \quad u_x(l,t) = 0 \\ u(x,0) = 0, u_t(x,0) = x(l-x) \end{cases}$

16. $\begin{cases} u_t = a^2 u_{xx} & 0 < x < l, \quad t > 0 \\ u_x(0,t) = 0, \quad u_x(l,t) = 0 \\ u(x,0) = \varphi(x) \end{cases}$

17. $\begin{cases} u_t = a^2 u_{xx} & 0 < x < \pi, \quad t > 0 \\ u(0,t) = 0, u_x(\pi,t) = ku_0 \\ u(x,0) = x \end{cases}$

18. $\begin{cases} u_t = a^2 u_{xx} & 0 < x < l, \quad t > 0 \\ u(0,t) = 15, \quad [u + hu_x]\big|_{x=l} = 10 \\ u(x,0) = \varphi(x) \end{cases}$

19. （1）$x < 0$ 双曲型, $u_{\xi\eta} = \dfrac{1}{4}\left(\dfrac{\xi - \eta}{4}\right)^4 - \dfrac{1}{2(\xi - \eta)}(u_\xi - u_\eta)$ ；

$x = 0$, 抛物型, 原方程已是标准形式

$x > 0$ 椭圆型, $u_{\alpha\alpha} + u_{\beta\beta} = \dfrac{\beta^4}{16} + \dfrac{1}{\beta}u_\beta$

（2）$y = 0$ 抛物型；$y \neq 0$ 椭圆型, $u_{\alpha\alpha} + u_{\beta\beta} = u_\alpha + e^\alpha$

（3）$xy < 0$ 双曲型；$xy = 0$ 抛物型；$xy > 0$ 椭圆型

（4）处处抛物型 $u_{\eta\eta} = \dfrac{2\xi}{\eta^2}u_\xi + \dfrac{1}{\eta^2}e^{\frac{\xi}{\eta}}$

（5）处处椭圆型　$u_{\alpha\alpha} + u_{\beta\beta} = u - \dfrac{1}{\alpha}u_\alpha - \dfrac{1}{\beta}u_\beta$

（6）处处抛物型　$u_{\eta\eta} = \dfrac{1}{1 - e^{2(\eta - \xi)}}\left[\sin^{-1}e^{\eta - \xi} - u_\xi\right]$

（7）处处抛物型。

209

（8）$y=0$ 抛物型，$y\neq0$ 双曲型，$u_{\xi\eta}=\dfrac{1+\xi-\ln\eta}{\eta}u_{\xi}+u_{\eta}+\dfrac{1}{\eta}u$

20.（1）特征方程 $y'^2-2y'-3=0$，特征线：$x+y=C_1$，$3x-y=C_2$

（2）特征方程 $2y'^2+4y'+2=0$，特征线：$x+y=C$

（3）特征方程 $y'^2-5y'+4=0$，特征线：$x-y=C_1$，$4x-y=C_2$

（4）特征方程 $y'^2+1=0$，特征线：$x+iy=C_1$，$x-iy=C_2$

（5）特征方程 $-y'+2=0$，特征线：$2x-y=C$

（6）特征方程 $6y'^2+y'=0$，特征线：$y=C_1$，$x+6y=C_2$

（7）原方程已是标准形式。

（8）原方程已是标准形式。

习 题 二

1.（1）$u=f(y)+2x$　　　　　　　　（2）$u=f(x)+3xy$

（3）$u=f(3x+y)$　　　　　　　　（4）$u=f(3x+y)+x^2$

（5）$u=e^{2x}f(y)$　　　　　　　　（6）$u=e^{2x}f(y)-3\sin y$

（7）$u=e^{-2y}f(x)+1$　　　　　　　（8）$u=e^{-2x}f(y)+3x-\dfrac{3}{2}$

（9）$u=e^{y}f(2x+y)$　或　$u=e^{-2x}f(2x+y)$

（10）$u=e^{2x}f(x+y)-3$ 或 $u=e^{-2y}f(x+y)-3$

（11）$u=e^{2x}f(x+y)-3x+\dfrac{3}{2}$ 或 $u=e^{-2y}f(x+y)-3x+\dfrac{3}{2}$

（12）$u=e^{y}f(x+y)+2x+3y+1$ 或 $u=e^{-x}f(x+y)+2x+3y+1$

补（13）方程 $u_x-u_y+u=\varphi(x,y)$ 的解为

$$u(x,y)=e^{-x}f(x+y)+e^{-x}\int_{x}^{x+y}e^{-\eta}\varphi(\eta,x+y-\eta)\mathrm{d}\eta$$

2.（1）$u=f(x+y)+g(3x+y)$　　　　（2）$u=f(x+ay)+g(x-ay)$

（3）$u=f(x-y)+g(x-9y)$　　　　（4）$u=f(x+y)+g(2x+y)+\dfrac{1}{2}x^3-\dfrac{1}{2}x^2$

（5）$u=f(x-y)+g(9x-y)+\dfrac{1}{54}y^3$　（6）$u=f(x+y)+g(x+2y)+\dfrac{1}{2}y^2$

（7）$u=f(y)+e^{-y}g(x)$　　　　　（8）$u=f(y)+g(x-y)$

（9）$u=f(x+iy)+g(x-iy)$　　　　（10）$u=e^{x}f(y)+e^{-x}g(y)$

（11）$u=e^{iy}f(x)+e^{-iy}g(x)$　　　（12）$u=f_1(y)+f_2(x+y)+f_3(2x+y)$

（13）$u=f_1(x+y)+f_2(x-y)+f_3(x+2y)+f_4(x-2y)$

（上述函数 f,g 为任意二阶可微函数，$f_i(i=1,2,3)$）为任意三阶可微函数；$f_i(i=1,2,3,4)$）为任意四阶可微函数）

3.（1）$u=f(x-y)+e^{x}g(4x-y)$　　（2）$u=f(x+4y)+e^{x}g(x+y)$

（3）$u=f(x+y)+e^{x}g(x+2y)+2y$ 或 $u=f(x+y)+e^{x}g(x+2y)+2y$

（4）$u=f(2x+y)+e^{3x}g(x+y)-\dfrac{1}{2}x^2-\dfrac{1}{3}x$

（5）$u = f(x-y) + e^{-y}g(x-4y) + 3x^2 - 24x$

4.（1）方程分解为 $(D_x - D_y - 1)(D_x - 2D_y - 1)u = 0$

通解为 $u = e^x f(x+y) + e^x g(2x+y)$

（2）方程分解为 $(3D_x + D_y + 3)(D_x + 2D_y - 1)u = 0$

通解为 $u = e^{-x}f(x-3y) + e^x g(2x-y)$

（3）方程分解为 $(D_x + 9D_y + 3)(D_x + D_y - 1)u = 0$

通解为 $u = e^{-3x}f(9x-y) + e^x g(x-y)$

（4）一个特解为 $u^* = 4x - 9$,（取 $u^* = Ax + B$ 代入原方程）

对应齐次方程分解为 $(D_x - D_y + 1)(D_x - 2D_y + 1)u = 0$

通解为 $u = e^{-x}f(x+y) + e^{-x}g(2x+y) + 4x - 9$

（5）一个特解为 $u^* = 3y + 8$,（取 $u^* = Ay + B$ 代入原方程）

对应齐次方程分解为 $(D_x - D_y + 1)(D_x - 2D_y + 1)u = 0$

通解为 $u = e^{-x}f(x+y) + e^{-x}g(2x+y) + 3y + 8$

6.（1）$u(r) = C\ln r + D$　　（2）$u(r) = \dfrac{C}{r} + D$（C, D 为任意常数）

习　题　三

1.（1）$u = x^2(1+t)$　　　　　　　（2）$u = (x+at)^2$

（3）$u = 8e^{-4x-y}$　　　　　　　　（4）$u = 8e^{4x-2y}$

（5）$u = 3e^{-5x-3y} + 2e^{-3x-2y}$　　（6）$u = 4\sin(y-3x)$

3.（1）$u = 3x^2 y + y^2 + 1$

（2）$u = 2x^3 y - 3xy^2 + x + \cos y + 3y^2 - 2y + 1$

4.（1）$u = x^2 + (at)^2 + \dfrac{1}{2a}\sin 2at \sin 2x$　　（2）$u = \cos 6t \sin 2x + (6x^2 - 1)t + 18t^3$

（3）$u = \cos 2at \cos 2x + \dfrac{3}{a}\sin at \sin x$　　（4）$u = \cos at \sin x + 3xt$

5.（1）$u = e^{2x+y}$　　　　　　　　（2）$u = 3\sin(2x+2y) + 2\cos(3x-y)$

（3）$u = 4x^2 + \dfrac{10}{9}y^2 - \cos(3x+3y) + \cos(3x-y)$

6.　$u = \dfrac{1}{2}\left[\varphi(x - \sin x + y) + \varphi(x + \sin x - y)\right] + \dfrac{1}{2}\displaystyle\int_{x+\sin x-y}^{x-\sin x+y}\psi(s)\,\mathrm{d}s$

7.　$u = x^3 + y^2 z + a^2(3x + z)t^2$　　　8.　$u = x^2(x+y) + a^2(3x+y)t^2$

9.（1）$u = \cos at \cos x + \dfrac{3}{2}xt^2$　　　　　（2）$u = \cos t \cos x + t \sin x$

（3）$u = \cos at \sin x + xt + \dfrac{1}{3}xt^3$

10.　$u = x + z + (x^2 + yz)t + yt^2$

11.（1）$u = \psi\left(\dfrac{x+t}{2}\right) + \varphi\left(\dfrac{x-t}{2}\right) - \varphi(0)$　　（2）$u = e^{x+y}$

13.（1）$u = x + x^2 + 2a^2 t$　　　　　　　（2）$u = x(x^2 - yz^2) + 2a^2 x(3x - xy)t$

(3) $u = x^3 - 2xy^2 + (2a^2x + 6y)t$ (4) $u = x^2 - yz + 2t + xt^2$

14. (1) $u = x^2(x + 3y) + y^2 + a^2(3x + 3y + 1)t^2 + 3xyt$

    (2) $u = x^3 - 2yz^2 + a^2(3x - 2y)t^2 + 6y^2zt + 2a^2zt^3$

    (3) $u = 3x - 2xy^2z - 2xza^2t^2 + 3yt^2 + 3yzt$

15. (1) $u = C + Rr\cos\theta + 2Rr\sin\theta$ (2) $u = r^2\cos2\theta$

    (3) $u = 3R^2 - 2r^2$ (4) $u = 2a^2 - r^2 \ (r^2 = x^2 + y^2 + z^2)$

习 题 四

1. (1) $u = 3\cos at\sin x + \dfrac{2}{a}\sin at\sin x$ (2) $u = \cos2a\pi t\sin2\pi x$

2. (1) $u = 4 - 4\cos2at\cos2x$

    (2) $u = \cos2a\pi t\cos2\pi x + \dfrac{3}{a\pi}\sin a\pi t\cos\pi x - \dfrac{1}{3a\pi}\sin3a\pi t\cos3\pi x$

3. (1) $u = \cos at\sin x + \sum\limits_{n=1}^{\infty}\dfrac{2(-1)^{n+1}}{an^2}\sin ant\sin nx$

    (2) $u = \dfrac{3}{a\pi}\sin a\pi t\sin\pi x + \sum\limits_{n=1}^{\infty}\dfrac{8[1-(-1)^n]}{(\pi n)^3}\cos an\pi t\sin n\pi x$

    (3) $u = \sum\limits_{n=1}^{\infty}\left\{\dfrac{4[1-(-1)^n]}{(\pi n)^3}\cos2n\pi t + \dfrac{9[1-(-1)^n]}{(\pi n)^2}\sin2n\pi t\right\}\sin n\pi x$

    (4) $u = \sum\limits_{n=1}^{\infty}\dfrac{32[(-1)^n-1]}{n(n^2-4)}\cos ant\sin nx$

4. (1) $u = \dfrac{1}{2a}\sin2at\cos2x + \dfrac{\pi}{2} - \dfrac{2}{\pi}\sum\limits_{n=1}^{\infty}\dfrac{1-(-1)^n}{n^2}\cos ant\cos nx$

    (2) $u = \cos a\pi t\cos\pi x + \dfrac{3}{2}t - \sum\limits_{n=1}^{\infty}\dfrac{6[1-(-1)^n]}{a(n\pi)^3}\sin an\pi t\cos n\pi x$

    (3) $u = \dfrac{2}{\pi} - \dfrac{4}{\pi}\sum\limits_{n=1}^{\infty}\dfrac{1+(-1)^n}{n^2-1}\cos ant\cos nx$

5*. $u(x,t) = \sum\limits_{n=1}^{\infty}A_nT_n(t)\sin\dfrac{n\pi x}{l}$ 式中

$$T_n(t) = \begin{cases} \mathrm{e}^{-\frac{at}{2}}\left(\cosh\beta_1 t + \dfrac{a}{2\beta_1}\sinh\beta_1 t\right)\left[a^2 > 4\left(b + \left(\dfrac{cn\pi}{l}\right)^2\right)\right] \\[3mm] \mathrm{e}^{-\frac{at}{2}}\left(1 + \dfrac{at}{2}\right)\left[a^2 = 4\left(b + \left(\dfrac{cn\pi}{l}\right)^2\right)\right] \\[3mm] \mathrm{e}^{-\frac{at}{2}}\left(\cos\beta_2 t + \dfrac{a}{2\beta_2}\sin\beta_2 t\right)\left[a^2 < 4\left(b + \left(\dfrac{cn\pi}{l}\right)^2\right)\right] \end{cases}$$

$$\beta_1 = -\beta_2 = a^2 - 4\left(b + \left(\dfrac{cn\pi}{l}\right)^2\right)$$

$$A_n = \dfrac{2}{l}\int_0^l f(x)\sin\dfrac{n\pi x}{l}\mathrm{d}x$$

6. $u(x,t) = \sum\limits_{n=1}^{\infty} A_n T_n(t) \sin\dfrac{n\pi x}{l}$ 式中

$$T_n(t) = \begin{cases} \dfrac{2e^{-\frac{at}{2}}}{\sqrt{a^2-\beta}}\sinh\dfrac{\sqrt{a^2-\beta}}{2}t & [a^2>\beta] \\[3mm] te^{-\frac{at}{2}} & [a^2=\beta] \\[3mm] \dfrac{2e^{-\frac{at}{2}}}{\sqrt{\beta-a^2}}\sin\dfrac{\sqrt{\beta-a^2}}{2}t & [a^2<\beta] \end{cases}$$

$$\beta = \left(\dfrac{2cn\pi}{l}\right)^2$$

$$A_n = \dfrac{2}{l}\int_0^l g(x)\sin\dfrac{n\pi x}{l}\mathrm{d}x$$

7*. $\theta(x,t) = \sum\limits_{n=1}^{\infty} A_n \cos a\beta_n t \sin(\beta_n x + \varphi_n)$ 式中

$$A_n = \dfrac{2(\beta_n^2 + h^2)}{2h + (\beta_n^2 + h^2)l}\int_0^l f(x)\sin(\beta_n x + \varphi_n)\mathrm{d}x$$

$$\varphi_n = \arctan\dfrac{\beta_n}{h} , \ \beta_n \text{ 是 } \tan\beta l = \dfrac{2h\beta}{\beta^2 - h^2} \text{ 的根}$$

10*. (1) $u = \dfrac{2Al^3}{a^2\pi^3}\sum\limits_{n=1}^{\infty}\dfrac{(-1)^{n+1}}{n^3}\left(1 - \cos\dfrac{an\pi t}{l}\right)\sin\dfrac{n\pi x}{l}$

(2) $u(x,t) = 3x\sin t + \sum\limits_{n=1}^{\infty}\dfrac{3(-1)^{n+1}}{n\pi^2}\left[\dfrac{1}{2n\pi}(1 - \cos 2n\pi t) + \dfrac{\sin 2n\pi t - 2n\pi\sin t}{1 - 4n^2\pi^2}\right]\sin n\pi x +$

$\sum\limits_{n=1}^{\infty}\left\{\dfrac{32[1 - (-1)^n]}{(n\pi)^3}\cos 2n\pi t + \dfrac{3(-1)^{n+1}}{(n\pi)^2}\sin 2n\pi t\right\}\sin n\pi x$

(3) $u = \dfrac{2Al^2\sinh l}{a^2\pi}\sum\limits_{n=1}^{\infty}\dfrac{(-1)^{n+1}}{n(n^2\pi^2 + l^2)}\left(1 - \cos\dfrac{an\pi t}{l}\right)\sin\dfrac{n\pi x}{l}$

11. (1) $u(x,t) = \sum\limits_{n=1}^{\infty}\dfrac{4[1 - (-1)^n]}{(n\pi)^3}e^{-(2n\pi)^2 t}\sin n\pi x$

(2) $u = \dfrac{1}{2} - \dfrac{1}{2}e^{-16t}\cos 2x$

(3) $u(x,t) = 1 - \sum\limits_{n=1}^{\infty}\dfrac{4[1 - (-1)^n]}{(n\pi)^2}e^{-(\frac{an\pi}{2})^2 t}\cos\dfrac{n\pi x}{2}$

12. (1) $u(x,t) = -\dfrac{h}{2a^2}(x^2 - lx) + \dfrac{2hl^2}{a^2}\sum\limits_{n=1}^{\infty}\dfrac{[(-1)^n - 1]}{(n\pi)^3}e^{-(\frac{an\pi}{l})^2 t}\sin\dfrac{n\pi x}{l}$

(2) $u = \dfrac{A}{\omega}(1 - \cos\omega t)$

(3) $u(x,t) = 10 - \dfrac{5x}{l} + \dfrac{2}{\pi}\sum\limits_{n=1}^{\infty}\dfrac{(-1)^n(5 - 2l) - 10}{n}e^{-(\frac{an\pi}{l})^2 t}\sin\dfrac{n\pi x}{l}$

$(4)\ u(x,t) = t\left(1 - \dfrac{x}{l}\right) + \displaystyle\sum_{n=1}^{\infty} \dfrac{2l^2}{(n\pi)^3 a^2}\left[e^{-\left(\frac{an\pi}{l}\right)^2 t} - 1\right]\sin\dfrac{n\pi x}{l}$

13. $(1)\ u(x,t) = \displaystyle\sum_{n=1}^{\infty} \dfrac{16}{n\pi}e^{-\frac{n\pi y}{l}}\sin\dfrac{n\pi x}{l}$

$(2)\ u(x,y) = \dfrac{3bx}{2a} + \displaystyle\sum_{n=1}^{\infty} \dfrac{6b\left[(-1)^n - 1\right]}{(n\pi)^2 \sinh\frac{an\pi}{b}}\sinh\dfrac{n\pi x}{b}\cos\dfrac{n\pi y}{b}$

14. $u(x,t) = \dfrac{l^2}{6} + \displaystyle\sum_{n=1}^{\infty} \dfrac{2l^2\left[1 - (-1)^n\right]}{(n\pi)^2}e^{-\left(\frac{an\pi}{l}\right)^2 t}\cos\dfrac{n\pi x}{l}$

15. $v(x,t) = Ct\left(1 - \dfrac{x}{l}\right) - \dfrac{Cl^2}{6a^2}\left[\left(\dfrac{x}{l}\right)^3 - 3\left(\dfrac{x}{l}\right)^2 + 2\left(\dfrac{x}{l}\right)\right] +$

$\qquad \displaystyle\sum_{n=1}^{\infty} \dfrac{2Cl^2}{a^2(n\pi)^3}e^{-\left(\frac{an\pi}{l}\right)^2 t}\sin\dfrac{n\pi x}{l}$

16. $u = \displaystyle\sum_{n=1}^{\infty} A_n e^{-a^2\left(\frac{2n\pi - \pi}{2l}\right)^2 t}\sin\dfrac{(2n\pi - \pi)x}{2l}$

式中 $A_n = \dfrac{2}{l}\displaystyle\int_0^l \varphi(x)\sin\dfrac{(2n\pi - \pi)x}{2l}\mathrm{d}x$

17. $u = \displaystyle\sum_{n=1}^{\infty} A_n e^{-a^2\left(\frac{2n\pi - \pi}{2l}\right)^2 t}\cos\dfrac{(2n\pi - \pi)x}{2l}$

式中 $A_n = \dfrac{2}{l}\displaystyle\int_0^l \varphi(x)\cos\dfrac{(2n\pi - \pi)x}{2l}\mathrm{d}x$

18*. $u = w + v$ 式中 $w = \dfrac{A}{\beta^2 a^2}\left[1 - e^{-\beta x} + \dfrac{x}{\pi}(e^{-\beta\pi} - 1)\right]$

$\qquad v = e^{-a^2 t}\sin x + \displaystyle\sum_{n=1}^{\infty} \dfrac{n^2}{n^2 - 1}e^{-a^2 n^2 t}\sin nx +$

$\qquad \displaystyle\sum_{n=1}^{\infty} \dfrac{2A}{\beta^2 a^2}\left\{\dfrac{(-1)^n}{n}\left[1 - \dfrac{1}{\pi}(e^{-\beta\pi} - 1)\right] + \dfrac{n}{\beta^2 + n^2}\left[1 - (-1)^n\right]e^{-\beta\pi}\right\}e^{-a^2 n^2 t}\sin nx$

19. $u = \displaystyle\sum_{n=1}^{\infty} A_n e^{-(a^2 n^2 + h)t}\sin nx$ 式中 $A_n = \dfrac{2}{\pi}\displaystyle\int_0^\pi \varphi(x)\sin nx\,\mathrm{d}x$

20*. $(1)\ u = \displaystyle\sum_{n=1}^{\infty} U_n(t)\sin\dfrac{n\pi x}{l}$ 式中

$$U_n(t) = \dfrac{lC_n}{an\pi}\left[\dfrac{\omega}{\omega^2 - \left(\frac{an\pi}{l}\right)^2}\sin\dfrac{an\pi t}{l} - \dfrac{\frac{an\pi}{l}\sin\omega t}{\omega^2 - \left(\frac{an\pi}{l}\right)^2}\right]$$

$$C_n = \dfrac{2\omega}{gl}\displaystyle\int_0^l \Phi(\xi)\sin\dfrac{n\pi\xi}{l}\mathrm{d}\xi$$

$(2)\ u = \dfrac{2Al^3}{a^2}\displaystyle\sum_{n=1}^{\infty} \dfrac{(-1)^{n+1}}{(\pi n)^3}\left(1 - \cos\dfrac{an\pi t}{l}\right)\sin\dfrac{n\pi x}{l} +$

$\qquad \displaystyle\sum_{n=1}^{\infty} \dfrac{16h\left[1 - (-1)^n\right]}{(\pi n)^3}\cos\dfrac{an\pi t}{l}\sin\dfrac{n\pi x}{l}$

习 题 五

1. $(-\infty, \infty)$;   7. (1) $-\alpha J_1(\alpha x)$;   (2) $\alpha x J_0(\alpha x)$

8. (1) $x^3 J_3(x) + C$;   (2) $x^{n+1} J_{n+1}(x) + C$;

   (3) $x^3 J_1(x) - 2x^2 J_2(x) + C$;   (4) $-x J_1(x) - 2J_0(x) + C$;

   (5) $x^4 J_2(x) - 2x^3 J_3(x) + C$;   (6) $-J_2(x) - \dfrac{2}{x} J_1(x) + C$.

13. $f(x) = -\displaystyle\sum_{i=1}^{\infty} \frac{2}{\beta_i J_0(\beta_i)} J_1(\beta_i x)$

14. $f(x) = \displaystyle\sum_{i=1}^{\infty} \frac{4 J_2(\beta_i)}{\beta_i^2 J_1^2(\beta_i)} J_0(\beta_i x) = = \sum_{i=1}^{\infty} \frac{8}{\beta_i^3 J_1(\beta_i)} J_0(\beta_i x)$

16. $u(r,t) = \displaystyle\sum_{n=1}^{\infty} \frac{4 J_2(\beta_n)}{\beta_n^2 J_1^2(\beta_n)} e^{-(a\beta_n)^2 t} J_0(\beta_n r) = = \sum_{n=1}^{\infty} \frac{8 e^{-(a\beta_n)^2 t}}{\beta_n^3 J_1(\beta_n)} J_0(\beta_n r)$

17. $u(r,t) = \displaystyle\sum_{n=1}^{\infty} \frac{4 J_2(\beta_n)}{\beta_n^2 J_1^2(\beta_n)} J_0\left(\frac{\beta_n r}{R}\right) \cos \frac{a\beta_n t}{R}$

18. $u(r,t) = \dfrac{t}{2} - \dfrac{4R}{a} \displaystyle\sum_{n=1}^{\infty} \frac{\sin \dfrac{a\beta_n t}{R}}{\beta_n^3 J_1(\beta_n)} J_0\left(\frac{\beta_n r}{R}\right)$

习 题 六

6. (1) 0;   (2) 0;   (3) $\dfrac{2}{3}(n=1)$ 或 $0(n \neq 1)$;

   (4) 0;   (5) 0;   (6) 0;   (7) $\dfrac{2}{5}$;   (8) $\dfrac{2}{2n+1}$

8. (1) $\dfrac{1}{3} + \dfrac{1}{3} r^2 (3\cos^2\theta - 1)$;   (2) $2r^2 (3\cos^2\theta - 1)$;

9. $u = \displaystyle\sum_{n=0}^{\infty} C_n r^n P_n(\cos\theta)$

   $C_0 = \dfrac{A}{2}(1 - \cos\alpha), C_1 = \dfrac{3A}{4}(1 - \cos^2\alpha), C_2 = \dfrac{5A}{4}\left[(1 - \cos^3\alpha) - (1 - \cos\alpha)\right]$

10. $\dfrac{1}{3r} + \dfrac{1}{3r^3}(3\cos^2\theta - 1)$;   11. $\dfrac{1}{3} + 2r\cos\theta + \dfrac{1}{3} r^2 (3\cos^2\theta - 1)$;

12. $\dfrac{A}{2} - A\left(\dfrac{3r}{7R} + \dfrac{R^2}{14r^2}\right)\cos\theta \left(\dfrac{R}{2} < r < R\right)$.

习 题 七

4. $u_1 = \dfrac{5xy}{2(a^2 + b^2)}(a - x)(b - y)$;

5. $u_1 = \dfrac{1}{4}(R^2 - x^2 - y^2)$

6. $u_1 = \dfrac{1}{4}(1-x^2)(4-y^2)$

习 题 九

12. 求下面定解问题的解

（1） $u = 2r^3\cos3\theta$ 或 $u = 2x^3 - 6xy^2$

（2） $u = \dfrac{1}{2}r^2\cos2\theta + \dfrac{2}{3R}r^3\sin3\theta$

（3） $u = Rr\cos\theta + \dfrac{5}{R}r^4\cos4\theta$

（4） $u = 3R^2 - 2(x^2 + y^2)$

（5） $u = 2a^2 - (x^2 + y^2 + z^2)$